Dieter Ansorge

Gebäudeinstandsetzung und -modernisierung

Dieter Ansorge

Pfusch am Bau

Band 5
Gebäudeinstandsetzung und -modernisierung

Fraunhofer IRB Verlag

Bibliografische Information der Deutschen Bibliothek
Die Deutsche Bibliothek verzeichnet diese Publikation in der Deutschen Nationalbibliografie; detaillierte bibliografische Daten sind im Internet über <http.//dnb.ddb.de> abrufbar.
ISBN-10: 3-8167-7172-6
ISBN-13: 978-3-81677172-2

Layout und Satz: Grafikbüro Holzwarth, Ostfildern
Umschlaggestaltung: Markus Bauer, Martin Kjer
Lektorat: Thomas Altmann
Druck: Druckerei zu Altenburg, Altenburg
Für den Druck des Buches wurde chlor- und säurefreies Papier verwendet.

Fraunhofer-Informationszentrum Raum und Bau IRB
Postfach 80 04 69, D-70504 Stuttgart,
Telefon (0711) 970-2500, Telefax (0711) 970-2599
E-Mail: irb@irb.fraunhofer.de
http://www.irbbuch.de

Vorwort

Gebäudeinstandsetzung und Modernisierung sind mit den üblichen Neubaumaßnahmen nicht vergleichbar. Bei solchen Maßnahmen wirken oft Hasardeure und zwielichtige Geschäftemacher mit. Bauherren, Planer und Ausführende sind gegen ständige Überraschungen nicht gefeit. Gelder und beauftragte Firmen verschwinden, fertig gestellte Objekte sind nicht nutzbar. Nicht nur die täglichen Überraschungen und Probleme am Objekt, sondern die leider häufigen nachträglichen Auseinandersetzungen wegen Qualitätsmängeln, Nichteinhaltung von nur für Neubauten anwendbare Baubestimmungen oder Kostenüberschreitungen verursachen weiteren Ärger und Kosten für die Beteiligten. Verlierer sind immer die betroffenen Bauherren, Planer und Firmen, Gewinner sind immer die Juristen.

Gelder und beauftragte Firmen verschwinden

Gewinner sind immer die Juristen

Auch wenn von vielleicht manchen Lesern als zu ausufernd empfunden, habe ich bewusst manche Vorgeschichten etwas länger und detaillierter beschrieben, um auch dem nicht informierten Leser das erforderliche Verständnis für die Einzelfälle übermitteln zu können. Bücher über eigentlich trockene und unschöne Themen sollen verständlich sein und auch mit Schmunzeln zu Ende gelesen werden können.

Bietigheim-Bissingen, im Herbst 2006

Inhaltsverzeichnis

Einleitung

Nach den Wiederauf- und Neubauphasen in der Nachkriegszeit standen ab ca. 1970 in Westdeutschland und ab 1990 in Mittel- und Ostdeutschland besonders Stadterneuerung, Gebäudeinstandsetzung und -modernisierung an erster Stelle des Baugeschehens. In allen Baubereichen des Hochbaus ist inzwischen eine Übersättigung erreicht. Es gibt zu viele Wohn-, Gewerbe-, Verwaltungsgebäude, Krankenhäuser, Kasernen usw. Plattenbauten aus der Nachkriegszeit werden in Ost und West, da meist leer stehend, abgerissen, Gewerbebauten und Kasernen neuen Nutzungen zugeführt. Besonders in der ehemaligen DDR, aber auch schon in der alten BRD, stehen ganze Straßenzüge mit alten, meist vernachlässigten Wohngebäuden leer. Stadtzentren sterben nicht nur bei Einzelhandel und Gastronomie, sondern langsam auch bei Neubauten und vor ca. 30 – 15 Jahren modernisierten Wohnungen langsam vor sich hin. Die Ansprüche an das Wohnen sind oft überzogen, doch wer will noch in - zwar schön renovierten - Fachwerk- oder Gründerzeithäusern ohne Grünflächen, Balkone oder Terrassen, fehlenden Aufzügen, Park- und Einkaufsmöglichkeiten wohnen?

Stadtzentren sterben

Das Sterben der Städte wird durch immer weiter ausufernde Bürokratie, unnötige Behinderungen durch die Denkmalpflege (Urteil VG Neustadt, Urteil vom 23-11-2005- 5 K 1498/05), Fehlentscheidungen von Gemeindeparlamenten und Verwaltungen nicht gestoppt, sondern oft noch beschleunigt. Besonders kontraproduktiv verhält sich leider all zu oft die Denkmalpflege. Die Vorstellungen vieler, an der Wirklichkeit vorbei ausgebildeter Denkmalpfleger sind mit den heutigen Anforderungen für die Vitalisierung absterbender Stadtkerne nicht vereinbar. Baustoff- oder ausführungsbezogene Forderungen oder solche, die den heutigen Regeln der Technik widersprechen, verursachen nicht nur unnötige Mehrkosten, sondern auch spätere Schäden und Haftungsfälle für bauleitende Architekten, Ingenieure und ausführende Firmen. Unnötige Grabenkämpfe vergraulen Gebäudebesitzer und mögliche Neuinvestoren, aber auch qualifizierte Planer. Die Vorabgehorsamkeit vieler Baurechtsbehörden gegenüber den nur »beratenden« Fachbehörden – kein Streit erfordert keine eigenen Aktivitäten – stößt immer mehr Erhaltungsbegeisterte ab, zumal die Instandsetzungs- und Modernisierungskosten von alten Gebäude weit

ausufernde Bürokratie

Fehlentscheidungen von Gemeindeparlamenten und Verwaltungen

unnötige Grabenkämpfe vergraulen Gebäudebesitzer

über vergleichbaren Neubaukosten liegen. Eigene Entscheidungen werden nicht mehr getroffen, warum auch? Die berechtigten Interessen der Betroffenen werden negiert und zurückgewiesen. Wer heute noch freiwillig alte Bausubstanz erhält, wird letztendlich von den Behörden bestraft, ob durch besondere Auflagen, Versagung von in Aussicht gestellten Fördermitteln oder Knöllchen wegen fehlenden, aber mit tausenden Euro abgelösten Parkmöglichkeiten. Besonders negativ wird sich der neue Gebäudeenergiepass bei der Vermietung alter Bausubstanz auswirken. Alte Gebäude können die heutigen Anforderungen an den Wärmeschutz nicht erfüllen. Die Nutzung regenerativer Energien durch Sonnenkollektoren oder Photovoltaik, welche sich positiv auf die Energieeffizienz von Gebäuden auswirken, wird nicht nur oft von den Denkmalbehörden bekämpft, sondern auch von immer mehr Kommunen, die Angst um ihre historischen Dachlandschaften haben. Diese Angst gilt jedoch nicht bei eigenen öffentlichen Gebäuden.

Interessen der Betroffenen werden negiert und zurückgewiesen

Angst um historische Dachlandschaften

Eigentum verpflichtet

Wie heißt es so schön? Eigentum verpflichtet! Aufmerksame Leser werden feststellen, dass bei den nachstehend beschriebenen Fallbeispielen mehrfach auch auf in den bereits erschienen Bänden beschriebene Fallbeispiele hingewiesen wird. Wird am Bau so sehr gepfuscht, dass bei vielen mangelhaft ausgeführten Bauten der Pfusch an unterschiedlichen Gewerken oder überall auftritt? Leider ja, und zwar mit stark zunehmender Tendenz.

Pfusch am Bau ist ein seit Errichtung der ersten Bauten nicht wegzudenkendes Phänomen, welches schon immer Beteiligte und Unbeteiligte unterschiedlich beschäftigte. Durch den Pfusch am Bau – Entscheidungs-, Planungs-, Ausführungsfehler werden weltweit jährlich mehrere hundert Milliarden Euro vernichtet, davon allein in Deutschland ca. 5 Milliarden. Ganze Heere von Anwälten, Richtern und Sachverständigen leben immer besser von dem Übel, welches es eigentlich nicht geben dürfte. Worauf ist dieses zurückzuführen?

Ich kann diese Frage auch nur unzureichend beantworten, obgleich die Ursache für Techniker klar erkennbar ist. Der Pfusch am Bau entsteht aus der negativen Einstellung Vieler zur Arbeit, aber auch aus Unvermögen und Fehlentscheidungen. Diese Einstellung, sei es Gleichgültigkeit, Unlust, fehlendes Qualitätsbewusstsein, kann nicht ohne den eisernen Willen des betreffenden Planenden oder Ausführenden und Genehmigenden geändert werden.

Immer mehr Firmeninhaber begründen die schlechte Ausführungsqualität mit dem starken Preisdruck und nicht auskömmlichen Preisen. Manche stellen sich auf den Standpunkt, Pfusch am Bau sei hinzunehmen. Wenn dann Abnahmen verweigert oder Prozesse verloren werden, liegt die Schuld entweder immer bei Anderen, oder die Kunden wollen sich durch Mängeleinreden vor den Zahlungsverpflichtungen drücken.

Kunden wollen sich durch Mängeleinreden vor den Zahlungsverpflichtungen drücken

Für die einen bedeutet der Pfusch ein Horrorszenario aus Ärger und Kosten bis zur Insolvenz, für die anderen Gewinnmaximierung und/oder hohe Einnahmen.

Dieses Buch soll ein kleiner Ratgeber und Leitfaden für die am Bau Beteiligten sein, besonders für die meist unkundigen Bauherren und Käufer von Häusern oder Wohnungen. Aber auch Planern, Sachverständigen, Versicherungen, Ausführenden und Juristen kann und soll das Buch eine Hilfe für die tägliche Arbeit sein. Schäden und Streitfälle sollen und können vermieden werden, wenn die zitierten Regeln bei Planung, Vergabe, Ausführung und Prüfung beachtet werden. Der Laie kann bereits vor Ort leicht erkennen, ob die notwendigen Leistungen erbracht wurden. Somit bekommt er rechtzeitig die Möglichkeit, auf Versäumnisse bei der Leistungsbeschreibung, Planung und Ausführung hinzuweisen, seine Bedenken und Forderungen gegen Pfusch anzumelden und Ausführungen nach den Regeln der Technik zu verlangen und gegebenenfalls durchzusetzen.

Gegenübergestellt werden heute leider übliche mangelhafte Planungs- und Ausführungsdetails und solche, die mangelfrei sind und den Regeln der Technik entsprechen. Typische Schadensfälle aus der Sachverständigenpraxis werden einschließlich der Folgen vorgestellt und erläutert. Mit dieser Buchreihe soll nicht, wie von erwischten Pfuschern oder deren Interessenverbänden manchmal ganz verhalten kritisiert, Salz in die Wunden gestreut oder polemisiert werden. Sachverständigenkollegen, planende Architekten, Ingenieure, Mitarbeiter von Baubehörden und auch Generalunter- oder -übernehmer, Bauträger, geschädigte oder vorausschauende Bauherren, Versicherungen, Anwälte und auch Kammern haben in Telefonaten und bei Seminaren die in den bereits erschienenen Büchern beschriebenen Ursachen und Probleme und besonders die Verantwortlichkeiten des Pfuschs am Bau bestätigt oder befürchtet. Einige, sich in den Kapiteln Erkannte sind beleidigt, weil erwischt.

Pfusch am Bau – Rechtzeitig erkennen und beseitigen

Diese Reihe behandelt den Pfusch im Hoch- und besonders im Wohnungsbau, nicht im Ingenieur- oder Wasser-, Brücken- oder Verkehrsbau.

In der Reihe sind bereits erschienen:

Band 1: *Bauwerksabdichtung gegen von außen und innen angreifende Feuchte (3. Aufl.)*
Band 2: *Dachdeckungs-, Dachabdichtungs- und Klempnerarbeiten (2. Aufl.)*
Band 3: *Bäder-Planung, Ausführung, Nutzung*
Band 4: *Wärmeschutz-, Feuchteschutz-, Salzschäden*
Sonderband: *Mängel ohne Ende – Doppelhaushälfte B*

Als weitere Bände in der Reihe sind vorgesehen:

Band 6: *Planungen*
Band 7: *Schallschutz*
Band 8: *Bekleidungen, Beschichtungen*
Band 9: *Grundstücksentwässerungen, Dränagen*

1 Gebäudeinstandsetzung und -modernisierung

Im Gegensatz zu den allgemeinen Vorstellungen von Architekten und mit Hochbauten befassten Ingenieuren ist bei Gebäudeinstandsetzung und -modernisierung die Bausubstanz bereits vorhanden. Die Aufgabe liegt nun im schonenden Umgang mit der vorhandenen Substanz und der Planung und Realisierung gebäudeverträglicher Maßnahmen. Welche Normen und technischen Regelwerke gelten, die heutigen oder die vergangenen? Wie verbindet man die heutigen allgemein anerkannten Regeln der Technik (a.a.R.d.T.) mit den vergangenen? Fragen, die viele Techniker nicht beantworten können. Das bedeutet für alle Neulinge auf diesem Gebiet den Sprung ins eiskalte Wasser, denn für diese Aufgaben wurden sie nicht ausgebildet. Gefragt sind keine kühnen Entwürfe und Konstruktionen, sondern Einfühlungsvermögen und Kenntnisse im Umgang mit unbekannten Konstruktionen und Baustoffen, Bauphysik und alten, längst vergessenen Baubestimmungen.

Bausubstanz bereits vorhanden

gebäudeverträgliche Maßnahmen

alte Baubestimmungen

Bauen im Bestand bedeutet, sich nicht nur auf das eigentliche Bauwerk zu beschränken, sondern die gesamte Umgebung, vorhandene Infrastruktur, Bildungseinrichtungen, Verkehrsanbindungen, Arbeitsplätze, Kultur- und Freizeitangebote bei den Planungen zu bewerten. Eine hoch interessante, nicht alltägliche Aufgabe für die Planer.

Ausführende Firmen sind bei ihren Planungen ebenso gefordert. Meistens fehlen nicht nur die Kenntnisse über die früher verwendeten Baustoffe und deren Verträglichkeit mit heutigen Materialien, sondern auch die für die Baustelleneinrichtung erforderlichen Flächen. Baustellentransporte können z.B. meist nicht mit Kränen, sondern müssen per Hand erfolgen. Baustoffanlieferungen sind verkehrsabhängig. Das Planen der Baustellenlogistik erfordert Kenntnisse, Überlegungen und Erfahrungen.

1.1 Grundlagen

1.1.1 Bestandsaufnahmen Gebäudestruktur

Grundlagen für eine erfolgreiche Gebäudeinstandsetzung und -modernisierung sind immer das vorhandene Gebäude und das gestellte Ziel. Schon bei der Analyse von Soll und Ist muss der eingeschaltete

Planer erkennen, ob die Vorstellungen seiner Auftraggeber gebäudeverträglich sind und in dem vorhandenen Bauwerk verwirklicht werden können. Die aktuellen Technischen Baubestimmungen oder heute anzuwendende Regeln treffen für Instandsetzungsmaßnahmen bei Bestandsbauten oft nicht zu, es sei denn, dass die überwiegenden Baumaßnahmen Erneuerungen und Umnutzungen betreffen. Bauherren und Planer können deshalb nicht auf heutige Regelwerke zurückgreifen, sondern müssen sich sowohl mit dem Gebäude selbst und den zur Entstehungszeit üblichen Bautechniken, Baustoffen und technischen Bauvorschriften besonders intensiv beschäftigen. Besonders wertvoll für solche Maßnahmen sind alte Bauakten, alte Baufachliteratur und in Archiven lagernde Schriftstücke oder Bilder.

zur Entstehungszeit übliche Bautechniken

Im Zuge der vorbereitenden Untersuchungen ist zu überprüfen, ob das bearbeitete Objekt denkmalgeschützt ist. Diesbezügliche Auskünfte erhält man bei den jeweiligen Bauordnungsämtern. Bei denkmalgeschützten Objekten sind die Denkmalschutzbehörden von Anfang an in alle Planungen und Überlegungen mit einzubeziehen. Schon vor den Bestandsaufnahmen sind die Forderungen oder Wünsche der Denkmalbehörde an die Bestandsaufnahme, gegebenenfalls auch die Kostenübernahme, verbindlich zu klären und zu vereinbaren.

Die wichtigste Grundlage für erfolgreiche Bauinstandsetzung ist immer die vollständige, detaillierte Bestandsaufnahme. Für diese gibt es unterschiedliche Genauigkeitsstufen, die in einer Veröffentlichung des Landesdenkmalamtes Baden-Württemberg [1] mit allen gängigen Untersuchungs- und Darstellungsmethoden beschrieben wurden. Schon bei den Bestandsaufnahmen von denkmalgeschützten Gebäuden beginnen die Auseinandersetzungen mit der Denkmalpflege. Vollständige Erkenntnisse können nur durch vollständige Untersuchungen, besonders von Konstruktionen, gewonnen werden. Restauratorische Einzelproben können keine konkreten Erkenntnisse über Gebäudeschäden geben. Welche Untersuchungen und Dokumentationen sind bei Bestandsaufnahmen zwingend erforderlich?

vollständige, detaillierte Bestandsaufnahme

- Gründungen
- Grundstücksentwässerung, Hausanschlüsse
- Baugrund und Wasserstände
- Tragwerk einschließlich Bauglieder, Knotenpunkte, Deckenbalken- und Auflager

- pflanzliche und tierische Schäden
- Korrosionsschäden an Bauteilen
- Kontaminierungen von Gebäuden und Grundstücken
- Feuchtezustände
- Wärmeschutz
- Schallschutz
- Bauwerksabdichtungen, Feuchteschutz
- Sanitärinstallation einschl. aller Wasser- und Abwasserleitungen
- Heizungsinstallation einschl. aller Heizflächen, Wärmeerzeuger, Leitungen
- Elektroinstallation einschl. Haupt- und Unterverteiler, Leitungen mit Brennstellen oder Anschlüssen
- Klimatisierung, soweit vorhanden
- Fassadenbekleidungen und -beschichtungen
- alte Bauvorschriften

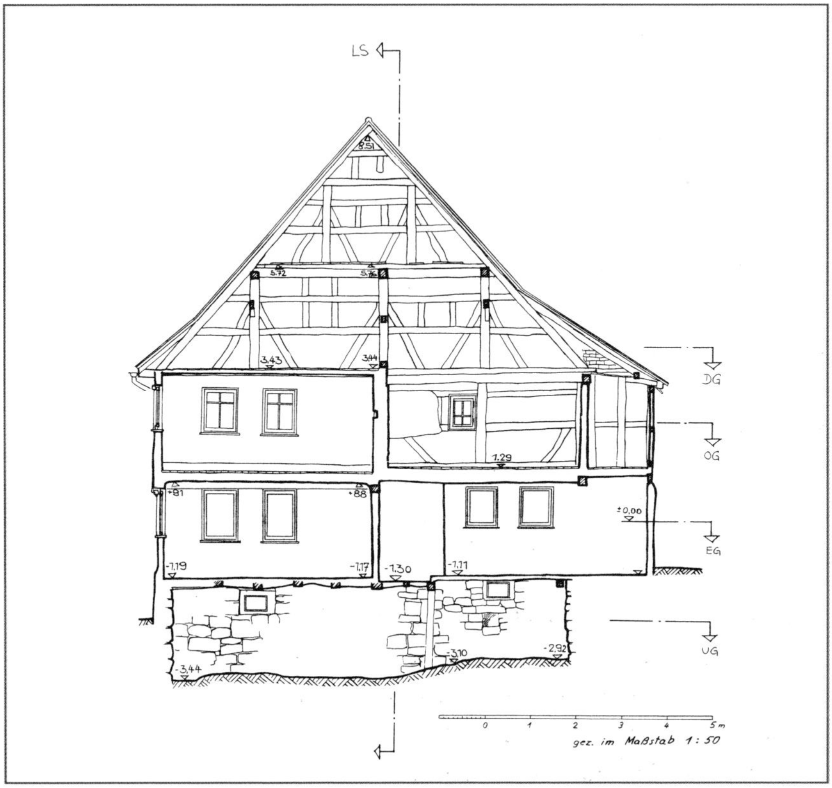

Abb. 1.1 ■ Bestandsaufnahmeplan GK 2 (Quelle: Arbeitsheft 7 LDA BW) [1]

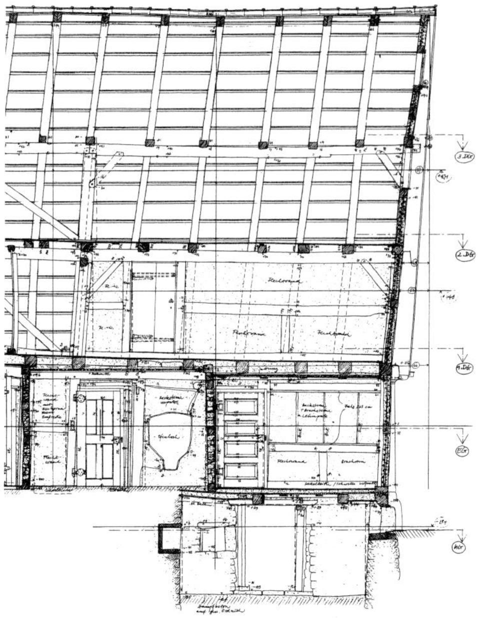

Abb. 1.2 ■ Bestandsaufnahmeplan GK 4 (Quelle: Arbeitsheft 7 LDA BW) [1]

- alte Konstruktionsprinzipien der Bauzeit
- alle Umbauten oder gebäuderelevanten Nutzungswechsel.

Gezeichnet werden müssen:

- alle Grundrisse
- alle Schnitte
- alle Ansichten
- alle Details wertvoller Bauteile und Dekorationen
- die gesamte Gebäudekonstruktionen incl. Statischer Berechnung
- die Grundstücksentwässerung.

Details wertvoller Bauteile und Dekorationen

Wer kann diese Untersuchungen und Bestandsaufnahmen vornehmen? Neben dem planenden Architekten müssen bei Bestandsbauten erfahrene Spezialisten mit diesen Aufgaben beauftragt werden. Benötigt werden z.B. Bauforscher, Historiker, Bauphysiker, Tragwerksplaner, Bautenschutzexperten und auch altbauerfahrene Baujuristen. Warum solche? Für eventuelle Auseinandersetzungen mit den Baubehörden, besonders leider oft mit der Denkmalpflege!

altbauerfahrene Baujuristen

Gebäudeaufnahmen müssen immer den jeweiligen Notwendigkeiten und Anforderungen an die späteren Baumaßnahmen entspre-

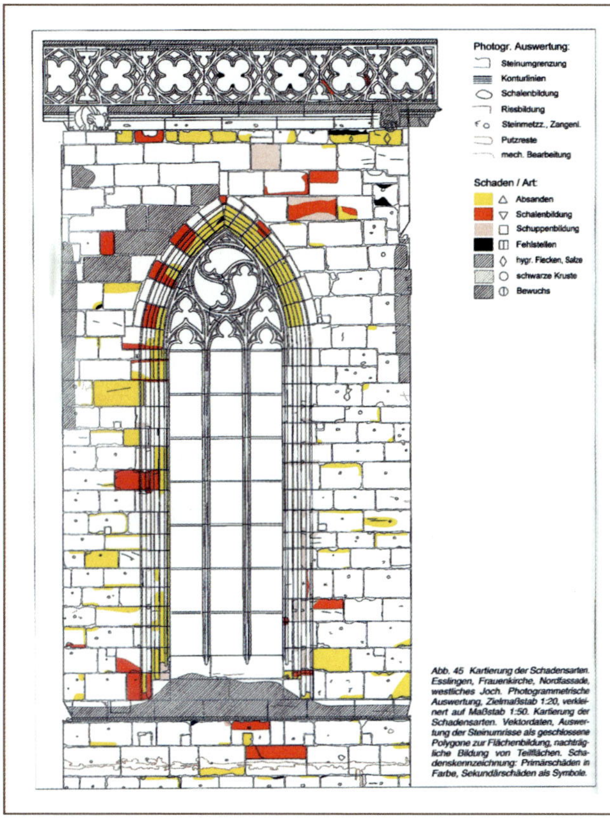

Abb. 1.3 ■ Natursteinschadenkartei (Quelle: Arbeitsheft 7 LDA BW) [1]

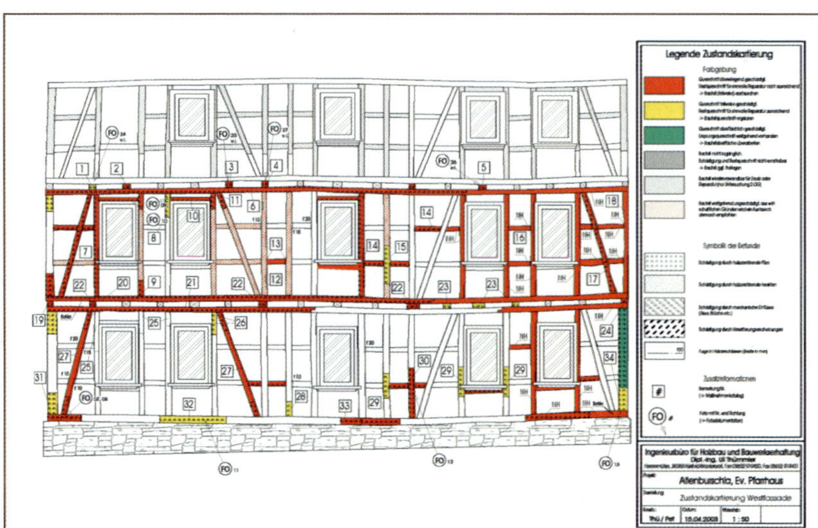

Abb. 1.4 ■ Holzschadenkartei (Quelle: Ing.-Büro Thümmler, Hünfeld)

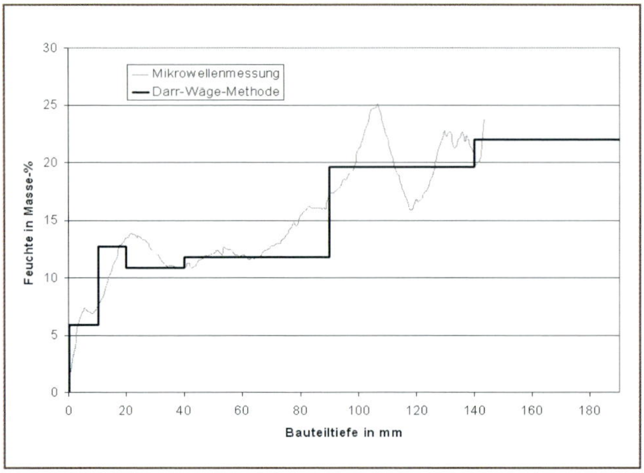

Abb. 1.5 ■ Feuchteprofile (Quelle: W. Leschnik, TU Hamburg Harburg)

Abb. 1.6 ■ Radaruntersuchung (Quelle: G.Patitz, IGP Karlsruhe)

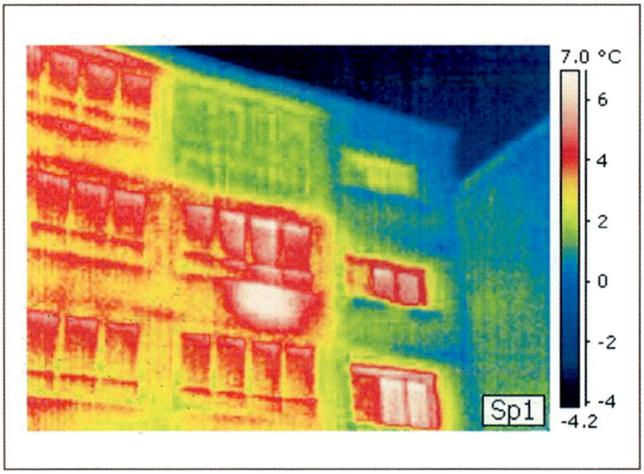

Abb. 1.7 ■ Thermographie (Quelle: W. Leschnik, TU Hamburg Harburg)

chen. Bei vielen Gebäuden reichen entweder die alten Planunterlagen oder einfache Bestandsaufnahmen nach Genauigkeitsstufe 2 (Standard nach LDA B-W) aus. Bei besonders wertvollen, stark geschädigten Bauten sind sicherlich verformungsgerechte Bauaufnahmen mit allen notwendigen Details erforderlich. Alle Mängel und Bauschäden sind sowohl schriftlich als auch fotographisch oder zeichnerisch zu dokumentieren und sollten in Schadensplänen kartiert werden. Bewährt haben sich Raumbücher, die bis zur Fertigstellung fortgeschrieben werden können. Sie sind bei der späteren Bewirtschaftung und für zukünftige Umnutzungen oder Umbauten besonders wertvoll.

verformungsgerechte Bauaufnahmen

Wie sollen sich Planer verhalten, wenn die erforderlichen, vollständigen Bestandsaufnahmen und Untersuchungen vom Bauherrn oder z.B. von den Denkmalschutzbehörden verweigert werden? Dem Auftraggeber eine terminierte Behinderungsanzeige mit Ablehnungsandrohung gegen Empfangsbestätigung übereichen oder zustellen, und nach erfolglosem Verstreichen der gesetzten Termine **sofort vom Vertrag zurücktreten.**

vom Vertrag zurücktreten

Die aus nicht erkannten alten Bauschäden entstandenen Planungs- oder Ausführungsfolgeschäden, technische und finanzielle, können so hoch sein, dass der sich daraus ergebende Schadenersatz nicht nur die Deckungssumme der Haftpflichtversicherung übersteigen, sondern auch das gesamte Vermögen des Planers und seiner Familie kosten kann, auch noch nach 25 Jahren oder später.

1.1.2 Gebäudekonstruktion

Bei der Aufnahme von Gebäudekonstruktionen beginnen schon die ersten Probleme. Viele Bauherren glauben, durch einfachen Augenschein könnten alle konstruktiven Bauteile und Schäden erfasst werden. Besonders bei denkmalgeschützten Gebäuden beginnen oft die ersten, unnötigen Auseinandersetzungen mit den Denkmalpflegern. Diese glauben, dass das Erfassen von Gebäudekonstruktionen einschließlich aller Schäden durch Schlüssellochuntersuchungen möglich ist. Grundsätzlich sind solche Untersuchungsmethoden unzureichend und haben schon immer zu späteren Überraschungen und Kostenexplosionen geführt. Kein verantwortungsbewusster Tragwerksplaner darf sich, schon aus Haftungsgründen, auf solche unrealistischen Forderungen einlassen. Grundsätzlich gilt: **Die Sicherheit am Bau geht immer vor.**

Sicherheit am Bau geht vor

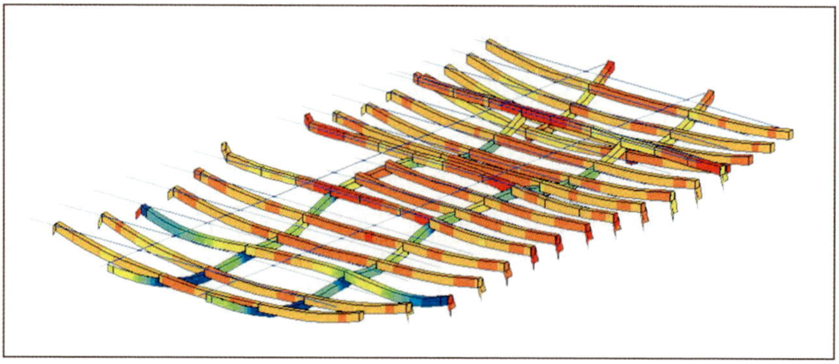

Abb. 1.8 ■ Verformungsgerechte Balkenlage

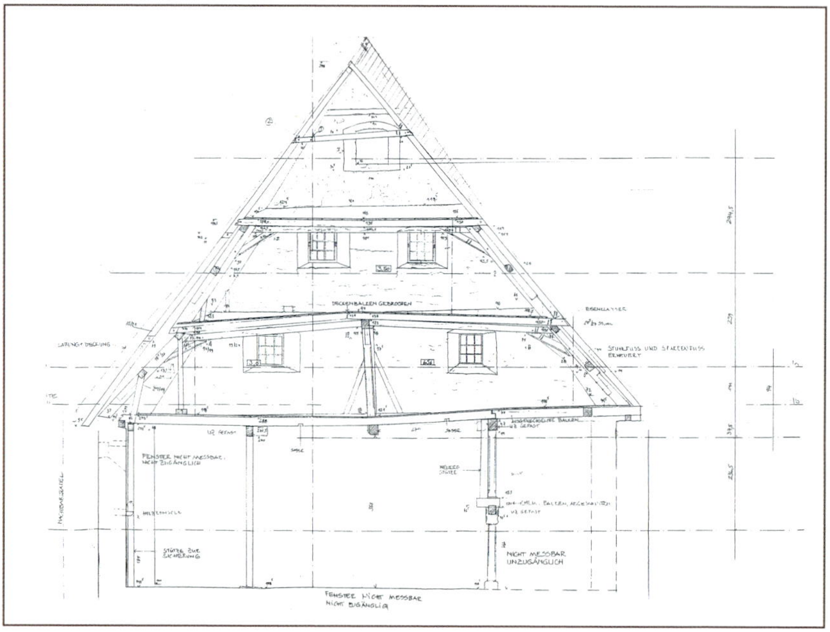

Abb. 1.9 ■ Schnitt (Quelle: Architekt Kühnlein, Berching)

Probelöcher in Wänden und Decken sind unzureichend

Notwendig sind großflächige Freilegungen aller tragenden Bauteile wie z.B. von Dachkonstruktion, Decken und Wände, Verbindungsdetails bei Fachwerkgebäuden, Stahl- oder Gussskelettbauten und Gründung. Gerade bei Fachwerk- oder Stahlskelettbauten sollen verformungsgenaue Aufnahmen als Grundlage für dreidimensionale Berechnungen Standard sein. Unzureichend sind lediglich Probelöcher in Wänden und Decken, notwendig sind genaueste Untersuchungen und Dokumentationen aller lastabtragenden Bauteile

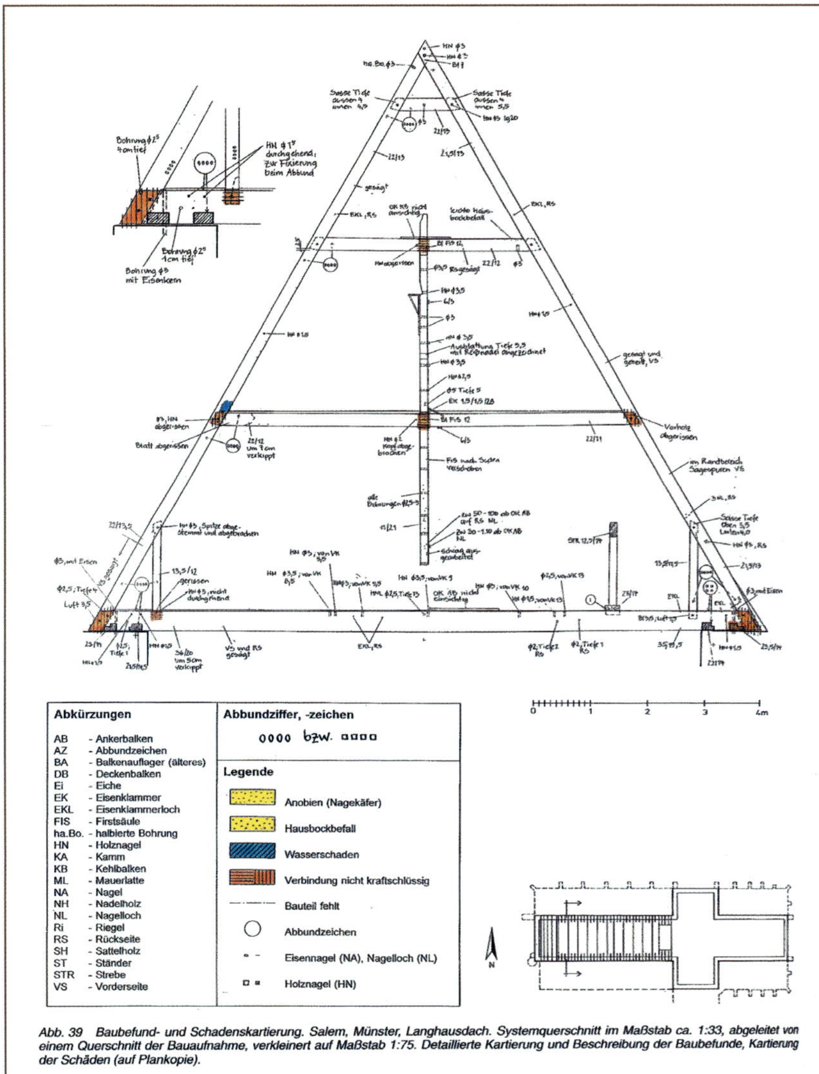

Abb. 1.10 ■ Dachstuhl (Quelle. Arbeitsheft 7 LDA BW) [1]

einschließlich Auflager, Knotenpunkte und Holzverbindungen. Dreidimensionale Bestandsberechnungen z.B. von Skelett- oder Fachwerkbauten, Stahlbeton- und Mauerwerksbauten geben Aufschluss über die vorhandenen Reserven und erforderlichen Ertüchtigungsmaßnahmen. Unnötige Zerstörungen oder bauwerksunverträgliche Verstärkungen oder Erneuerungen von Bauteilen können so vermieden werden, ebenfalls vermeidbaren Baukosten.

bauwerksunverträgliche Verstärkungen

Abb. 1.11 ▪ Bohrwiderstandsmessgerät (Resistograf) (Quelle: Ing.-Büro RINNTECH, Heidelberg)

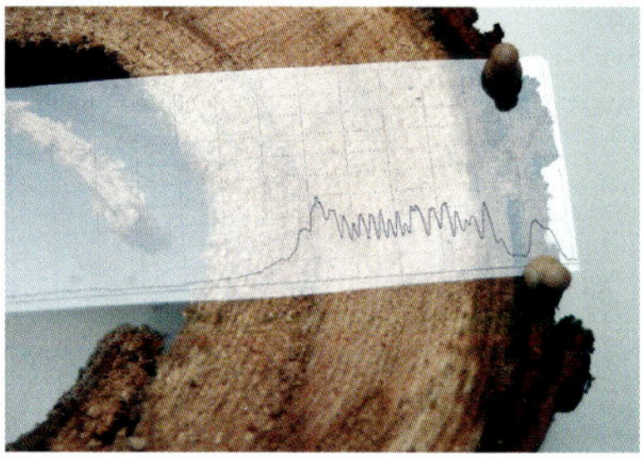

Abb. 1.12 ▪ Messprotokoll einer Bohrwiderstandsmessung (Quelle: Ing.-Büro RINNTECH, Heidelberg)

hohe Anforderungen an Untersuchung

Bei der Umnutzung von ehemaligen Gewerbe- oder Industriebauten ergeben sich besonders hohe Anforderungen an die Untersuchung von alten Guss- oder Stahlkonstruktionen oder -bauteilen. Inaugenscheinnahmen reichen für solche Untersuchungen allein nicht aus.

Bei Bestandsbauten sollen immer von eingebauten Baumaterialien Materialproben entnommen und durch Baustofflabore geprüft werden. Wichtig sind genaue Kenntnisse über:

- spezifische Gewichte von Massivbaustoffen
- Feuchtegehalte von Steinen
- Wasseraufnahme von Putzen und Steinen
- Chemische Zusammensetzung, Untersuchung auf bauschädliche Salze
- Zementgehalte, Zementarten und Zuschläge sowie Festigkeiten von Betonen
- Zusammensetzung von Natursteinen
- Holzarten, Holzfestigkeiten, Schädlingsbefall
- Stahl- oder Eisenzusammensetzungen
- Druck- und Zugfestigkeiten alter Stähle oder Gussteile
- Querschnitte von alten Stahl- oder Gussprofilen
- Korrosionsschäden von Stahl- oder Gusskonstruktionen.

Checklisten von Fachverbänden

Besonders hilfreich sind für diese Untersuchungen Checklisten von Fachverbänden oder sonstigen Institutionen wie z.B. WTA [2]; RKW [3], DBV [4]. Welche Untersuchungsmethoden werden in der Regel angewandt?

- Bohrkernentnahmen
- Wasseraufnahmefähigkeit nach Carsten
- Messen und wiegen
- Trocknen und wiegen
- Chemische Analysen
- Druck- und Zugversuche
- Bohrwiderstandsmessungen
- Ultraschallmessungen
- Radarmessungen
- Kerbversuche
- Schleifversuche
- Härteprüfungen
- Spektralanalysen
- Gitterschnittprüfungen u. a.

1.1.3 Bauphysikalische Aufnahmen

Während in der Vergangenheit die Bauphysik keine oder nur eine untergeordnete Rolle spielte, haben Wissenschaftler und Praktiker die Wichtigkeit von bauphysikalisch richtigen Voraussetzungen für schadenfreies Bauen und Betreiben von instand gesetzten, modernisierten oder umgenutzten Gebäuden erkannt. Nur gebäudeverträgliche und -spezifizierte Klimata sowie Wärme- und Schallschutzmaßnahmen können leichte bis verheerende Folgeschäden an Bauten verhindern.

bauphysikalisch richtige Voraussetzungen

Besonders aufzunehmen sind vorhandene Ausgangspositionen für Wärme-, Feuchte- und Schallschutz wie:

- Materialzusammensetzungen
- Stofffeuchten
- Innen- und Außenklimata
- Feuchteangriffsrichtungen und -möglichkeiten
- Feuchteprofile
- Wärmeleitung
- Wärmespeicherung
- Diffusionsverhalten
- Thermische Verformungsmöglichkeiten
- Schallquellen
- Schallleitungen u. a.

1.1.4 Restauratorische Bestandsaufnahmen, Hausforschung

Restauratoren und Hausforscher werden in der Regel nur bei denkmalgeschützten Gebäuden oder besonders kulturgeschichtlich bedeutenden Ausstattungen oder Einrichtungen tätig. Hausforscher beschäftigen sich meistens mit Gebäudestruktur, Konstruktionsdetails und Gebäudealter. Restauratoren dagegen interessieren sich für Erhalt und Restaurierung ursprünglicher Gestaltungen. Kein Bauherr wird Hausforscher oder Restauratoren freiwillig beauftragen, denn neben zum Teil ganz erheblichen Terminverzögerungen entstehen meistens zusätzliche Beschränkungen von Gestaltungs- und Nutzungsvorstellungen sowie zusätzliche Kosten. In der Regel werden solche Untersuchungen und Bestandsaufnahmen von Denkmal- und Bauordnungsbehörden verfügt. Wie untersuchen Hausforscher?

- Das Alter von Hölzern wird durch Bohrkernentnahme und Jahresringvergleich bestimmt.
- Durch Konstruktionsvergleiche kann die Bauzeit genau erkannt werden.
- Durch die Mauerwerkstruktur kann das Alter von massiven Gewölbekellern bestimmt werden.

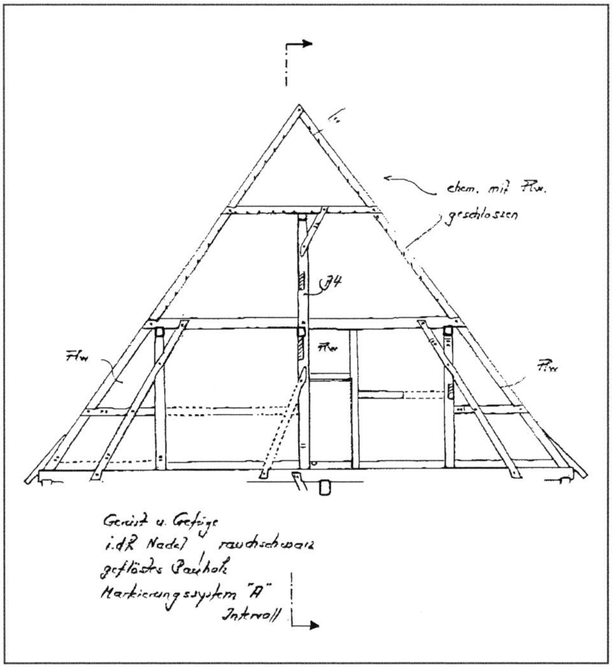

Abb. 1.13 ■ Skizze aus Untersuchungsbericht zu S. 27

- Bekannte Schmuckformen an Fenstern, Säulen, Gewölben, Portalen geben das Gebäudealter bekannt.
- Steinmetzzeichen oder Abbundmarkierungen lassen Rückschlüsse auf die Handwerker zu.

Aus solchen Erkenntnissen kann das Gebäudealter genau bestimmt werden - wichtig für die notwendigen Technologien bei allen weiteren Entscheidungen und Vorgehensweisen.

Auszug aus einem Untersuchungsbericht (Quelle: Ing.-Büro für Bauforschung Burghard Lohrum, Ettenheimmünster):

»Dendrochronologische Daten

robe	D1, Tanne	68 Ringe,	WK	Fällung:	Winter	1437/38
	D2, Tanne	60 Ringe,	WK	Fällung:	Winter	1437/38
	D3, Tanne	47 Ringe,	WK	Fällung:	Winter	1437/38
	D4, Tanne	49 Ringe,	WK	Fällung:	Winter	1437/38
	D5, Tanne	49 Ringe,	WK	Fällung:	Winter	1436/37
	D2, Tanne	48 Ringe,	WK	Fällung:	Winter	1435/36

WK = Waldkrank = letzter gewachsener Ring vor der Fällung.

Die Lage der untersuchten Bauhölzer ist aus beigefügten Skizzen ersichtlich.«

Wie untersuchen Restauratoren? Zum Beispiel:

- Durch punktuelle Freilegungen werden angenommene Farbfassungen gefunden.
- Das Ablösen von einzelnen Farbschichten ergibt Erkenntnisse über die unterschiedlichen Nutzungen der Gebäude.
- Chemische Analysen z. B. von Schalenablösungen bei Natursteinen bestimmen die Methoden für Erhalt und Festigung der Steine.

Schalenablösungen bei Natursteinen

- Langzeitfeuchtemessungen von Sakralräumen geben Aufschluss über Feuchteschäden an wertvollen Altären und Kanzeln.
- Chemische Analysen von historischen Putzen und Farbbeschichtungen liefern Grundlagen für die Rezepturen von Restaurierungsmörteln oder Farben.

Alle Erkenntnisse solcher Untersuchungen sind Grundlage für die jeweilige, objektbezogene Einzelmaßnahme.

Abb. 1.14 ■ Farbfassung 16. Jahrhundert (Quelle: Cabanis und Troschke, Esslingen)

Abb. 1.15 ■ Reiterbild 16. Jahrhundert (Quelle: Cabanis und Troschke, Esslingen)

Restaurierung à la Disneyland

Doch manche Planer und Denkmalpfleger übernehmen – mangels authentischen – fremde Befunde für andere Gebäude, Restaurierung à la Disneyland? Diese Restaurierungsart wird von manchen Konservatoren als *»Aufzeigen der unterschiedlichen Bauphasen«* bezeichnet, wie nett!

Die Brüstungsdetails der Fenstererker beider benachbarter Gebäude sind identisch. Der Fenstererker in **Abb.1.16** wurde 1988 nachempfun-

Abb. 1.16 ■
Fenstererkerdetail Gebäude 18

Abb. 1.17 ■
Fenstererkerdetail
Gebäude 20

den, der in **Abb. 1.17** dargestellte dagegen 2005. Wenn wie in beiden Fällen Befunde fehlen, werden persönliche Vorstellungen der jeweiligen Denkmalpfleger Baugeschichte, wie bei den Gebrüdern Grimm.

persönliche Vorstellungen der Denkmalpfleger

1.1.5 Zustands- und Schadensanalyse

Die Auswertungen der Bestandsaufnahmen und Untersuchungen sollen Grundlagen für die Entscheidung der späteren Nutzung und die notwendigen Baumaßnahmen und Baukosten sein. Grundsätzlich sollen alle späteren Nutzungen und Baumaßnahmen gebäudeverträglich sein. Alte Gebäude haben ihr Können bewiesen und können noch mehr, jedoch nicht Alles. Der richtige Umgang mit alter Bausubstanz hat erhebliche Auswirkungen auf den Fortbestand oder das schnelle Ende von historischen Gebäuden. Aus den Schadensanalysen ergeben sich wichtige Erkenntnisse für:

alte Gebäude haben ihr Können bewiesen

- gebäudeverträgliche Gebäudenutzung
- zulässige statische Belastungen
- Wärmeschutzmaßnahmen
- Feuchteschutzmaßnahmen
- Schallschutzmaßnahmen
- Dekontaminierungsmaßnahmen
- Brandschutzanforderungen
- Fassadenbekleidungen oder Freilegungen von Fachwerk
- Beschichtungen
- Deckenaufbauten
- Wandaufbauten
- mögliche Installationen
- erforderliche Abdichtungen
- erforderliche Bauwerksverstärkungen
- Baukosten.

1.1.6 Bauwerksdiagnose

Erst nach gründlichster Bauwerkdiagnose können endgültige Entscheidungen über die notwendigen Maßnahmen und zukünftige Nutzungen getroffen werden. Die Erhaltung und mögliche Umnutzung von Bestandsbauten ist nicht nur von der Bausubstanz, sondern besonders auch von anderen Gesichtspunkten abhängig. So sind in die Entscheidungen unbedingt mit einzubeziehen:

endgültige Entscheidungen erst nach Bauwerkdiagnose

- Verkehrsanbindung
- Arbeitsplatzangebot
- Kultureinrichtungen
- Freizeitangebote
- Kindergärten und Krankenhäuser
- Einkaufsmöglichkeiten
- Bevölkerungsentwicklung

- wirtschaftliche Aspekte
- Baukostenanalysen
- steuerliche Vergünstigungen
- Wertverluste durch schleichende Enteignung bei Denkmaleigenschaft
- erwartete Restlebensdauer der vorhandenen Bausubstanz
- Zukünftige Bewirtschaftungskosten.

Wertverluste durch schleichende Enteignung

Bestandsbauten, ob 25 oder über 1000 Jahre alt, können ohne erhebliche bauliche Veränderungen, welche bis zum Totalverlust des Gebäudes führen können, niemals die Anforderungen an den zum Sanierungszeitraum üblichen Standard erfüllen. Besonders bei Wärme-, Schall- und Brandschutz sind die geltenden Anforderungen nur mit erheblichen Aufwendungen oder auch gar nicht erreichbar.

Technologien bei Gebäudeinstandsetzungen

Die Technologien bei Gebäudeinstandsetzungen, Umnutzungen oder Modernisierungen unterscheiden sich in fast allem von denen bei Neubauten. Schon Planung und Genehmigung verlaufen ganz anders. Deshalb müssen im Gegensatz zu Neubauten alle Planungen immer von Gebäudebestand und Gebäudeverträglichkeit ausgehen. Viele moderne Baustoffe sind für alte Gebäude ungeeignet. Massive Trennwände auf Holzbalkendecken verursachen starke Deckenverformungen. Innendämmungen von Außenwänden können, gerade bei Fachwerkgebäuden, zu schweren Feuchteschäden führen. Brandschutzbestimmungen können oft nicht erfüllt werden. Neue, auf das jeweilige Gebäude abgestimmte Konzepte sind in jedem Einzelfall zu entwickeln. Den aktuellen Bestimmungen genügende Schallschutzmaßnahmen bei Geschossdecken sind oft wegen zu geringer lichter Raumhöhen oder Treppen unmöglich, besonders bei zu erhaltenden Stuckdecken. Gebäudeunverträgliche Wärmeschutzverbesserungen an Außenwänden von Fachwerk- oder Natursteingebäuden führen immer zu erheblichen Änderungen am Gebäude, gebäudeverträgliche dagegen erfüllen die Anforderungen der EnEV in der Regel nicht. Nachträgliche Bauwerksabdichtungen von erdberührten Untergeschossen sind mit heute überwiegend angewendeten und genormten Methoden nur bedingt möglich, allerdings zu erheblichen Kosten.

viele moderne Baustoffe für alte Gebäude ungeeignet

gebäudeunverträgliche Wärmeschutzverbesserungen

nachträgliche Bauwerksabdichtungen von mit heutigen Methoden nur bedingt möglich

Während die Umnutzung alter, nicht kontaminierter Fabriken oder Lagergebäude für fast alle Zwecke möglich ist, sind gebäudeverträgliche Umnutzungen von Fachwerkgebäuden auf Grund ihrer

Bauweise und der damit verbundenen Einschränkungen oft äußerst schwierig. Gebäudeunverträglich sind z. B. bei Fachwerkgebäuden:

- Umnutzung als Musikschule (Schallprobleme)
- Umnutzung als Bücherei (Belastungsprobleme)
- Umnutzung als Wellnesstempel (Feuchteprobleme).

Anders dagegen sehen die Möglichkeiten bei massiven Bauten wie z. B. alten Sakral- oder Profangebäuden, Jugendstil- oder Gründerzeitbauten, Gebäuden aus der Nachkriegszeit, Bauten in Großtafelbauweise u.v.m. aus. Diese Gebäude besaßen schon immer hohe Räume, ausreichend dicke Wände, belastbare Holz-, Kappen- oder Betondecken, einfache Wärmedämmungen oder dämmende Wandbaustoffe.

Wie sollen Planer, die ausschließlich für Neubauten ausgebildet wurden, mit diesen Problemen fertig werden? Vor ähnlichen oder gleichen Problemen stehen die ausführenden Firmen. Gebäudeverträgliche Baustoffe sind nicht überall oder zu angemessenen Preisen erhältlich. Werkzeuge für die Herstellung schmaler Fensterprofile gibt es nicht mehr. Die eigenen, meist jungen Mitarbeiter beherrschen die alten Handwerkstechniken nicht mehr, schon solche von 1985 sind vergessen und nicht überliefert.

gebäudeverträgliche Baustoffe nicht überall erhältlich

Die Baustellenlogistik ist abhängig von Verkehr, fehlendem Gelände für die Baustelleneinrichtung und stark eingeschränktem Einsatz von Hebegeräten für vertikale und horizontale Baustofftransporte, vom Einsatz von Maschinen, usw. Besonders ärgerlich und unnötig sind die von den Kommunen verlangten Sondernutzungsgebühren für Baustelleneinrichtungen, Gerüsten oder stundenweises Aufstellen von Autokranen auf öffentlichen Flächen.

Sondernutzungsgebühren ärgerlich und unnötig

Einzusetzende Baustoffe müssen mit der vorhandenen Bausubstanz abgestimmt werden, alle notwendigen Maßnahmen sind immer gebäudeabhängig. Fast alle technischen Regelwerke und Baubestimmungen sind auf Neubauten ausgerichtet, nicht auf Bestandsbauten. Welche Ausführungen entsprechen den a.a.R.d.T.? Welche Gewährleistungen können gegeben werden, sind die Haftungsrisiken einschätzbar? All diese Probleme sind bei der Bauwerkstherapie zu berücksichtigen.

Baustoffe müssen abgestimmt werden

Fast alle technischen Regelwerke und Baubestimmungen sind auf Neubauten ausgerichtet, nicht auf Bestandsbauten

Wie können Bestandsbauten bei solchen Schwierigkeiten gebäudeunschädlich und möglichst billig erhalten oder heutigen Anforderungen entsprechend erneuert werden? Durch sorgfältigste, vollständige Planungen aller Bauleistungen, Termine, Kosten und, bei bewohnten Gebäuden besonders wichtig, Umsetzungen.

1.2 Erforderliche Planungen

1.2.1 Planung des Bauherrn

Nach Bestandsaufnahme und Auswertung muss der Bauherr nach entsprechenden Beratungen durch seine Planer folgende Fragen klären und Entscheidungen treffen:

- Ist das Gebäude für meine Vorstellungen geeignet?
- Können die Vorstellungen vollständig oder überwiegend erfüllt werden?
- Welche Abstriche sind erforderlich und akzeptabel?
- Entsprechen die Baukosten meinen Erwartungen?
- Entsprechen Infrastruktur, Arbeitsplatz-, Freizeit- und Kulturangebote meinen oder den Nutzeranforderungen?
- Ist die Finanzierung möglich und gesichert?
- Entsprechen die Bewirtschaftungskosten den vergleichbaren von Neubauten
- Wie sehen die wirtschaftlichen Prognosen für die nächsten 30 Jahre aus?
- Ist eine dauerhaft rentierliche Vermietung möglich?
- Kann das Objekt gegebenenfalls mit Gewinn verkauft werden?

Gerade die gewonnen Erfahrungen beim *»Aufschwung Ost«* haben gezeigt, dass besonders wirtschaftliche Prognosen, Aussagen von Politikern oder Vorhersagen zu Stadtentwicklungen mit besonderer Vorsicht aufzunehmen und gründlichst zu überprüfen sind. Blühende Landschaften können nur entstehen, wenn auf gut vorbereiteten Böden gesät wird, die Saat aufgeht und das Wachstum durch Pflege gefördert wird.

Wenn Sicherheit besteht, dass alle Erwartungen nicht überwiegend, sondern vollständig positiv erfüllt werden können, kann der Bauherr die nächsten Schritte freigeben und die Planer beauftragen. Welche Planungen sind erforderlich? Alle für die mangelfreie Durchführung der Baumaßnahmen erforderlichen Planungen!

1.2.2 Architektenplanung

HOAI ist kein Leistungskatalog

Grundlage für die Architektenplanungen ist grundsätzlich der Inhalt des dem Architekten erteilten Planungsauftrages. Die HOAI [19] ist kein Leistungskatalog, sondern die Honorarordnung für vereinbarte und zu vergütende Architekten- und Ingenieurhonorare. Deshalb ist es, zur Vermeidung von Unklarheiten und späteren Vertragsauseinandersetzungen, sinnvoll, die Planungsaufgaben aufzulisten und vollständig zu beschreiben. Zwingend erforderlich sind analog zu § 15 HOAI

- Grundlagenermittlung
- Vorplanung
- Entwurfsplanung
- Genehmigungsplanung
- Ausführungsplanung
- Vorbereitung der Vergabe
- Mitwirkung bei der Vergabe
- Objektüberwachung.

Grundlagenermittlung

Was müssen Architekten bei den Planungen besonders beachten?

- Die Vorstellungen über die zukünftige Nutzung sind zu ermitteln.
- Die Baugeschichte des Hauses sollte recherchiert werden.
- Die zur Bauzeit des Hauses übliche Bautechnik muss bekannt sein.
- Alle Veränderungen am Gebäude oder Grundstück, angrenzenden Straßen oder Wasserläufen müssen erkundet werden.
- Das Grundstück ist gegebenenfalls auf Bodenverunreinigungen, in bombardierten Städten auch auf Kampfmittel im Baugrund zu untersuchen.
- Ehemalige, aktuelle und auch künftige Grundwasserstände müssen bekannt sein.
- Erkenntnisse aus Bestandsaufnahme und Zustandsanalyse
- Überprüfung der geplanten Nutzung auf Gebäudeverträglichkeit
- Baurechtliche Anforderungen
- Beschränkungen durch Denkmalschutz
- stadtbildgestaltende Vorstellungen oder Beschränkungen (Ortssatzungen)

- klimatische Anforderungen
- Grundstücksver- und Entsorgungseinrichtungen
- zukünftige Verkehrentwicklungen.

Nach welchen Regelwerken ist zu planen und zu bauen? Alte Gebäude wurden nach den zur Bauzeit geltenden Baubestimmungen und den damals aktuellen Regeln der Technik gebaut. Bei Instandsetzungen alter Bausubstanz besteht für diese Bestandsschutz. Gebäudeverträgliche Reparaturen können nicht nach den heute aktuellen Normen ausgeführt werden, denn diese Regelwerke gelten für Neu-, nicht jedoch für Bestandsbauten. Bei historischen Guss- oder Stahlkonstruktionen können Probebelastungen erforderlich sein, wenn der Zustand eingebauter Tragelemente nicht überprüfbar ist und eine statische Berechnung zu keinen ausreichend verwertbaren Ergebnissen führt.

Reparaturen nicht nach aktuellen Normen

Bei Umnutzungen oder überwiegend neuen Bauteilen sind für alle neuen Einbauten die gültigen *»Baurechtlich eingeführten technischen Baubestimmungen«* und besonders die Inhalte der Baugenehmigung zu erfüllen. Darüber gelten grundsätzlich die anerkannten Regeln der Bautechnik. Besonders hilfreich sind für Planer und Überwacher Merk- oder Arbeitsblätter verschiedener Institutionen wie z.B:

- WTA [2]
- BAKA [5]
- Probstei Johannesberg GmbH [6]
- Deutscher Natursteinverband [7]
- Informationsdienst Holz des Holzabsatzfonds [8]
- Ziegelinformationsdienst [9]
- Merkblätter der Deutschen Bauchemie [10]
- Bundesverband Farbe und Sachwertschutz [11]
- Fraunhofer-Institut für Bauphysik [12]
- Sonderforschungsprogramm 315 der TU Karlsruhe [13]
- Landesdenkmalämter
- uvm.

Sehr ergiebig für Instandsetzungs- und Erneuerungsmaßnahmen sind alte Baufachbücher, Lehrbücher sowie neue Veröffentlichungen zu Bauerhaltungs- und Erneuerungsmaßnahmen. Allen, die sich mit Bauen im Bestand befassen oder befassen wollen, wird dringend geraten, sich vorher und fortlaufend weiterzubilden.

Vorplanung

In diesem Planungsstadium sind zusätzlich zu den in der Grundlagenermittlung mit Vorleistungen gewonnenen Erkenntnissen weitere noch fehlende Informationen einzuholen und zu prüfen. Der planende Architekt ist ausschließlich verantwortlich für seine Planungen und die sich daraus ergebenden Folgen für Fachingenieure oder sonstige am Bau Beteiligte. Im Gegensatz zu Planungen neuer Bauten muss die geplante Maßnahme in ein bestehendes Bauwerk eingefügt werden. Der Entwurf muss sich immer am Bestand orientieren. Deshalb sind im Vorplanungsstadium schon Fachingenieure oder sonstige Berater notwendig. Wenn der Architekt Fachplanungen nicht selbst erbringen kann oder dazu nicht beauftragt wurde, muss er seinen Auftraggeber auf die Notwendigkeit solcher Fachplanungen hinweisen, entsprechend bei der Auswahl geeigneter Fachleute beraten und auch diese Leistungen verlangen. Besonders beim Bauen im Bestand werden, je nach geplanter Nutzung; folgende Sonderfachleute gebraucht:

Entwurf muss sich am Bestand orientieren

- Geologe
- Vermessungsingenieur
- Tragwerksplaner
- Bauphysiker
- Bauchemiker
- Toxikologe
- Fachplaner für die technische Gebäudeausrüstung
- Natursteinexperte
- Holzschutzexperte
- Brandschutzingenieur
- Verfahrensingenieur
- Schweißfachingenieur
- Wasserbauingenieur
- Verkehrsplaner
- Landschaftsarchitekt
- usw.

Sonderfachleute sind keine Erfüllungsgehilfen

Diese Sonderfachleute sind keine Erfüllungsgehilfen des Architekten, sondern vom Bauherren direkt zu beauftragen und zu honorieren. Der planende Architekt muss jedoch den Sonderfachleuten seine Konzepte z.B. für Wärmeschutz, Schallschutz, Brandschutz,

Bauwerksabdichtung, Grundstücksentwässerung, Gebäudekonstruktion, Freiflächengestaltung, Verkehrsanbindung usw. vollständig erläutern.

Eine Vorplanung kann nur vollständig sein, wenn die von den Sonderfachleuten beizubringenden Planungsleistungen in die Planungen des Architekten einfließen können. Dieses hat zwangsläufig Einfluss auf die vom Architekten geschuldete Kostenschätzung.

Entwurfsplanung

Bei Bauen im Bestand empfiehlt sich, die Entwurfspläne in größeren Maßstäben wie z.B. 1:50 bis 1:1 zu entwickeln. Für solche Bauvorhaben gibt es keine fertigen Details, alles muss speziell für das betreffende Objekt gebäudeunschädlich entwickelt und gegebenenfalls berechnet werden. Vor dem endgültigen Entwurf sind immer besonders schadensträchtige Bereiche wie z.B. das Zusammenfügen von alter mit neuer Bausubstanz, das Verstärken von Traggliedern sowie Abdichtungs-, Schallschutz-, Wärmeschutz- oder Brandschutzkonzepte zu detaillieren. Veränderungen von alten Mauerwerk- oder Fachwerkfassaden müssen grundsätzlich in großen Maßstäben entwickelt werden.

keine fertigen Details

Ausführungsplanung

Die Ausführungsplanung unterscheidet sich von Neubauplanungen durch besonders hohe Anforderungen an die Darstellung von Bestand und Neubauteilen. Während bei Neubauten lediglich Grundrisse, Schnitte und Ansichten im Maßstab 1:50 ohne irgendwelche Baustoffangaben oder Installationen üblich sind, werden an Ausführungspläne im Bestandsbau erheblich höhere Anforderungen gestellt.

Anforderungen an die Darstellung

Zusätzlich müssen alle nicht üblichen Punkte bauwerksspezifisch detailliert werden. Im Fachwerkbau können speziell entwickelte Reparaturverbindungen nötig sein, die z.B. als Explosionszeichnung darzustellen sind. Alle erforderlichen Schlitze, Durchbrüche und Aussparungen müssen genau geplant und mit der Bausubstanz abgestimmt werden. Das Ausbrechen oder Abtrennen von tragenden Wänden oder Fachwerkstäben, Deckenbalken oder Stahlträgern, Gewölben oder Kappendecken kann nicht auf Zuruf erfolgen, sondert erfordert eine genaueste Planung unter Einbeziehung aller Fachplanungen und Eintrag in die Ausführungspläne. Sämtliche Abweichungen oder

Abgleichen und Fortschreiben der Ausführungspläne

Änderungen wirken sich bei vorhandenen Konstruktionen immer unterschiedlich aus, meistens negativ. Ein ständiges Abgleichen und Fortschreiben der Ausführungspläne ist unumgänglich. Wandabwicklungen sind oft darzustellen, ebenso Detailpläne für Böden und Deckendrauf- oder Untersichten.

Vorbereitung der Vergabe

funktionelle Leistungsbeschreibungen unzureichend

genaue Baustoffvorgaben

Funktionelle Leistungsbeschreibungen, wie bei Neubauten inzwischen üblich, sind für das Bauen im Bestand völlig unzureichend und wirken sich meistens in jeglicher Hinsicht fatal für Ausführungsqualität, und Kosten aus. Leistungsbeschreibungen müssen absolut vollständig sein. Der vorhandene Baubestand ist zu beschreiben, alle verwendeten, abzubauenden und zu erhaltenden Materialien müssen möglichst mit z.B. exakten relevanten Feuchte- oder Salzgehalten beschrieben werden. Grundwasserstände sind anzugeben, bekannte, auf die Baumaßnahme einwirkende Erschütterungen aus Verkehr oder benachbarten Gewerbebetrieben sind für die Preisermittlung bedeutsam. Alle zu erbringenden Leistungen müssen genau ermittelt und gewerkeweise in Einzelpositionen beschrieben werden. Genaue Baustoffvorgaben mit den technischen Kennwerten sind für bauwerksverträgliche Instandsetzungen zwingend erforderlich, denn der anbietende Unternehmer muss vor Abgabe seines Angebotes nicht nur die Pläne, sondern besonders das Zusammenspiel vorhandener mit neuer Bausubstanz prüfen und die zu erwartenden Risiken abschätzen können. Hilfreich sind beigelegte Detailzeichnungen, Fotos und sonstige erläuternde Dokumentationen.

Leider wurden und werden noch immer Gebäudeinstandsetzungen funktionell ausgeschrieben und zum Pauschalpreis an Generalunternehmer vergeben, Folge: Sanierung der Sanierung [12].

Mitwirkung bei der Vergabe

Der Architekt sollte vor Einholen von Angeboten seinen Auftraggeber davon überzeugen, dass nicht nur billigste, sondern nur wirklich altbauerfahrene Firmen zur Angebotsabgabe aufgefordert werden dürfen. Besonders wichtig ist die Personalzusammensetzung auf der Baustelle. Bonität und Liquidität der zukünftigen Auftragnehmer sind bei Bestandsbaumaßnahmen besonders wichtig. Bauunterbrechungen wegen Insolvenz von ausführenden Firmen wirken sich immer verheerend für das Bauvorhaben und besonders den Auftraggeber aus. Keine Nachfolgefirma wird das Objekt zu wettbewerbsüblichen Preisen vollenden, sondern zu überhöhten Preisen. Gewährleistungsansprüche verfallen, Nachfolgefirmen übernehmen in der Regel keine Gewährleistung für bereits erbrachte Leistungen von Vorgängern.

Objektüberwachung

Aufgabe der Objektüberwachung ist, ein mangelfreies Bauwerk innerhalb der vereinbarten Termine zu den vereinbarten Kosten zu übergeben. Der gesamte Bauablauf ist vollständig nachvollziehbar zu dokumentieren.

ständige Überprüfung aller Arbeiten

Bei Gebäudeinstandsetzungen müssen alle Arbeiten an der alten Bausubstanz ständig überprüft werden, da nur sehr wenige Fachfirmen mit entsprechend geschultem Personal für diese Aufgaben vorhanden sind. Jede Bauunternehmung glaubt, am besten als Generalunternehmerin, Gebäudeinstandsetzungen und -modernisierungen übernehmen zu können. Die Erfahrungen der letzten Jahrzehnte sehen aber ganz anders aus, die meisten Firmen hatten sich übernommen, wegen nicht auskömmlicher Pauschalpreise und abgeliefertem Pfusch existieren sie nicht mehr, zu Recht. Geschädigt wurden Bauherren, Käufer, und auch besonders viele bauleitende Architekten und Ingenieure.

Das Leistungsbild des Bauleiters muss detailliert vertraglich festgeschrieben werden. Besonders aufzunehmen sind:

- Baustellenpräsens
- Überprüfungen besonders schadensträchtiger Teilbereiche
- täglich vollständig geführtes Bautagebuch mit zusätzlicher lückenloser Fotodokumentation
- eventuelle Materialüberprüfungen verwendeter Baustoffe bei besonders relevanten, später nicht mehr zugänglichen Bereichen
- technische Abnahmen, besonders Teilabnahmen.

Was muss der Objektüberwachende tun? Vor Baubeginn:

- Überprüfen der Bestandspläne auf Übereinstimmung mit dem Bauobjekt und Vollständigkeit
- Überprüfen aller Bauverträge, gegebenenfalls auch Mietverträge

- Überprüfen aller Planungen auf Übereinstimmung mit den Bestandsplänen, Vollständigkeit, Vertragsinhalte, allgemein anerkannte Regeln der Technik, Baugenehmigung
- alle Leistungsverzeichnisse mit Baubestand abgleichen
- Aufstellen und Fortschreiben von evtl. Umsetzungsplänen mit Bewohnern und Firmen
- Aufstellen genauer Bauzeitenpläne.

Besonders zu überprüfen und technisch abzunehmen sind während der Bauarbeiten:

- Gebäudesicherungen und Schutzvorkehrungen
- Gründungen, soweit zugänglich
- Grundstücksentwässerung
- Bauwerksabdichtungen
- Auflager von Holzdeckenbalken
- Nahtstellen alt/neu
- Wärmedämmungen
- Dampfbremsen oder -sperren, besonders Anschlüsse an Durchdringungen und begrenzende Bauteile
- Putzuntergründe
- Schallschutzmaßnahmen
- Brandschutzmaßnahmen
- Dichtheit von wasserführenden Leitungen
- Schutzmaßnahmen fertiggestellter Leistungen.

1.2.3 Tragwerksplanung

Eine bauwerksverträgliche Tragwerksplanung setzt eine vollständige Bestandsaufnahme und Bestandsanalyse des Tragwerks voraus. Grundsätzlich sind bei größeren Gebäudeverformungen Baugrundgutachten erforderlich. Lastannahmen sind nach geltenden Normen anzusetzen. Die Berechnungsmethoden für Bestandsbauten unterscheiden sich nicht von den auch für Neubauten üblichen. Bei Fachwerkkonstruktionen, Holz oder Stahl, empfiehlt es sich, die Berechnungen grundsätzlich auf Grundlage der Bestandsaufnahme als räumliche Tragwerke (Trägerroste) vorzunehmen. Diese Berechnungen führen zu genaueren Ergebnissen und können manche Sanierungsschäden auf Grund ungenauer Berechnungen oder Einzelnachweise verhindern. Meistens ergibt sich, dass die vorhandenen Querschnitte auch für höhere Belastungen ausreichen und nur wenige Ergänzungen oder Verstärkungen nötig sind. Bei Holzbauten müssen alle Erneuerungen oder Ergänzungen mit trockenen, möglichst gleich alten und gleichartigen Hölzern ausgeführt werden. Kombinationen von Altholz mit halbtrockenem oder grünem Neuholz führen immer zu schwersten Folgeschäden. Verstärkungen mit Stahl sollten grundsätzlich vermieden werden.

vorhandene Querschnitte meistens ausreichend

Sofern für Massivgebäude keine statischen Nachweise vorliegen, können durch zweidimensionale Nachberechnungen genaueste Bemessungsgrundlagen hergestellt werden. Bei sehr alten Mauerwerkbauten wie z.B. Festungsmauern, Burgen, Türmen ist es ratsam, sich mit der damaligen Konstruktionslehre auseinander zu setzen und nach dieser die notwendigen Reparaturen durchzuführen. So können nicht nur unnötige Kosten vermieden werden, sondern die Bauwerke werden vor schwersten Schäden durch unverträgliche Instandsetzungskonstruktionen geschützt [14]. Bei nicht überprüfbaren Einbauten oder unbekannten Baugliedern wie z.B. Gussstützen, Eisenkonstruktionen oder Kappendecken können Probebelastungen erforderlich werden.

Bei Fehlen der ursprünglichen Tragwerksplanung werden für die Baudurchführung zwingend benötigt:

- Tragwerksberechnung und Bemessung
- vollständige Konstruktionspläne
- Werkstattpläne bei Holz- und Stahlbauten
- Schal- und Bewehrungspläne bei Massivbauten.

Alle Tragwerksplanungen von Bestandsbauvorhaben müssen von altbauerfahrenen Prüfingenieuren geprüft und zu Ausführung freigegeben werden. Freistellungserklärungen der Tragwerksplaner senken zwar Honorare, wirken sich jedoch bei unvollständigen oder falschen Tragwerksplanungen immer negativ und kostenerhöhend aus. Grundsätzlich sind die Bauleistungen an Tragwerken von Prüfingenieuren regelmäßig zu überprüfen. Nur so kann Pfusch am Tragwerk mit späteren Folgeschäden vermieden werden.

alle Tragwerksplanungen müssen geprüft werden

1.2.4 Bauphysik

Gebäude mit Aufenthalts- oder Arbeitsräumen, Krankenhäuser und Fabriken müssen trocken, wohl temperiert, schalltechnisch und akustisch angenehm und energetisch wirtschaftlich sein. So fordern es Nutzer und die Baubestimmungen.

Außenwände dürfen weder durch Schlagregen noch Dampfdiffusion durchfeuchtet werden. Feuchte führt zu Schäden bis zur vollständigen Zerstörung, wie durch Fäulnis bei Fachwerkwänden. Feuchte Baustoffe sind besonders gute Wärmeleiter mit der Folge erhöhten Heizenergieverbrauchs. Schimmelpilze siedeln sich auf feuchten Wänden an. Durch Feuchte werden Innen- und Außenbekleidungen und Beschichtungen zerstört. Nicht ausreichend wärmegeschützte Wände verursachen nicht nur hohe Heizkosten im Winter oder Hitzekammertemperaturen im Sommer, sondern feuchten im Winter besonders an wenig oder nicht besonnten Seiten, an Gebäudeaußenecken und über nicht beheizten Geschossen auf. Nicht ausreichend gedämmte Dachflächen machen Dachgeschosswohnungen durch Hitze im Sommer und Kälte im Winter unbewohnbar.

feuchte Baustoffe sind gute Wärmeleiter

Schimmelpilze siedeln auf feuchten Wänden

Durch Außenwände dringender Verkehrslärm, durch Innenwände oder Geschossdecken dringende Nachbargeräusche sind störend und oft unerträglich, ebenso durch Dächer dringender Lärm von überfliegenden Flugzeugen. Bei Neubauten ist dies kein Problem, wenn richtig geplant und wurde. Doch bei Bestandsbauten treten diesbezügliche Probleme auf, denn alte Gebäude erfüllen die heutigen Anforderungen an Wärme-, Feuchte- und Schallschutz nicht.

alte Gebäude erfüllen bauphysikalische Anforderungen nicht

Allerdings besteht für diese Bauten Bestandschutz, wenn keine größeren Veränderungen durch Umnutzung oder Generalsanierung vorgenommen werden. Architekten und Tragwerksplaner können die für Umnutzungs- oder Modernisierungsmaßnahmen notwendigen bauphysikalischen Planungen und Berechnungen wegen fehlender Kenntnisse nicht erbringen. Deshalb sind Bauphysiker inzwischen zwingend erforderlich. Es genügt nicht, wie besonders gern in Anspruch genommen, bauphysikalische Konzepte und Berechnungen von Baustofflieferanten entwickeln zu lassen. Diese wollen ihre Erzeugnisse verkaufen, deshalb ist Vorsicht geboten. Bauphysische Planungen und Beratungen müssen unabhängig sein und sollen verschiedene Alternativen ausweisen.

Bauphysiker zwingend erforderlich

Bauphysiker werden gebraucht bei den Konzeptionen von:

- Feuchteschutzmaßnahmen für Gebäudehüllen und feuchtebelastete Räume

- Wärmeschutzmaßnahmen und -verbesserungen von Wänden, Böden, Decken und Dächern
- Schallschutzverbesserungsmaßnahmen in bestehenden Gebäuden
- Schallschutzmaßnahmen bei Neubauten
- Bauakustik.

1.2.5 Brandschutz

Der Brandschutz von Gebäuden muss für alle Baumaßnahmen, besonders bei Bestandsbauten obligatorisch sein. Während bei nach ca. 1920 errichteten Gebäuden Wände und Decken überwiegend massiv hergestellt wurden und die Mindestanforderungen an Feuerwiderstandklassen erfüllen, gilt dieses jedoch nicht für Fachwerkgebäude oder solche mit Holzbalkendecken. Besonders bei denkmalgeschützten Gebäuden traten und treten immer wieder große Probleme beim Brandschutz auf, die auf Forderungen und Widerstände gegen erforderliche Brandschutzertüchtigungen von Gebäuden durch die Denkmalpflege zurückzuführen sind. Für alle Gebäude muss der Grundsatz *»Sicherheit am Bau geht vor«* gelten. Befreiungen oder Bestandsschutz für solche Gebäude darf es nicht mehr geben, denn bei jedem Brand stehen Menschenleben auf dem Spiel.

Brandschutz muss obligatorisch sein

Schon im Vorplanungsstadium müssen Brandschutz- und Rettungskonzepte mit allen Beteiligten wie Baurechtsbehörde, Feuerwehr, Denkmalschutzbehörde, Ordnungssamt verbindlich vereinbart werden. Gerade bei alten Gebäuden in alten Ortszentren sind durch bauliche Gegebenheiten, stark eingeschränkte Zufahrtsmöglichkeiten, besonders durch den ruhenden Verkehr, besondere präventive Sonderlösungen erforderlich. Was nutzt z. B. der zweite Rettungsweg über die Drehleiter, wenn mit dieser Gebäude oder Notausstiege nicht erreicht werden können, weil durch parkende Autos die Aufstellflächen für die Feuerwehr versperrt sind. Großspurige Behauptungen von Feuerwehren, Leitern von Ordnungsämtern, Rettungs- und Löscheinsätze seien auch in ihren Altstädten mit verstopften Straßen unproblematisch, wurden immer wieder durch fehlgeschlagene Einsätze, Tote und völlig abgebrannte Gebäude gegenteilig bestätigt. Auch Äußerungen von Verwaltungsjuristen, man könne durch entsprechende Ordnungsmaßnahmen und Anordnungen die Erreichbarkeit von innerörtlichen Gebäuden sicherstellen, sind Wunschvorstellungen, die

Rettungswege planen

mit den Realitäten in keinster Weise übereinstimmen. Innerörtliche Baustellen, Lieferfahrzeuge in schmalen Gassen oder Fußgängerbereichen, Müllfahrzeuge und parkende Autos können nicht innerhalb von wenigen Sekunden oder Minuten entfernt werden.

Deshalb sind, wie bereits in einigen Bundesländern obligatorisch, grundsätzlich unabhängige Brandschutzsachverständige mit der Ausarbeitung der Brandschutzkonzepte und Planung der erforderlichen Brandschutzmaßnahmen zu beauftragen.

1.2.6 Technische Gebäudeausrüstung

fehlende Planung der Haustechnik

Viele Bauträger oder Bauherren vertreten die Meinung, es reiche aus, wenn der Architekt die Lage von Sanitärräumen, Küchen und Waschküchen festlegt. Weitere Planungen müssen nicht sein, denn die Handwerker wissen genau, welche Wasser- und Abwasserleitungen wie und wo verlegt werden. Gleiches gilt auch für Heizung und Elektroinstallationen. Was unternehmen die Architekten gegen solchen Wahnsinn? Sie machen nicht nur mit, sondern empfehlen ihren Kunden diese Vorgehensweise, um sich als besonders kundenfreundlich und sparsam darzustellen. Und so beginnen der Pfusch bei der Haustechnik, und das Haftungsproblem für Architekten und Bauleitung. Schon bei der Vorplanung braucht der Architekt konkrete Angaben für alle Abwasseranschlüsse, Trassen von Abwasser-, Wasser- und Heizungsleitungen, Heizkesselgrößen und Schornsteinquerschnitte, Anschlusswerte für die Stromversorgung und die Lage von Hauptverteiler und Unterverteilern in den Wohnungen, sowie die Leitungstrassen. Da bei diesem Planungsstadium die ausführenden Firmen unbekannt sind, bekommen die so planenden Architekten auch nicht diese Angaben. Folge? Bei fast allen Ein- und Mehrfamilienhäusern – ausgenommen Fertighäuser – treten später erhebliche Probleme und Mängel sowie Mehrkosten für die Haustechnik auf. Warum also nicht das gleiche System bei Bauen im Bestand, wo doch schon alle Leitungen und Anschlüsse vorhanden sind?
Benötigt werden Fachingenieure für die Planung der

- Wasser-, Ab- und Regenwasserinstallation
- Rückstausicherung von Untergeschossen
- Heizungsanlagen
- Elektroinstallation und Nachrichtentechnik

- Solaranlagen
- Fotovoltaik
- Erdwärmegewinnung
- Kraft-Wärme-Kopplungsanlagen.

Das diese Aufgaben nicht unbekannten Firmen überlassen werden dürfen, sollte jedem verantwortungsbewussten Planer klar sein, doch die Wirklichkeit sieht leider ganz anders aus. Großhändler oder die Industrie übernehmen inzwischen meist kostenlos die ersten Planungen, kalkulieren für die Handwerker und hoffen auf den großen Auftrag. Da solche Planungen und Angebote immer nach reinen Marketingüberlegungen konzipiert sind, können diese mit anderen nicht regulär verglichen werden. Der Dumme ist immer der Abnehmer. Besonders schlaue Bauträger und Architekten neutralisieren solche Planungen und Angebotstexte, welche dann für den Wettbewerb weiter verwendet werden.

Großhändler oder Industrie übernehmen Planung

Beim Bauen im Bestand muss eine solche Vorgehensweise zwangsläufig zu Problemen, Mängeln und Folgeschäden führen. Weder Handwerker, Großhändler noch die Industrie können die Leistungen von neutralen Fachingenieuren zu deren Honoraren erbringen. Wie müssen die Planer bei Umbauten oder Modernisierungen vorgehen?

- Örtliche Überprüfung des Baubestandes
- Abgleichen von Neuplanung mit Bestandsaufnahme
- Ausarbeiten von Verbesserungsvorschlägen für wirtschaftliche Grundrisse
- Abgleichen der Wärmeschutzkonzepte mit der konkreten Baumaßnahme
- Örtliche Überprüfung aller Ver- und Entsorgungsanschlüsse
- Bestandsaufnahme vorhandener, weiter verwendeter Leitungen
- Planen von gebäudeverträglichen Installationssystemen und Strangschemen
- Planen von energiesparenden, der Bausubstanz entsprechenden Heizungsanlagen und Wärmeerzeugern
- Planen von Erhalt oder Ertüchtigung von Elektroanlagen, oder vollständige Neuinstallation
- Beraten der Bauträger, Architekten und Tragwerksplaner bei Installationsschächten, Durchbrüchen, Rückstausicherung etc.

Bei sorgfältiger, vollständiger Planung der Haustechnik können Vorgaben für gebäudeverträgliche Systeme entwickelt werden, die zwar nicht immer die behördlichen Vorgaben (z. B. EnEV) erfüllen, jedoch unnötige Kosten und Folgeschäden vermeiden, die erwünschten Einsparungen bringen, und vor allem die zerstörenden oder schädlichen Eingriffe in die Bausubstanz verhindern. Solche Planungen kosten zwar, sparen jedoch erhebliche Kosten ein und verhindern unnötigen Ärger und mögliche Auseinandersetzungen.

1.3 Pfusch durch typische Planungsfehler

1.3.1 Allgemeines

Wer plant am Bau? Alle an Baumaßnahmen Beteiligte, vom Bauherrn über den Planer bis zum ausführenden Unternehmer. Für die am Bau Beteiligten bestehen unterschiedliche Interessen. Der klassische Bauherr erwartet eine vollständige, mangelfreie Leistung mit einer ewigen Lebensdauer für möglichst wenig Geld.

technische Notwendigkeiten zurückgewiesen oder abgelehnt

Oft werden bei Gesprächen mit Bauherren technische Notwendigkeiten aus angeblichen Kostengründen zurückgewiesen oder abgelehnt mit dem üblichen Argument, es würde schon gut gehen, die Nachbarn hätten auch nicht anders gebaut und seit Menschengedenken wäre hier nichts passiert. Dass es auch anders kommen kann und auch kommt, haben die Hochwässer der letzten Zeit bewiesen. Der Bauherr geht oft zu gutgläubig von völlig falschen Vorstellungen aus, um einfach zu sparen.

Der gewerbliche Bauträger als Bauherr ist immer bestrebt, möglichst billig einzukaufen, möglichst teuer zu verkaufen, besonders viel zu verdienen. Bei manchen Bauträgern entsteht aufgrund des abgelieferten Pfuschs und der schlampigen Ausführung der Eindruck, dass Leistungen verkauft wurden, die die Gewährleistungsfrist gerade noch oder auch nicht überdauern. Was danach passiert, interessiert nicht. Dem Käufer wird immer eine besonders gute Ausführung vorgegaukelt, allerdings in der Baubeschreibung nicht vollständig und allgemein verständlich beschrieben.

Deshalb wird besonders bei den nicht sichtbaren Bauleistungen immer öfter mangelhaft oder gar nicht geplant, unzureichend überwacht und vor allem überwiegend nicht fachgerecht ausgeführt. In vielen Fällen, besonders bei von Laien oder später unzugänglichen Bauleistungen, wird immer öfter bewusst betrogen. Im Schadensfall stellt sich der Bauträger dumm und ist lediglich der bautechnische Laie, der sich ja auf die Fachleute verlassen musste. Mängeleinreden werden zurückgewiesen oder mit nicht auskömmlichen Minderungen abgegolten. Käufer möchten nach Bauabnahmen und Übernahmen sofort Eigentümer werden. Lange Prozesse kosten Geld, führen zu Verzögerungen und enden meist mit Vergleichen. Vielleicht geht auch der Bauträger zwischendurch Pleite. Also ist der Bauträger meist der Gewinner, der unwissende, geschädigte Käufer bleibt leider in der Regel auf der Strecke.

Käufer bleibt auf der Strecke

Der Planer möchte die beste, bewährte Lösung ohne besonders hohen Kostenaufwand verwirklichen, denn Bauen darf heute nichts mehr kosten. Wegen seines eingeschränkten, oft nicht auskömmlichen Honorars und auch manchmal wegen unzureichender Ausbildung werden zu oft notwendige Untersuchungen, Detailplanungen und auch Überwachungen unterlassen, besonders wenn Generalunternehmer (GU) oder Generalübernehmer (GÜ) eingeschaltet wurden.

Viele Planer besitzen nicht die nötigen Kenntnisse, um dauerhafte, dem Stand der Technik entsprechende, bauwerksvertägliche Maßnahmen in bestehenden Gebäuden zu planen und zu überwachen. Notwendige Grundlagenermittlungen unterbleiben. Aus angeblichen Kostengründen und auch aus Selbstüberschätzung werden viele zwingend erforderliche Voruntersuchungen, besonders unter Einschaltung von Sonderfachleuten, vom Auftraggeber nicht verlangt. Die sich daraus ergebenden Folgen sind meistens nicht oder nur mit zusätzlichen Kosten umkehrbar. Bei Arbeiten im Bestand werden überwiegend kleinere Firmen beauftragt. Während bei großen Baufirmen oder Baukonzernen die Arbeitsvorbereitung bis zum letzten Handgriff erfolgt, machen sich die Inhaber oder Leiter sowie Bauleiter kleiner Firmen selten solche Gedanken. So ist es nicht verwunderlich, wenn die Baustellenlogistik versagt, Termine nicht eingehalten und keine Gewinne erwirtschaftet werden.

Einschaltung von Sonderfachleuten

Ausführende Unternehmer sind grundsätzlich dazu verpflichtet, bei mangelhafter Planung und/oder falschen Anweisungen Bedenken beim Auftraggeber, nicht beim Architekten anzumelden. Bei flauer Auftragslage oder gewissen Abhängigkeiten von Architekt und/oder Auftraggeber wagen viele Unternehmer nicht, berechtigte Bedenken anzumelden oder sogar eine offensichtlich fehlerhafte Ausführung

Pflicht zur Bedenkenanmeldung

nach Planung oder Weisung des Auftraggebers oder seines Bevollmächtigten abzulehnen. Sie laufen ungebremst in die Falle, denn für alle Schäden und Folgen haben sie aufzukommen. Bei Bauträgerobjekten werden bei der Abnahme und Übergabe des Gemeinschaftseigentums die Planungs- und Ausführungsmängel verschwiegen. Der Käufer hat im Schadensfall das Nachsehen, besonders nach Ablauf der Gewährleistungsfristen.

1.3.2 Planungen öffentlicher und privater Bauträger

Die Planungsüberlegungen von öffentlichen oder privaten Bauträger betreffen immer die Fragen:

- Was mache ich mit dem alten Gebäude, behalten und modernisieren, oder verkaufen?
- Wie kann das Gebäude sinnvoll genutzt werden?
- Welche Baukosten entstehen?
- Wie kann ich Planungshonorare einsparen oder vermeiden?
- Gibt es Förderprogramme?
- Wie hoch sind die Bewirtschaftungskosten?
- Kann das modernisierte oder renovierte Gebäude kostendeckend genutzt oder vermietet werden?
- Wie wirken sich Mängeleinreden finanziell aus?

Die Beantwortung dieser Fragen setzt immer Vorleistungen voraus, die nicht immer kostenlos zu erbringen sind. Alle bautechnisch und nutzungsbedingt relevanten Fragen können nur durch meist kostenintensive Bauwerksuntersuchungen und Vorplanungen beantwortet werden. Durch Weglassen dieser Maßnahmen kommt es fast immer zu Fehlentscheidungen, für welche kein Dritter in Anspruch genommen werden kann. Besonders verheerend können sich Fehlentscheidungen von Politikern und Verwaltungen über neue Nutzungen von historischen Gebäuden auswirken. Diese sind oft nicht nur gebäudeschädlich bis gebäudezerstörend, sondern fast immer auch in finanzieller Hinsicht katastrophal.

unterlassene Untersuchungen führen zu Fehlentscheidungen

1.3.3 Planungen gewerblicher Bauträger

Gewerbliche Bauträger wollen Bestandsbauten billig erwerben, noch billiger modernisieren oder renovieren und mit hohem Gewinn verkaufen. Deshalb werden überwiegend mit Ausnahme der Entwurfs-,

Genehmigungs- und Verkaufsunterlagen alle weiteren Planungen den beauftragten Unternehmen (Generalüber- oder -unternehmer) aufgebürdet, natürlich auf deren Kosten. Freie Planer werden zu nicht auskömmlichen Honoraren gezwungen, natürlich mit voller Haftung. Nach dem Grundsatz ›der Unternehmer ist zur Ablieferung eines mangelfreien Werkes verpflichtet‹ werden Gebäudesanierungen und -modernisierungen ohne erforderliche Pläne durchgeführt.

Planungen werden Ausführenden überlassen

1.3.4 Planung der Architekten

Schon die Bundesregierungen haben im zweiten und dritten Bauschadensbericht [15, 16] darauf hingewiesen, dass die Mehrzahl der Baumängel und Bauschäden auf Planungsmängel und eine nicht ausreichende Ausbildung von Architekten und Bauingenieuren zurückzuführen ist. Geändert hat sich jedoch nahezu nichts.

Nach Feststellungen des Autors, die mit solchen von Haftpflichtversicherungen, Sachverständigenverbänden und Baujuristen übereinstimmen, sind mehr als 95% aller Baumängel und -schäden auf Planungsfehler zurückzuführen. Wenn eine Planungsvorgabe falsch ist, muss zwangsläufig auch die Ausführung falsch werden, es sei denn, die ausführende Firma verweigert die vorgegebene Ausführung. Warum sind so viele Architektenleistungen fehlerhaft, unvollständig oder nicht vorhanden? Dafür einige Gründe:

95% aller Baumängel auf Planungsfehler zurückzuführen

- Keine Beauftragung vollständiger Planungen
- Nicht auskömmliche Honorare
- Unzureichende Berufsausbildung
- Fehlende Berufserfahrung
- Fehlende Weiterbildung
- Delegieren von Planungsleistungen handwerksüblicher Ausführungen an die Ausführenden
- Selbstüberschätzung
- Desinteresse
- Stress
- Mangelnde Motivation
- Oberflächliche Bauaufsicht.

Die Folgen sind sowohl für die späteren Ausführungen als auch für die Architekten selbst verheerend. Durch Planungspfusch an alten Gebäuden entstehende Folgeschäden wirken sich besonders negativ aus.

1.3.5 Tragwerksplanungen

Planungen am Tragwerk alter Gebäude orientieren sich immer am Bestand. Deshalb führen Tragwerksplanungen ohne vollständige Bestandsaufnahme des vorhandenen Tragwerks immer zu gebäudeunverträglichen bis fatalen Lösungen.

Tragwerksplanungen ohne Bestandsaufnahme führen zu gebäudeunverträglichen Lösungen

Die Tragwerksplaner müssen sich ganz besonders mit den alten Konstruktionsprinzipien, Berechnungsmethoden und Baustoffen auseinandersetzen und auf diese Besonderheiten eingehen. Doch nur wenige Planer sind in der Lage oder dazu bereit, sich bei nicht auskömmlichen Honoraren in diese Materie einzuarbeiten. Nur wirklich erfahrene Altbauexperten können gebäudeschädliche Tragwerksplanungen sofort erkennen. Immer wieder treten Fehler auf, wie z. B:

- falsche Lastannahmen und Lasteinleitungen
- Nichtberücksichtigung alter Konstruktionsprinzipien bei Instandsetzungen
- Kombination unterschiedlicher Berechnungsmethoden
- untaugliche Berechnungsmethoden
- unnötige Tragwerksverstärkungen
- schädliche Holz- und Stahlverbindungen
- gebäudezerstörende Tragglieder
- Kombination unverträglicher Baustoffe
- Folgeschäden durch Feuchte, Dilatation, Schall.

1.3.6 Planungen der Technischen Gebäudeausrüstung

Die Einschaltung von Fachingenieuren für technische Gebäudeausrüstung war früher selbstverständlich, heute ist das leider ganz anders geworden. Diese Fachingenieure werden nach Meinung vieler Architekten und Bauträger im Wohnungs- oder Wohnhausbau nicht mehr gebraucht. Firmen werden aufgefordert, auf der Grundlage von Entwurfsplänen M 1:100 und schwammigen Baubeschreibungen Pauschalangebote abzugeben. Das Bauen im Bestand setzt jedoch detaillierte Fachplanungen der technischen Gebäudeausrüstungen voraus, denn neue Installationen können nicht ohne Planung mit alten verbunden werden. Wer plant im Vorplanungsstadium die Grundstücksentwässerung? Nicht der Architekt, sondern der Sonderfachmann! Bereits im Vorplanungsstadium müssen erste verbindliche Angaben zu den notwendigen Installationen und Kosten vorliegen. Da zu die-

Wer plant die Grundstücksentwässerung?

sem Zeitpunkt keine Fachfirmen beauftragt sind, gibt es auch keine verbindlichen Planungen und Kostenaussagen. Welche Planungen bei Installationen sind sehr oft unvollständig oder fehlen?

- Planung von Grundstücksentwässerungen
- Rohrnetzberechnungen
- Hydraulische Berechnungen für Wasserversorgungs- und Heizungsanlagen
- gebäudespezifische Wärmebedarfsberechnungen
- Strangschemen für Abwasser-, Wasser-, Heizungsanlagen
- Verlegepläne für Fußboden-, Decken- oder Wandheizungen
- Geräteaufstellpläne
- Be- und Entlüftungsentwürfe
- Lüftungsberechnungen
- Installationspläne für elektrische Anlagen
- Verteilerbelegungspläne
- Angaben für Durchbrüche und Schlitze.

Die Folgen fehlender, unvollständiger oder falscher Planungen sind immer

- falsche Grundleitungen
- fehlende oder unnötige Rückstausicherungen
- fehlende Revisionsöffnungen
- zusätzliche Stemm- und Durchbrucharbeiten
- Leitungs- und Kabelwirrwahr auf Böden und an Wänden
- Schallprobleme
- Hydraulikmängel
- nicht optimal funktionierende Heizungsanlagen
- hohe Energiekosten
- etc.

1.4 Ausführungsfehler

Besonders viele Ausführungsfehler sind eine Folge von falschen, unvollständigen oder fehlenden Planungen. er Ausführungspfusch bei Baumaßnahmen im Bestand überschreitet bei Weitem den bei Neubauten vorkommenden. Es gibt keine Standardregeln für dieses unerfreuliche Problem, denn jeder Bestandsbau ist hinsichtlich Substanz und Vorschäden ein Unikat. Bei fast allen Verbindungen neuer mit alten Baustoffen oder -teilen wird oder wurde bewusst oder

Ausführungsfehler durch falsche, unvollständige oder fehlende Planungen

unbewusst gepfuscht. Obwohl handwerklich in Ordnung, kann eine Bauleistung allein aus juristischen Gründen mit gravierenden Mängeln behaftet sein, wenn z.B. gegen einzuhaltende, dem Handwerker meistens unbekannte Auflagen der Baugenehmigung oder sonstige geltende Regeln verstoßen wurde. Deshalb muss der Ausführende auf vollständige, fehlerfreie Planunterlagenund Beschreibungen aller ihn betreffenden Leistungen bestehen. Dazu gehören für den Rohbauer Baugrundgutachten mit den relevanten Grundwasserständen und Schlagregenzonen, für den Stuckateur, und bei Fachwerkgebäuden den Zimmermann, die außenklimatischen Einstufungen wie Niederschlagsangaben, Hauptwindrichtungen etc.

vollständige, fehlerfreie Planunterlagen

Bei den vom Autor überprüften Bauvorhaben trat wiederholt bis ständig gleicher Pfusch an in **Tab. 1.1** aufgeführten Bauleistungen auf.

Es gab fast keinen Unterschied zum Pfusch bei Neubauten, es gab nur mehr. Ursächlich waren besonders ungenügende Fachkenntnisse der beauftragten Firmen und deren Mitarbeiter, bewusster Pfusch bei verdeckten Stellen, Betrug wegen angeblich nicht ausreichender Preise. Besonders die fehlende Objektüberwachung von Bauleitung und Firmeneigenkontrolle führten zu Pfusch am Bau.

kein Unterschied zum Pfusch bei Neubauten

1.5 Gewährleistung und Haftung

Im Gegensatz zu Neubauten haften bei Bestandsbauten die Beteiligten nicht nur für ihre erbrachten Leistungen, sondern auch für die mit verwendete Altbausubstanz, denn alle neuen Bauleistungen werden auf die vorhandene Substanz aufgebaut. Grundsätzlich ist jeder Unternehmer sowohl nach Bürgerlichem Gesetzbuch (BGB) [18] als auch nach Verdingungsordnung für Bauleistungen (VOB) [17] dazu verpflichtet, alle sein Gewerk betreffenden Vorleistungen auf Mängel zu überprüfen und gegebenenfalls Bedenken anzumelden. Wenn der Auftraggeber berechtigte Bedenken zurückweist, ist es besonders bei Bestandsbauten ratsam, die Durchführung der Arbeiten zu verweigern und vom Vertrag zurückzutreten. Es reicht nicht aus, auf die angemeldeten Bedenken zu verweisen, oder sich von jeglicher Haftung für die alte Bausubstanz freistellen zu lassen.

Pflicht zur Bedenkenanmeldung

Die Gewährleistung und Haftung richtet sich nach der Grundlage des abgeschlossenen Vertrages. Kaufverträge werden grundsätzlich auf Grundlage des BGB abgeschlossen, Werkverträge für die alleinige

Tabelle 1.1: Typische Mängel und ihre Folgen bei Bestandsbauten

	Mängel	Ursachen
Gründungen	▪ schadhafte Teile nicht vollständig oder mit falschen Baustoffen verstärkt	▸ unterschiedliche Setzungen, Verformungen
Abdichtungen erdberührter Bauteile	▪ Grundwasserstände und Baugrund nicht überprüft	▸ Falsche Abdichtungen, Feuchteschäden
	▪ untaugliche oder ungenügende Abdichtungssysteme eingesetzt, Abdichtungen nicht eingebracht	▸ Feuchteschäden
Mauerwerk	▪ Wandergänzungen mit unverträglichen Steinen und Mörteln	▸ Risse, Putzschäden, Wärmeschutzmängel, Diffusionsschäden
	▪ bindemittellose Mörtel nicht ausgetauscht oder verfestigt	▸ Mauerwerksverformungen, Risse, Putzschäden
	▪ schadhafte Mauerwerkfugen belassen	▸ Feuchteschäden bei Sichtfachwerk, Putzschäden
	▪ Fachwerkausfachungen als Mischmauerwerk,	▸ Risse, Putzschäden, Wärmeschutzmängel, Diffusionsschäden
	▪ Fachwerkausfachungen mit wenig oder nicht geeigneten Steinen	▸ Risse, Putzschäden, Wärmeschutzmängel, Diffusionsschäden
	▪ Fachwerkausfachungen ohne Befestigung und Leisten	▸ Lockerung der Ausfachung, durchgehende Feuchteeintritte
Natursteinarbeiten	▪ Durchfeuchtungen nicht beseitigt	▸ Feuchtewanderung, Salzschäden
	▪ Versalzungen nicht beseitigt	▸ Salzschäden
	▪ Ausbesserungen mit Reparaturmörtel	▸ Feuchteschäden, vorstehende Ausbesserung bei Steinverlust
	▪ ungeeignetes Steinmaterial verwendet	▸ Risse, Abplatzungen, Feuchteschäden, Absandungen, Frostschäden
	▪ Steinverfestigung an Oberflächen über weicherem Kern	▸ Schalenbildung, Abplatzungen
Zimmerarbeiten	▪ nasse Neuhölzer verwendet	▸ Volumenveränderungen durch Schwinden, Rissbildungen
	▪ trockenes Altholz mit nassem Neuholz verbunden	▸ Volumenveränderungen durch Schwinden, Rissbildungen
	▪ untaugliche Holzverbindungen ausgeführt	▸ Verformungen

Fortsetzung Tabelle 1.1: Typische Mängel und ihre Folgen bei Bestandsbauten

	Mängel	Ursachen
Zimmerarbeiten	▪ Blechverbinder in tauwassergefärdeten Zonen eingebaut	▶ Kondensatfeuchteschäden, Fäulnis, Korrosionsschäden
	▪ unterschiedliche Holzsorten bei Reparaturen verwendet	▶ Verformungen, Feuchteschäden, Risse
	▪ Holzschutzmaßnahmen an Neuhölzern nicht nach DIN 68800 ausgeführt	▶ Schäden durch tierische und pflanzliche Schädlinge
	▪ Sparren nicht gegen Verschieben und Abheben gesichert	▶ Dachstuhlverformungen bis Einsturzgefährdung
	▪ Holzbalken gegen Feuchte ungeschützt eingemauert	▶ Fäulnisschäden
	▪ notwendige Maueranker bei Holzbalkendecken fehlten	▶ Gebäudeverformungen wegen fehlender Aussteifung
	▪ neue Streichbalken vor thermisch bedenklichen Wänden mit Wandkontakt eingebaut	▶ Feuchte- und Fäulnisschäden
	▪ nicht ausreichende Schalungsbefestigungen bei als aussteifende Deckenscheiben wirkenden Holzbalkendecken	▶ Verformungen
Stuckarbeiten	▪ Wandfeuchte und Feuchteaufnahmeverhalten nicht überprüft	▶ mögliches Abfallen der Neubekleidung, Risse, Feuchteschäden, Frostschäden
	▪ Salzgehalte nicht überprüft	▶ Salzschäden
	▪ Putzuntergründe nicht ausreichend vorbereitet	▶ Abfallen der Neubekleidung
	▪ Putzsysteme nicht bauwerksverträglich abgestimmt	▶ Putzrisse, Feuchteschäden
	▪ Erforderliche Putzdicken nicht eingehalten	▶ Risse, Putzablösungen, Feuchteschäden
	▪ Standzeiten nicht eingehalten	▶ Risse
	▪ unverträgl. Putzkombinationen Gips/Zement	▶ Putzverformungen durch Ettringit
	▪ Luftkalkputze mit dichten Oberputzen überdeckt	▶ Festigkeitsverlust der Luftkalkputze, Putzablösungen
	▪ erforderliche Putzträger und -armierungen nicht eingebaut	▶ Risse, Putzablösungen

Fortsetzung Tabelle 1.1: Typische Mängel und ihre Folgen bei Bestandsbauten

	Mängel	Ursachen
Stuckarbeiten	▪ Putzträger bei Fachwerkwänden falsch befestigt	▸ Risse
Grundstücksentwässerungen	▪ vorhandene, defekte Leitungen ungeprüft weiter verwendet	▸ Wasserverluste bei Schäden, Verstopfungen
	▪ Einbaufehler bei Grundleitungen, fehlende Überdeckung	▸ Rohrbruch, Rohrperforation
	▪ notwendige Rückstausicherungen nicht eingebaut	▸ Wasseraustritte, Überflutungen
Feuchteschutz	▪ fehlender Schlagregenschutz von Fassaden	▸ Feuchteschäden, Wassereinbrüche
	▪ diffusionsdichte Fassadenbekleidungen und -beschichtungen	▸ Diffusionsfeuchteschäden, Putz- und Farbablösungen
	▪ diffusionsdichte Holzbeschichtungen von Außenholzteilen	▸ Diffusionsfeuchteschäden, Fäulnis, Farbablösungen
	▪ feuchtegefährdete Dämmungen und Putze in Außenbereichen	▸ Feuchteschäden, Bekleidungsablösungen, Schimmel
	▪ fehlende oder falsche Durchlüftungen von Dächern	▸ Feuchteschäden, Wärmeverluste, Frostschäden an Dachdeckungen, Fäulnis
	▪ ungeeignete Dampfbremsen oder -sperren verwendet	▸ Feuchteschäden
	▪ undichte Durchdringungen und Verbindungen/-stöße von Dampfbremsen/-sperren	▸ Feuchteschäden durch Konvektion, Energieverluste
Schallschutz	▪ Leichtmauerwerk als Wohnungstrennwand	▸ Schallübertragungen
	▪ leichte Fachwerkausfachungen bei Außen-/Wohnungstrennwänden	▸ Schallübertragungen
	▪ Schalllängsleitung von Außen- und Innenwänden	▸ Schallübertragungen
	▪ durch Wohnungstrennwände durchlaufende Holzbalken	▸ Schallübertragungen
	▪ durchsichtige Wohnungstrennwände	▸ direkte Schallübertragung
	▪ Holzbalkendecken ohne ausreichende Schalldämmungen	▸ Tritt- und Luftschallübertragungen bei Geschossdecken und Treppenhäusern

Fortsetzung Tabelle 1.1: Typische Mängel und ihre Folgen bei Bestandsbauten

	Mängel	Ursachen
Schallschutz	▪ schalltechnisch ungenügende Wohnungs abschlusstüren verwendet	▸ Schallübertragungen
	▪ Installationsleitungen, Armaturen und Aggregate ohne akustische Entkoppelung	▸ Leitungsgeräuschübertragungen
Wärmeschutz	▪ fehlende Dämmungen von Massivaußenwänden	▸ Energieverluste, Feuchteschäden, Schimmel
	▪ Mischmauerwerk mit unterschiedlich dämmende Steinen	▸ Energieverluste, Feuchteschäden, Schimmel
	▪ fehlende Dämmungen von Stahlbetonteilen	▸ Energieverluste, Feuchteschäden, Schimmel
	▪ Gebäudeunverträgliche Fassadendämmungen	▸ Feuchteschäden, Schimmel
	▪ ungenügende Dämmungen in Dächern	▸ Feuchteschäden, Frostschäden, Fäulnis, Energieverlust
	▪ Befestigung thermisch nicht entkoppelter Metallteile an Fassaden	▸ Energieverlust, Feuchteschäden
	▪ ungenügende Dämmung von Geschossdecken	▸ Energieverluste, Feuchteschäden, Fußbodenkälte
	▪ ungenügende Dämmung von haustechnischen Anlagen	▸ Energieverluste
Brandschutz	▪ festgelegte Feuerwiderstandsklassen nicht eingehalten	▸ Baurechtlicher Abnahmeverlust bis Nutzungsverbot
	▪ organische Dämmstoffe in Dächern, Wänden, Decken	▸ Erstickungsgefahr bei Brand
	▪ Brandwände durch durchlaufende Leitungen oder Holzbalken perforiert	▸ Feuer- und Rauchübertritt, Erstickungsgefahr
	▪ brennbare Leitungen bei Geschossbauten	▸ Brandübertragungen in andere Geschosse
	▪ Rettungsöffnungen in nachträglich ausgebauten Dächern nicht ausreichend groß hergestellt	▸ Rettungsmöglichkeiten stark eingeschränkt Lebensgefahr
Trockenbauarbeiten	▪ starre Anschlüsse von leichten Trennwänden an Holzbalkendecken, Dachkonstruktionen und Massivwände	▸ Verformungen, Risse

Fortsetzung Tabelle 1.1: Typische Mängel und ihre Folgen bei Bestandsbauten

	Mängel	Ursachen
Trockenbauarbeiten	▪ unzureichende Befestigung abgehängter Decken	▸ Verformungen, Bekleidungsablösungen
	▪ fehlende Mineralwolleinlagen abgehängter Decken	▸ Akustische Mängel
Estricharbeiten	▪ Trockenestriche auf Ausgleichsschüttungen	▸ Verformungen, Schallmängel
	▪ großflächige Zementestriche auf weit gespannten Holzbalkendecken	▸ Verformungen, Estrichrisse
Anstricharbeiten	▪ diffusionsdichte Holz- und Außenputzbeschichtungen	▸ Feuchteschäden, Farbablösungen, Putzschäden
	▪ filmbildende Außenwandbeschichtungen	▸ Farbablösungen, Bindemittelverluste, Putzschäden
	▪ Filmbildende Beschichtungen von Luftkalkputzen	▸ Putzschäden
Fliesen- und Plattenarbeiten	▪ Wandplattenverlegung auf alten Kalkputzen ▪ Fliesenverlegung ohne Abdichtungen ▪ in feuchten Bereichen	▸ Feuchteschäden, Festigkeitsverluste alter Mörtel, Fliesenablösungen
	▪ großformatige Bodenbeläge auf Holzbalkendecken	▸ Verformungen, Risse, Plattenbrüche
Heizungsanlagen	▪ alte Heizungsleitungen verwendet	▸ Korrosionsschäden, Wärmeverluste
	▪ alte Schornsteinzüge verwendet	▸ Versottungen, Feuchteschäden
Sanitärinstallationen	▪ alte Abflussleitungen verwendet	▸ Korrosionsschäden, Fließgeräusche, Energieverlust
	▪ alte Wasserleitungen und Armaturen verwendet	▸ Korrosionsschäden, Fließgeräusche

Bauwerkserrichtung ohne Grundstückskauf auch oft auf Grundlage der VOB.

BGB oder VOB

Schuldrechtsreform

Nach der am 01.01.2002 in Kraft getretenen Schuldrechtsreform betragen die Verjährungsfristen nach § 199 BGB:

»§ 199 BGB Beginn der regelmäßigen Verjährungsfrist und Höchstfristen

(1) Die regelmäßige Verjährungsfrist beginnt mit dem Schluss des Jahres, in dem

1. der Anspruch entstanden ist und
2. der Gläubiger von den den Anspruch begründenden Umständen und der Person des Schuldners Kenntnis erlangt oder ohne grobe Fahrlässigkeit erlangen müsste.
(2) Schadensersatzansprüche, die auf der Verletzung des Lebens, des Körpers, der Gesundheit oder der Freiheit beruhen, verjähren ohne Rücksicht auf ihre Entstehung und die Kenntnis oder grob fahrlässige Unkenntnis in 30 Jahren von der Begehung der Handlung, der Pflichtverletzung oder dem sonstigen, den Schaden auslösenden Ereignis an.
(3) Sonstige Schadensersatzansprüche verjähren
1. ohne Rücksicht auf die Kenntnis oder grob fahrlässige Unkenntnis in zehn Jahren von ihrer Entstehung an und
2. ohne Rücksicht auf ihre Entstehung und die Kenntnis oder grob fahrlässige Unkenntnis in 30 Jahren von der Begehung der Handlung, der Pflichtverletzung oder dem sonstigen, den Schaden auslösenden Ereignis an.
Maßgeblich ist die früher endende Frist.
(4) Andere Ansprüche als Schadensersatzansprüche verjähren ohne Rücksicht auf die Kenntnis oder grob fahrlässige Unkenntnis in zehn Jahren von ihrer Entstehung an.
(5) Geht der Anspruch auf ein Unterlassen, so tritt an die Stelle der Entstehung die Zuwiderhandlung....«

Regelverjährungsfrist

Bei Bauleistungen beträgt die Regelverjährungsfrist fünf Jahre. Neu ist die kenntnisunabhängige Verjährung nach Ziffer (3)1. Für auf Grundlage der VOB abgeschlossene Verträge beträgt die Regelgewährleistungsfrist vier Jahre.

Für Architekten gilt eine völlig vom Normalfall abweichende Regelung. Sofern die Leistungsphase 9 *»Dokumentation«* nach § 15 HOAI vereinbart wurde, beginnt die Gewährleistung für den bauleitenden Architekten erst nach vollständigem Ablauf aller Gewährleistungsverpflichtungen aller am Bau beteiligten Firmen. Wenn z.B. bei einem Unternehmer die Gewährleistung wegen Baumängeln kurz vor Ablauf der fünfjährigen Gewährleistung unterbrochen wurde, beginnt für den Bauleiter die Gewährleistung erst nach Ablauf der neuen Ge-

Gewährleistung des Architekten

währleistung dieser Firma. Den meisten Architekten und Ingenieuren ist scheinbar nicht bekannt, dass deren Gewährleistung erst nach Abnahme der erbrachten Architekten- oder Ingenieurleistung beginnt. So kann es vorkommen, dass auch noch nach 25 oder 35 Jahren Haftungsansprüche gegen die bauleitenden Architekten oder Ingeneure geltend gemacht und erfolgreich durchgesetzt werden. Warum? Sie haben es unterlassen, für ihre erbrachten Planungs- und Überwachungsleistungen die Abnahme zu verlangen.

Architektenhaftpflicht

Die Schadensfälle durch Pfusch bei Planung und Ausführung von Bauvorhaben haben so stark zugenommen, dass die Haftpflichtversicherer von Architekten und Ingenieuren die Versicherungsprämien um ein Vielfaches angehoben haben, und Versicherungsnehmern schon nach zwei Schadensanmeldungen innerhalb von 12 Monaten, unabhängig vom Eintritt eines tatsächlichen Schadens, die Verträge kündigen oder Architekten und Bauingenieure gar nicht mehr versichern. Dies ist sicherlich auf die sprunghaft angestiegene Zahl von Planungs- und Aufsichtsfehlern zurückzuführen, aber auch auf das Wahlrecht des geschädigten Auftraggebers, seine Ansprüche aus nicht vertragsgerechten Bauausführungen entweder gegen den Unternehmer oder den Bauleitenden geltend zu machen, denn Bauleiter sind in der Regel ausreichend versichert.

Neu sind durchgesetzte Schadenersatzansprüche aus vor weit über 20 Jahren fertig gestellten und bau- sowie zivilrechtlich abgenommenen Bauvorhaben gegen die ehemaligen Bauleiter. [BGH, NJW 97, 2517; MDR 97, 827]

Auch Baufirmen und Bauträger haben erhebliche Probleme mit ihren Haftpflichtversicherungen wegen des »*Pfuschs am Bau*«. Eigentlich müssten die Planer und Verarbeiter, aber auch Bauträger und öffentliche Bauabteilungen aus diesen Fehlern gelernt haben. Bei der Häufigkeit der bei bestimmten Bauträgern, Planern und ausführenden Firmen immer wieder vorkommenden gleichen Mängel schleicht sich das Gefühl ein, dass immer öfter bewusst gepfuscht wird, in der Annahme der Laie kenne sich nicht aus. Welcher Bauherr oder Käufer beauftragt schon bei der Bauausführung einen Sachverständigen zur baubegleitenden Qualitätsüberwachung von Planung und Ausführung?

Wird zum Beispiel vom Bauherrn oder Erwerber die Abnahme verweigert, lassen viele Baufirmen oder Bauträger ihre Kunden gern aushungern. Das Gebäude wird nicht übergeben, das Eigentum wird nicht übertragen, obwohl für den Bauherrn oder Käufer ein gesetzliches Zurückbehaltungsrecht bei Mängeln besteht. Bis zur Abnahme haben Bauträger oder Unternehmer zu beweisen, mangelfrei und nach den allgemein anerkannten Regeln der Technik gebaut zu haben. Nach der Abnahme muss der Eigentümer den Beweis einer mangelhaften Ausführung führen.

Beweisumkehr nach Abnahme

Bei Einleitung eines selbstständigen gerichtlichen Beweisverfahrens ist der Antragsteller beweis- und vorschusspflichtig. Dabei sind 10.000 € oder mehr schnell verbraucht. Je nach Schadenshäufigkeit gehen immer mehr Baufirmen und Bauträger während der Durchführung eines selbstständigen Beweisverfahrens oder kurz danach Pleite, sodass der geschädigte Kunde auf den zusätzlichen Anwalts- und Gerichtskosten sitzen bleibt. Der Dumme ist dann wieder der Bauherr oder Erwerber, denn weder Insolvenzverwalter noch Banken geben die fertig gestellten oder nicht fertig gestellten Bauten ohne zusätzliche langwierige Verhandlungen oder Prozesse heraus, selbst wenn auch vom Bauherrn oder Erwerber schon viel zu viel bezahlt wurde.

selbstständiges gerichtliches Beweisverfahren

Ansprüche aus *»Pfusch am Bau«* gegen die Verantwortlichen durchzusetzen ist für einen Baulaien kaum ohne Anwalt möglich, nicht einmal für erfahrene Baufirmen oder Bauträger.

2.0 Fallbeispiele

Bei der Sanierung von bestehenden Gebäuden entstehen die gravierenden Folgeschäden überwiegend durch

- falsche Beratungen der Bauträger (private, gewerbliche, öffentliche Bauherren) durch Planer und Behörden
- Fehlentscheidungen der Bauträger
- fehlende bautechnische Qualifikationen von Behördenvertretern wie z. B. Denkmalpflegern, amtlichen Bauverständigen
- gebäudeunverträgliche oder nicht finanzierbare Auflagen in den Baugenehmigungen
- völlig überzogene Forderungen vieler bautechnisch nicht ausgebildeter Denkmalpfleger und Ortsbildplaner
- falsche Zusagen von Fördermitteln
- mangelnde Kompetenzen von Behördenvertretern
- wiehernde Amtsschimmel, Behördenschlamperei
- Geldmangel
- fehlende Qualifikation der beauftragten Planer und ausführenden Firmen im Umgang mit alter Bausubstanz
- falsche Kostenberechnungen
- nachträgliche Abweichungen von genehmigten und freigegebenen Plänen.

Pfusch findet im Verborgenen statt

Wie überall findet der Pfusch fast immer im Verborgenen statt. Falsche Beratungen sind nicht optisch oder greifbar zu erkennen, sie fließen jedoch in Planungen und Ausführung ein. Baulaien können den geplanten Pfusch in den Plänen nicht erkennen. Pfusch bei den Bauleistungen, besonders bei Sanierungen von Bestandsbauten, tritt überwiegend in von Laien nicht kontrollierbaren Bereichen auf. Bauleiter können oder wollen oft erkannten Planungspfusch nicht verhindern, besonders wenn enge Terminpläne dadurch über den Haufen geworfen werden und Streitigkeiten oder Mehrkosten durch diesen Planungspfusch entstehen können. Also wird der Pfusch nicht erwähnt. Bei Abnahmen und Übergaben wird darüber hinweggesehen, es wird verschwiegen oder, wenn der Bauträger gezielte Fragen stellt, schöngeredet. Auf dem Schlachtfeld der Gebäudesanierungen tummeln sich unzählige Abzocker, Hasardeure und besonders viele unseriöse Firmen und natürlich Schwarzarbeiter. Sanierungsaufträge, besonders bei Dachdeckungen, werden durch fliegende Drückerkolonnen als Haustürgeschäft vermittelt und oft nach Vorauskasse sofort besonders schlampig zu weit überhöhten Preisen ausgeführt. Auch gern bei Anlageobjekten, wie den Bauherrenmodellen, werden die Anleger schon von Anfang an betrogen. Die Folgen sind oder waren, wie besonders beim Aufbau Ost geschehen, für die Investoren, aber auch für viele Planer und Firmen verheerend. Der Bedarf an Gewerbeeinheiten, Büros und Wohnungen wurde mehrfach überzogen. Garantierte Mieten wurden wegen unvorstellbarer Mängel nicht bezahlt, Mieter zogen wieder aus. Leerstehende Einheiten sind nicht mehr vermietbar. Fehlgeschlagene Sanierungen verschlingen unzählige Mittel für die Beseitigung von Pfusch. Die folgenden Fallbeispiele zeigen besondere Schadensfälle, welche durch Fehlentscheidungen, Falschberatungen, überzogene Forderungen von Denkmalpflegern, Gewinnsucht und Unvermögen der Beteiligten nicht nur zu teilweise verheerenden Bau- und Vermögensschäden, sondern auch zu Insolvenzen von Bauträgern, Planern und Firmen geführt haben.

garantierte Mieten wegen Mängeln nicht bezahlt

2.1 Fachwerkhaus in Württemberg

Wenn unfähige Generalunternehmer beauftragt werden

Abb. 2.1 ■ Gebäudeansicht vor der Sanierung

Abb. 2.2 ■
Treppenhauswände mit Abdichtung

Dieses Fachwerkhaus, errichtet 1786, wurde 1994 im Zuge einer Stadtmodernisierungsmaßnahme grundlegend instand gesetzt und umgebaut. Anstelle von Wohnungen wurden im Erdgeschoss ein Restaurant, in den Obergeschossen ein kleines Hotel und im Dachgeschoss eine Wohnung eingebaut. Der große Weinkeller wurde zu einem Partyraum umgestaltet. Geplant und überwacht wurde das Objekt anfänglich von einem sehr erfahrenen Architekten, der auch als öffentlich bestellter und vereidigter Sachverständiger für Schäden an Gebäuden tätig war. Alle Arbeiten wurden an einen Generalunternehmer vergeben, mit erheblichen negativen Folgen.

alle Arbeiten an Generalunternehmer vergeben

Nachfolgend einige Abbildungen mit beispielhaften Ausführungsdetails, welche bei qualifizierten Planungen, Ausführungen und Überwachungen nicht vorkommen: Was ist hier falsch?

Abb. 2.2 zeigt die Untergeschosswände des ursprünglich geplanten zukünftigen Kellerzuganges. Die Wände wurden, sicherlich aus Platz- und Logistikgründen, mit Mantelbetonsteinen errichtet. Die verwendeten Steine werden in der Regel geschosshoch versetzt und in einem Guss ausbetoniert. In jeder Steinkammer befindet sich ein vertikaler Bewehrungsstab, in jeder Lagerfuge ist ein horizontaler Bewehrungsstab eingelegt. Die Vertikalabdichtung erfolgte mit einer nur

Vertikalabdichtung nur einlagig

einlagigen Bitumendickbeschichtung, die notwendige Schichtdicke war nicht erreicht. Aus Platzgründen wurden die Baugrubenwände vertikal abgestochen, die nach den Unfallverhütungsvorschriften notwendigen Arbeitsräume fehlten. Die vorhandene Vertikalabdichtung kann deshalb nur in kleinen Abschnitten über Kopf aufgebracht worden sein, wahrscheinlich auch ohne Voranstrich. So hergestellte

Abb. 2.3 ■ Fachwerkdetail Blechverbinder

Abb. 2.4 ■ Fachwerkdetail eingenagelter Riegel

Mantelbetonwände mit diesen Steinen sind nicht ausreichend bewehrt und somit mangelhaft. Einlagige Bitumendickbeschichtungen ohne Untergrundvorbehandlung sind ebenfalls mangelhaft. Da im vorliegenden Fall wasserundurchlässiger Baugrund anstand und auch keine

Abb. 2.5 ■ Fachwerkdetail Schornsteinanschluss

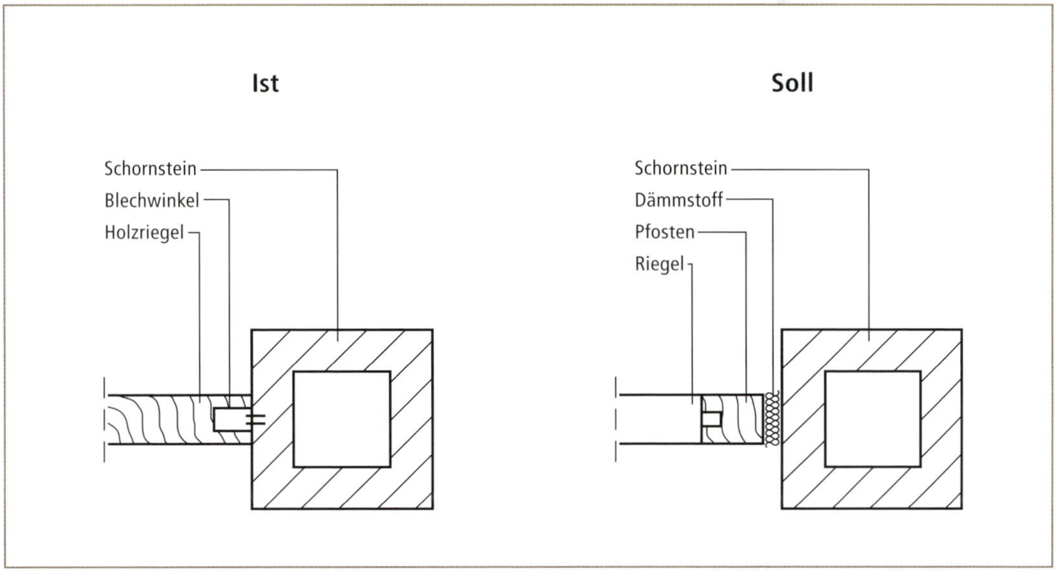

Abb. 2.6 ■ Ist-Zustand – Soll-Zustand Schornsteinanschluss

Abb. 2.7 ■ Fachwerkdetail Stützenanschlüsse

Abb. 2.8 ■ Außenwandaufdoppelung mit Gipskartonplatten

Dränage möglich war, musste dieses kleine Bauwerk nach DIN 18195-6 gegen aufstauendes Sicker- oder drückendes Wasser abgedichtet werden. Da eine solche Abdichtung fehlt, waren Boden und Wände undicht. Darauf hin wurde anstelle der planten neuen Treppe der alte Kellerzugang weiterverwendet

Die in den **Abb.2.3 bis 2.8** gezeigten Fachwerkdetails sprechen für sich. Nur sehr wenige Tragwerksplaner, aber noch weniger Zimmerbetriebe bilden neue Fachwerkwände oder Wandausbesserungen mit historischen Verbindungen wie Zapfen, Verblattungen oder Versätzen aus. Alte oder trockene Hölzer wurden nicht verwendet. Alle Holzverbindungen wurden stumpf gestoßen und mit Nagelblechen oder Balkenverbindern hergestellt. Wenn, wie hier, noch gespart werden muss, werden die Riegel nur noch eingenagelt. Besonders ›hoch‹ ist die Ausführungsqualität der neuen Fachwerkanschlüsse an bestehende Holzteile oder den Schornstein einzustufen.

Die erforderlichen Wärmschutzverbesserungen der Fachwerkaußenwände erfolgten mit auf die Wände geklebten und genagelten Gipskartonverbundplatten, bestehen aus 9,5 mm Gipskarton und 3,5 cm bis 5 cm Hartschaum. Da die Gefachausmauerungen über die Fachwerkstäbe ragten, wurden die tiefer liegenden Fachwerkstäbe aufgedoppelt. Verwendet wurden keine Leisten, sondern Gipskartonplatten. Folge: Die Gipskartonplatten feuchten durch Kondensatbildung langsam auf und verlieren ihre Tragfestigkeit. Ablösungen der Trockenputzbekleidungen sind zu erwarten.

Gipskartonplatten feuchten auf und verlieren Tragfestigkeit

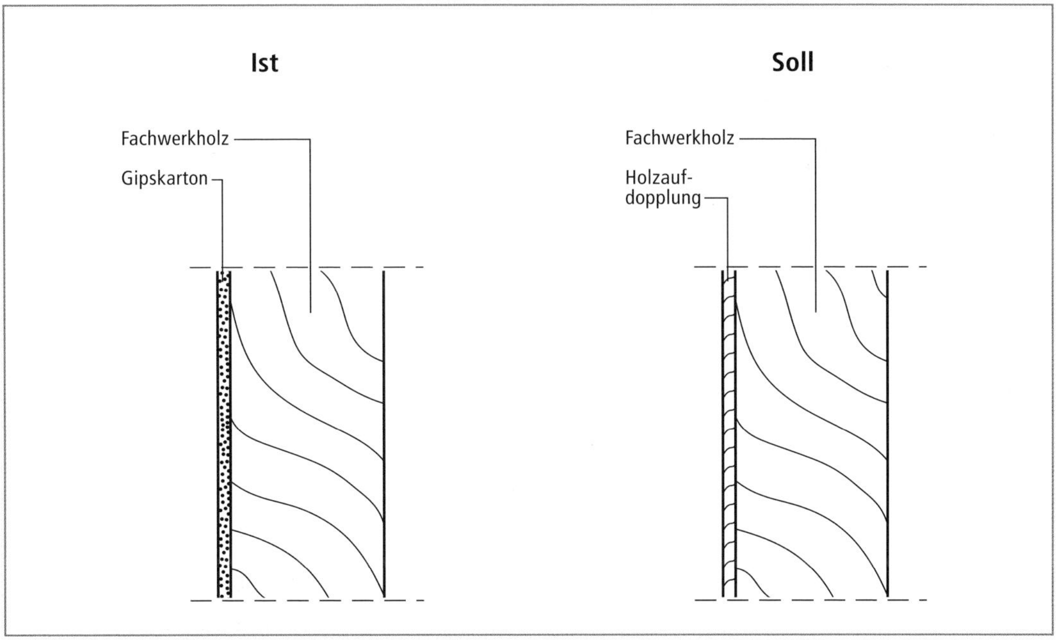

Abb. 2.9 ■ Ist-Zustand – Soll-Zustand Außenwandaufdopplung

Abb. 2.10 ■ Abdichtungsdetail Fassadenanschluss

Abb. 2.11 ■ Dachdurchdringung

Ist es üblich, dass Anschlussdichtungen von Metallfassadenelementen im Geländeschotterbett enden? Nein! Wer hat hier gepfuscht? Planer und Ausführender. Planungsfehler: Folge: Unter dem Metallfassadenelement dringt Wasser ein.

Abb. 2.11 zeigt die Durchdringung des Heizkesselabgasrohres durch die Aufsparrendämmung mit Aluminiumfolien kaschierten PU-Platten der Dachfläche. Da die endgültige Lage des Rohrdurchganges den Dachdeckern unbekannt war, hatten diese vorsorglich einen ausreichend

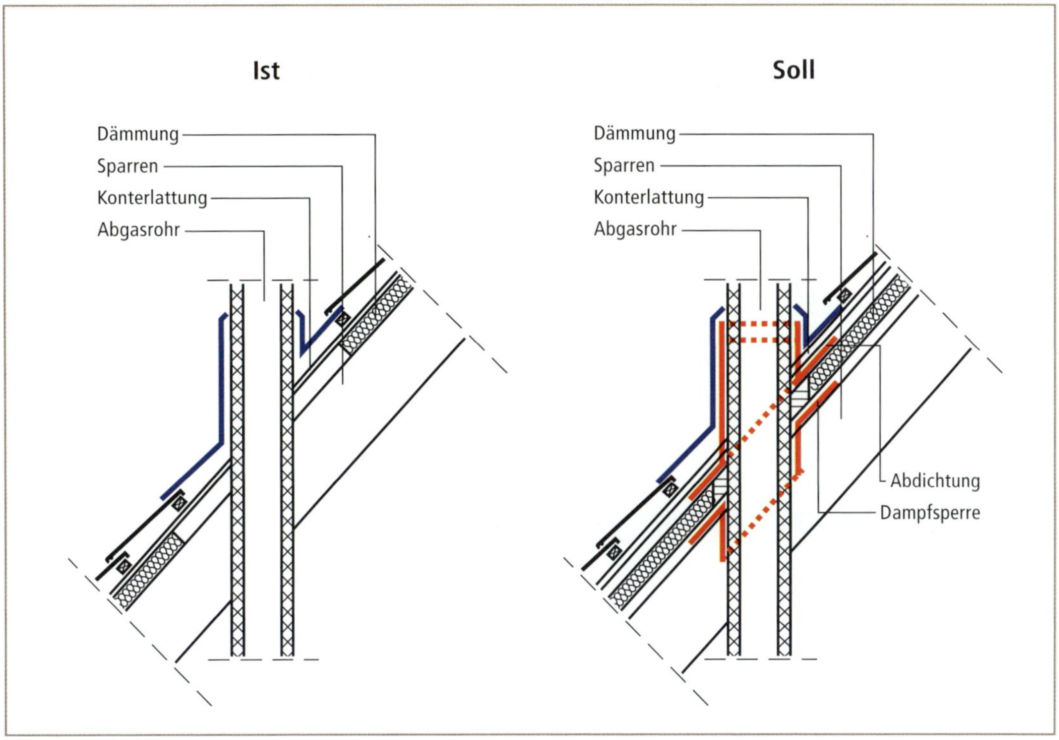

Abb. 2.12 ■ Ist-Zustand – Soll-Zustand Dachdurchdringung

Abb. 2.13 ■
Fertig gestellte Südfassade

Abb. 2.14 ■ Fassadendetail

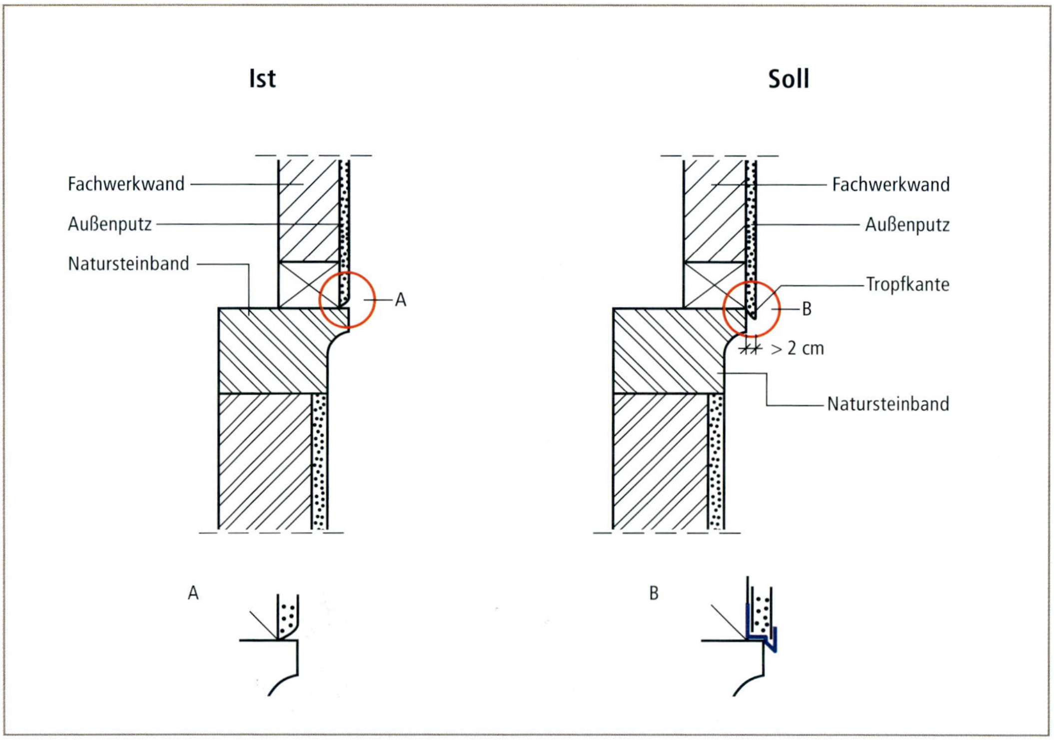

Abb. 2.15 ■ Ist-Zustand – Soll-Zustand Putzanschluss

Abb. 2.16 ■ Feuchteschäden

großen Durchführungsbereich geschaffen. Nach Einbau des Abgasrohres wusste allerdings niemand, wie die Fehlstellen wasser- und luftdicht zu schließen waren.

Abb. 2.14 zeigt den Außenputzanschluss an horizontale Sandsteinkehlbandsteine. Die Außenputzbekleidung wurde zu dick ausgebildet mit der Folge, dass der Putz unregelmäßig an das Sandsteinband angeschlossen wurde. Der über das Natursteinband stehende Putz wurde im unmittelbaren Anschlussbereich an das Natursteinband verjüngend abgerundet und unregelmäßig auf den Sandsteinen angeschlossen. So ist eine geordnete Wasserableitung von an der Fassade ablaufendem Wasser nicht gewährleistet mit der Folge, dass das ablaufende Wasser direkt auf das Sandsteinband geleitet wird und von dort in den Außenputz und die Fachwerkwand eindringt. Wanddurchfeuchtungen und entsprechenden Feuchteschäden sind zwangsläufig programmiert.

geordnete Wasserableitung nicht gewährleistet

Warum lösen sich, wie in **Abb. 2.16** erkennbar, Farbbeschichtungen und Außenputz im Sockelbereich ab? Weil bei der Gebäudeplanung und auch den Straßenbaumaßnahmen gepfuscht wurde.

Gebäudeplanung

Der Gewölbekeller wurde zu einem Partykeller umgestaltet. Der Keller wird nach Bedarf beheizt. Erforderliche Be- und Entlüftungseinrichtungen wurden nicht installiert. Das Sandsteinkellergewölbe wurde ohne Feuchteabdichtungen oder Dampfsperren sowie Wärmedäm-

Gewölbe ohne Feuchteabdichtungen oder Dampfsperren

mungen gegen Grund errichtet und mit Lehm überdeckt. Erdfeuchte wird durch kapillaren Sog in den Keller geführt. Die über dem Straßenniveau freistehende Natursteinaußenwand ist nicht wärmegedämmt, die Wand wurde mit Kalkzementputz bekleidet und mit dampfbremsender Farbe beschichtet. Warme, feuchte Raumluft diffundiert durch diese Wand und kondensiert. Durch die Kondensatfeuchte werden Putz und Beschichtung abgedrückt.

Straßenbaumaßnahmen

Bei der Umgestaltung der Hauptstraße von asphaltierter Straße zur gepflasterten Fußgängerzone wurden die notwendigen Gebäudeabdichtungen und Wasserableitungsmaßnahmen weder geplant noch ausgeführt. Durch das Pflaster dringendes Oberflächenwasser durchfeuchtet die an die Straße anliegenden Wände. Besonders nachteilig wirkt sich der Tausalzeintrag aus. In Tauwasser gelöstes Salz dringt in die anliegenden Wände ein und zerstört langsam, aber erfolgreich die Wände.

2.2 Dachgeschossausbau bei Stuttgart

Wenn Baulaien glauben, Architektenleistungen sparen zu können

Viele Bauwillige glaubten und glauben noch immer, dass Bauvorhaben mit den gleichen Mitteln wie beim Gebrauchtwagenhandel abgewickelt werden können. So war es auch hier.

Abwicklung von Bauvorhaben wie beim Gebrauchtwagenhandel

Die Gebäudeeigentümer, Inhaber einer Kfz-Werkstatt mit Gebrauchtwagenhandel, wollten das Dachgeschoss ihres Wohnhauses in

Abb. 2.17 Straßenansicht

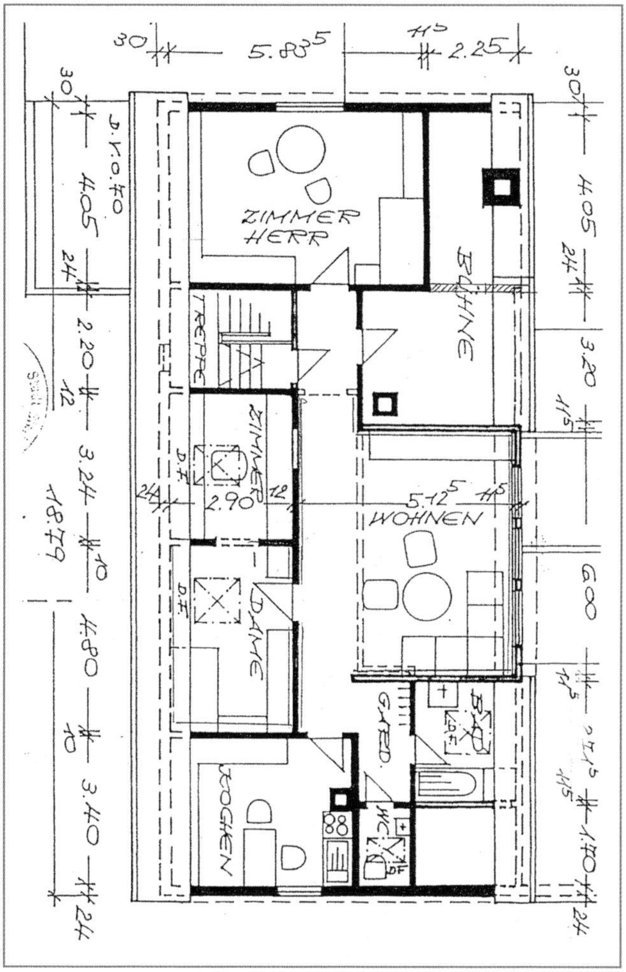

Plan 1 ■
Grundriss 1. DG

den Neunziger Jahren des vergangenen Jahrhunderts modernisieren. In dieser Zeit wurden an der Haustür nicht nur Versicherungen, Geldanlagen oder Staubsauger verkauft, sondern die Drückerkolonnen vermittelten auch komplette Bauleistungen, besonders aber Umbauten und Modernisierungen. Um die Preise wurde wie beim Teppichkauf oder Gebrauchtwagenhandel gefeilscht, der billigste Bieter bekam den Auftrag. Planende und bauleitende Architekten oder Ingenieure wurden bewusst eingespart, die beauftragten Firmen führten als Generalübernehmer alle Leistungen aus. Die Planungs- und Bauüberwachungsarbeiten wurden meistens von so genannten Bautechnikern oder Handwerksmeistern zum Pauschalpreis von wenigen hundert

Planende und bauleitende Architekten oder Ingenieure bewusst eingespart

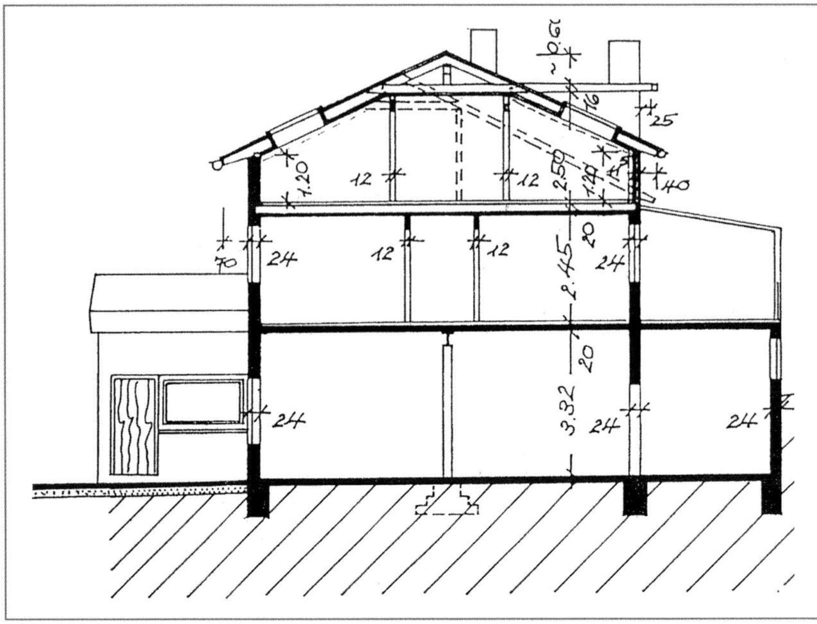

Plan 2 ■ Schnitt

Mark übernommen, die Bauleistungen wurden von wilden Kolonnen Ungelernter ohne Sozialversicherung und Lohnsteuerkarte erbracht. Dem entsprechend sahen dann auch die abgelieferten Bauleistungen aus, wenn überhaupt. Vor Baubeginn wurden in der Regel Vorrauszahlungen von ca. 60 bis 70% der Bausumme angefordert und natürlich auch bezahlt. Nach Geldeingang wurden Baumaterialien, überwiegend zweite bis dritte Baumarktqualität, angeliefert. Nach wenigen Bauleistungen begann der Stillstand, denn weiter Abschläge wurden verlangt und von den skeptisch gewordenen Auftraggebern nicht bezahlt. Dieses Spiel, auch genannt Umbauroulette, wurde nicht in Casinos, sondern in ganz Deutschland gespielt. Verlierer waren fast immer die Bauherren, Und so war es auch bei diesem Bauvorhaben. Allerdings hatte die Bauherrin zumindest einen Architekten mit der Entwurfs- und Werkplanung beauftragt, nicht jedoch mit Ausschreibung, Mitwirkung bei der Vergabe und Objektüberwachung.

dubioser Generalunternehmer aus Anzeigenblatt

Die Bauherrin fand über eine Anzeige in einem Anzeigenblatt einen dubiosen Generalunternehmer mit einer Zweigniederlassung (Bauelementehändler, Haustürgeschäftvermittler), der den gesamten Auftrag technisch und kaufmännisch abwickeln sollte. Der General-

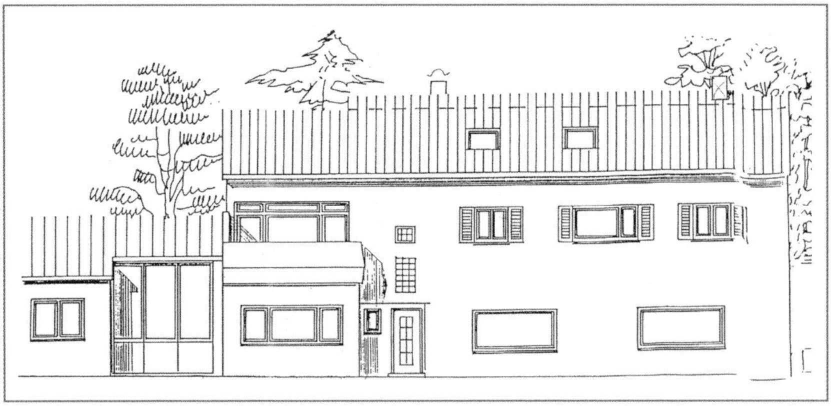

Plan 3 ■ Ostansicht

unternehmer war im Handelsregister als ›Bautenschutz und Bauelemente Vertriebs GmbH‹ eingetragen und firmierte wie folgt:

»Bautenschutz neuester Technik, Bauelementevertrieb, Beratung und Verkauf für: Malerbetrieb / Dachdeckerbetrieb / Flaschnerei / Bauunternehmen / Fassadenbau / Ingenieurbüro.«

Der Generalunternehmer gab für die gesamten, schlüsselfertigen Umbauarbeiten sowie Dachbeschichtungsarbeiten ein Angebot in Höhe von ca. 70.000 € ab. Auf Empfehlung der verhandlungsbevollmächtigten Zweigniederlassung sollten einige lohnintensive, aber materiallukrative Teilgewerke aus dem Gesamtauftrag entfallen und an von der Zweiniederlassung empfohlene Firmen aus der näheren Umgebung vergeben werden. Begründung: *»Diese Firmen arbeiten für uns, würden jedoch direkt für Sie zu günstigeren Konditionen arbeiten.«* Gesagt, getan. Aus dem Pauschalangebot wurden ca. 14.000 € herausgenommen, der restliche Auftrag wurde nach den Empfehlungen des Zweigniederlassungsleiters zum Preis von ca. 56.000 € erteilt und sollte verbindlich zum Ende 1990 fertig gestellt werden. Vor Beginn der Arbeiten wurde ein Abschlag von ca. 16.000 € als Scheck abgeholt, mit der Begründung, bei Vorauszahlung würden die Lieferanten und Subunternehmer sofort liefern und mit den Arbeiten beginnen. Gutgläubig wurde die Zahlung geleistet, doch die Arbeiten wurden nicht aufgenommen. Danach passierte erst einmal nichts.

gutgläubig gezahlt

Nachdem die baurechtliche Abnahme des Dachgeschossausbau durch das Baurechtsamt am 17.12.1990 wegen fehlender Bezugsfertigstellung ablehnt worden war, beauftragte die Bauherrin schon am

18.12.1990 einen Bausachverständigen mit einer Dokumentation als Beweissicherung des aktuellen Bautenstandes. Die Arbeiten waren zum einen nicht abgeschlossen zum anderen so mangelhaft ausgeführt, dass weder Bezug noch Abnahme des Dachgeschosses möglich waren.

Anfang 1991 vereinbarten Bauherrin und ausführende Niederlassung den verbindlichen neuen Fertigstellungstermin zum 31.01.1991 sowie eine kalendertagfällige Konventionalstrafe von 100,00 €. Die Bauleistungen sollten verbindlich am 08.02.1991 abgeschlossen sein und am 09.02.1991 abgenommen werden. Doch daraus wurde nichts, denn die Bauleistungen waren nicht fertig gestellt und so zusammengepfuscht, dass wieder keine Abnahme erfolgen konnte.

Ein weiterer Abnahmeversuch erfolgte am 21.02.1991. Die Wohnung war zwar nun bezugsfertig, jedoch nicht fertig gestellt. Alle Bauleistungen waren so mängelbehaftet, dass eine Abnahme zu Recht erneut verweigert wurde. Gerügt wurden unter anderem:

- Dachbeschichtung ▸ untauglich
- Putzarbeiten ▸ gravierende Mängel
- Trockenbauarbeiten ▸ gravierende Mängel
- Türen ▸ gravierende Mängel bis untauglich
- Fliesenarbeiten ▸ untauglich, fehlende Abdichtungen, Fliesen teilweise gerissen, zul. Toleranzen überschritten
- Parkettarbeiten ▸ wellig, offene Fugen
- PVC-Bodenbeläge ▸ gravierende Mängel
- Teppichböden ▸ ohne Beanstandungen
- Maler- und Tapezierarbeiten ▸ leichte Mängel
- Holzdeckenbekleidungen ▸ leichte Mängel
- Fassadenbekleidungen ▸ nicht fertig gestellt.

Zusätzlich zur Abnahmeverweigerung wurden Vorbehalte gem. § 11 VOB wegen Terminüberschreitungen und sich daraus ergebenden Vertragsstrafen und Schadenersatzansprüchen aus Mietausfall etc. angemeldet. Der bevollmächtigte Niederlassungsleiter verweigerte die Mängelbeseitigung wegen angeblich ausstehender Zahlungen. Was war bei den beanstandeten Leistungen nicht in Ordnung?

Vertragsstrafen und Schadenersatzansprüche

- **Dachbeschichtung:** Plattenrisse nur überstrichen, nicht mit Armierungsgewebe verstärkt

- **Putzarbeiten:** zul. Maßtoleranzen nach DIN 18 202 erheblich überschritten, Putzrisse bei Fachwerkwänden wegen fehlender Putzträger über Fachwerkstäben
- **Tischlerarbeiten:** alle Zimmertüren entweder nicht richtig befestigt, oder Türelemente zu klein, Türbeschläge unvollständig oder falsch. Wohnungseingangstürelement ungeeignet, erf. Schallschutz nicht erreichbar; Holzdeckenbekleidungsanschlüsse unsauber, Brettstöße von Holzdecken offen; Parkettbeläge mit Furnierschäden durch Feuchte, breite Fugen an Längs- und Querstößen
- **Bauwerksabdichtungen:** Abdichtungen in Bad fehlen
- **Fliesenarbeiten:** Wandfliesen im WC mehrfach gerissen, zul. Toleranzen überschritten. Wandfliesen im Spritzwasserbereich auf nicht abgedichtete Untergründe aufgebracht
- **Bodenbelagsarbeiten:** PVC-Beläge mit unterschiedlich überbreiten Stoßfugen, starken Farbunterschieden, im Bad auf nicht abgedichtete Holzwerkstoffplatten aufgebracht, Verschweißungen ungeeignet
- **Wärmeschutz:** oberer, horizontaler Raumabschluss in allen Räumen nicht gedämmt.

Der nächste Termin fand drei Wochen später unter Teilnahme von Rechtsanwälten statt. Nach Besichtigung der erbrachten Bauleistungen,

Abb. 2.18 ▪ Treppenhaus DG

Abb. 2.19 ■ Wohnraum DG

Abb. 2.20 ■ Bad DG

Abb. 2.21 ■ Schlafraum DG

und Anerkenntnis der Feststellungen des Sachverständigen zu Baustand und Mangelhaftigkeit vereinbarten die Anwälte:

»Der Generalunternehmer erteilt die Abrechnung aller erbrachten Leistungen ohne weitere Beteiligung seiner Zweigniederlassung. Alle geforderten und erhaltenen Zahlungen sind aufzuschlüsseln, auch die der Subunternehmer.

Die Abrechnung wird durch den Sachverständigen auf Berechtigung, Plausibilität und Preisangemessenheit überprüft, alle Beteiligten unterwerfen sich den Feststellungen des Bausachverständigen.

Abb. 2.22 ■ Westansicht

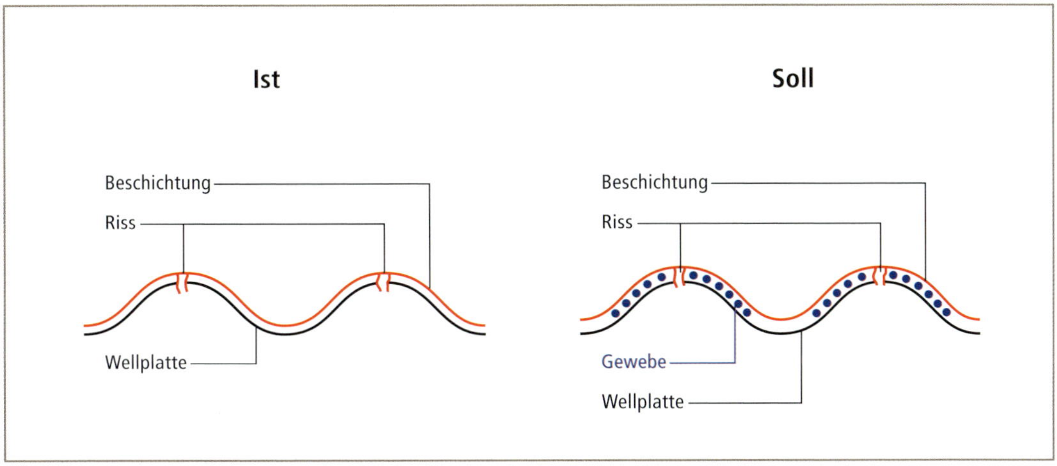

Abb. 2.23 ■ Ist-Zustand – Soll-Zustand Dachreparatur

Der Generalunternehmer verpflichtet sich, nach abschließender Einigung durch die Anwälte sämtliche Mängel zu beseitigen.

Der Generalunternehmer bringt eine Verzichtserklärung seines Niederlassungsleiters für alle bisherigen und zukünftigen Forderungen bei.

Die Anwälte werden nachträglich eine vertragliche Regelung für alle, von der Zweigniederlassung oder Subunternehmern und den direkt beauftragten Firmen, erbrachten Bauleistungen aushandeln.«

Wie ging es weiter? Die Bauleistungen wurden unter Vorbehalt technisch abgenommen. Die Mängelbeseitigungskosten wurden mit ca. 15.000,00 € berechnet. Die Rechnungsprüfung ergab folgendes Ergebnis:

- Die der Bauherrin berechneten Preise lagen bei mangelfreier Leistung weit über den ortsüblichen Preisen renommierter Fachfirmen.
- Die Differenz zwischen den geforderten Beträgen und der Überprüfung zu ortsüblichen Preisen lag bei ca. 34.650 € zu Ungunsten der Bauherrin.

Auszug aus der Rechnungsprüfung:

Zusammenfassung der Rechnungsprüfung (DM)

Rg.-Datum	Geforderter Betrag	Geprüfte Rg. bei mangelfreier Ausführung nach ortsüblichen Kosten	Differenz
05.10.90	(32.000,-- AZ)		
12.11.90	20.748,--	11.494,69	9.253,31
27.12.90	59.877,99	46.602,58	13.275,41
11.01.91	12.799,15	108,30	12.690,33
18.01.91	9.950,40	3.309,54	6.640,87
25.01.91	13.677,44	6.153,77	7.524,07
25.01.91	(11.443,72)	doppelt berechnet	
01.02.91	16.822,07	7.796,12	9.025,95
22.02.91	9.488,78	6.112,47	3.376,31
	143.363,83	81.577,47	61.786,25

Insgesamt wurden der Bauherrin nachweislich ca. 121.110 € in Rechnung gestellt, davon von der Zweigniederlassung des GU ca. 74.000 €. Die berechtigten Forderungen des GU lagen bei ca. 41.500 €. Die Differenz zu Gunsten des GU lag bei ca. 32.500 €. Bezahlt hatte die Bauherrin an den GU und weitere Rechnungssteller ca. 57.500 €, wobei einige Forderungen doppelt berechnet und bezahlt wurden. Aus den vorgelegten Unterlagen konnte der Zahlungsverkehr nicht eindeutig nachvollzogen werden.

Die Mängel wurden, soweit möglich, beseitigt. Der Rest wurde durch Minderungen erledigt. Der Niederlassungsleiter hatte nachweislich nicht nur die Bauherrin zu betrügen versucht, sondern durch das Herauslösen von Teilleistungen aus dem Gesamtangebot erhebliche Vorteile zu Lasten der Bauherrin erhalten. Durch Materiallieferungen an die Subunternehmer zu überhöhten Preisen, die natürlich in vollem Umfang mit zusätzlichen Aufschlägen weitergegeben wurden, verdiente der Niederlassungsleiter mit. Die Bauherrin verklagte der GU und deren Niederlassungsleiter, gleichzeitig wurde Strafanzeige erstattet.

Betrug bei Teilleistungen und Materiallieferungen

Nach einigen Jahren bedankte sich die Bauherrin beim Sachverständigen. Sie hatte nicht nur den Prozess gewonnen, sondern auch alle Überzahlungen, Schadenersatzansprüche und Vertragstrafen zurückbekommen bzw. erhalten. Der Niederlassungsleiter soll wegen Betrugs und anderer Delikte zu einer Freiheitsstrafe verurteilt worden sein.

Und was kann man daraus lernen? Wer Architekten nur Teilaufträge erteilt und die Bauleistungen von dubiosen Firmen ohne eigene Bauüberwachung ausführen lässt, auf Zuruf Zahlungen ungeprüft leistet, hat selbst Schuld. In diesem Fall konnte durch den Bausachverständigen das Schlimmste gerade noch verhindert werden.

2.3 Gründerzeithaus in Sachsen

Großes Abzocken beim Aufbau Ost

Die Wiedervereinigung Deutschlands 1990 hatte einen Sturm entfacht, der die gesamte deutsche Bevölkerung mitriss. Der Kanzler versprach, die östlichen Bundesländer in blühende Landschaften zu verwandeln. Nahezu über Nacht wurden Wiederaufbau- und Erneuerungsprogramme aufgestellt. Die ehemalige DDR wurde von der BRD überrollt. Westdeutsche Partnerstädte wurden verpflichtet, ihren ostdeutschen Partnergemeinden die westliche Kommunalverwaltung mit allen Bestimmungen durch Amtshilfe beizubringen. Fast alle Unternehmen aller Branchen gründeten Niederlassungen, Handwerks-

blühende Landschaften

Abb. 2.24 ■ Straßenansicht

betriebe eröffneten Tochterfirmen, Handelsvertreter, Versicherungsmakler, Steuerberater und Anwälte, Architekten und Ingenieure, aber auch manche zwielichtige Gestalten strömten ins gelobte Land und wollten am großen Kuchen teilhaben. Spekulanten kauften fast alles auf in dem Glauben, sich durch unvorstellbare Wertsteigerungen von Grundstücken und Immobilien goldene Nasen zu verdienen. Mit unverantwortlichen Steuersubventionen wurden Firmen und Private an den Trog gelockt, Drückerkolonnen von Anlageberatern (fixe Jungs) überfielen Besserverdienende wie Heuschrecken und sahnten kräftig ab – und die Treuhand wickelte die ehemalige DDR ab. Die neuen Bundesbürger wurden, mit wenigen Ausnahmen, über den Tisch gezogen. Der vermeintliche ›Goldene Osten‹ erweckte Hoffnungen wie der ›Goldene Westen‹ in Amerika. Der gesamte Güterverkehr in Deutschland führte von West nach Ost, der Strom ostdeutscher Facharbeiter dagegen von Ost nach West. Doch leider kam es ganz anders – Deutschland hatte sich beim ›Aufbau Ost‹ völlig übernommen.

unverantwortliche Steuersubventionen

Nachfolgend beschrieben werden zwei Gründerzeithäuser in Zwickau. Zwei junge, besonders clevere Planer aus dem Raum München und ein Bauunternehmer aus dem Raum Augsburg hatten in einer westsächsischen Stadt mehrere sanierungsbedürftige Gründerzeithäuser gekauft und suchten nun Investoren, und diese standen wirklich Schlange. Die Häuser wurden aufgeteilt und an steuersparversessene Investoren zu weit überhöhten Preisen verkauft. Die Baubetreuung und Hausverwaltung übernahm ein freigestellter Polizeibeamter aus Württemberg, Generalunternehmerin wurde eine Einpersonentochter des bayrischen Bauunternehmers. Ausgeführt wurden alle Bauleistungen von örtlichen und regionalen Handwerksbetrieben, die jedoch keine ausreichenden Kenntnisse mit den für sie noch neuen Ausführungsanforderungen der Bundesrepublik besaßen. Die Baufinanzierung übernahmen eine Großbank und eine württembergische Kreissparkasse. Schon unmittelbar nach Verkauf der Wohnungen sollte mit dem Umbau der Häuser begonnen werden. Damit es dazu kommen sollte, wurden, entsprechend dem vereinbarten Zahlungsplan, Teilbeträge nach dem testierten Leistungsstand bei

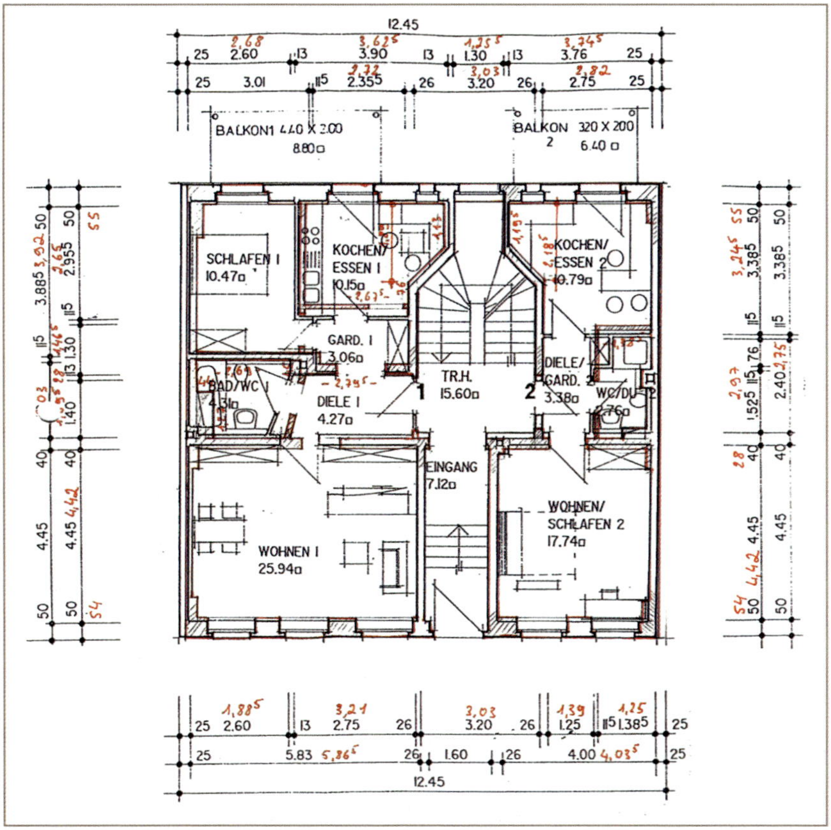

Plan 4 ▪ Grundriss EG mit örtlich überprüften Maßen (rot)

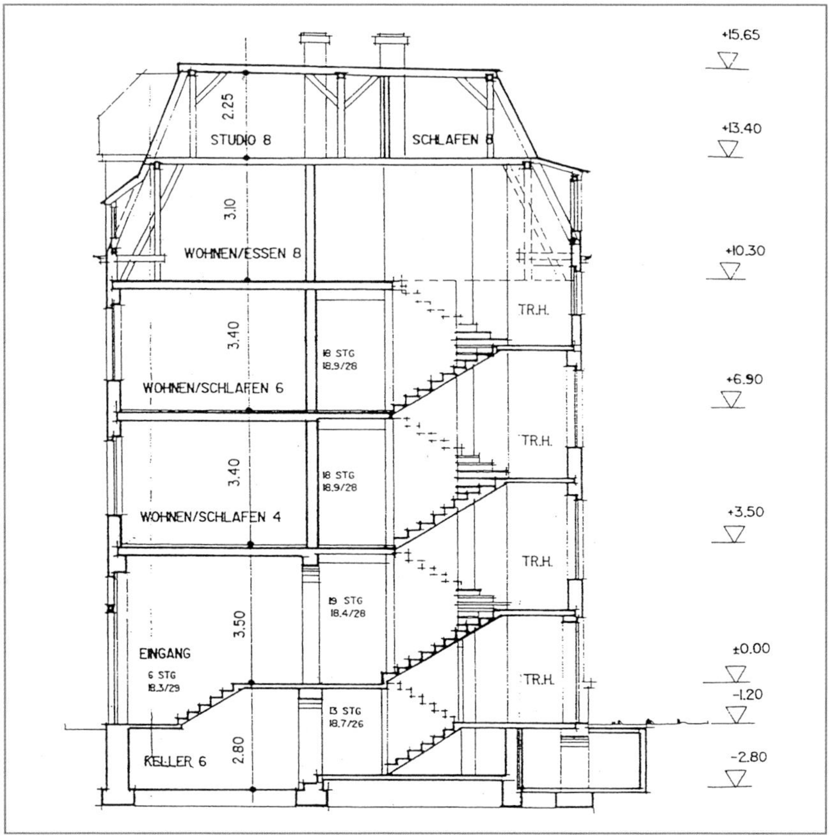

Plan 5 ■ Schnitt

den Banken angefordert und von diesen ohne Wissen der Kreditnehmer auch bezahlt.

Nachdem bereits auf erste Anforderung und Bestätigung des Bautenstandes durch die Initiatoren vor Baubeginn 60% des Kaufpreises durch die finanzierende Bank bezahlt worden waren, beauftragten einige Käufer einen Anwalt mit der Überprüfung der Zahlungsfälligkeiten. Der wiederum beauftragte einen Bausachverständigen mit der örtlichen Überprüfung des jeweiligen Bautenstandes. Die erste Überprüfung ergab, dass lediglich eine Baustellentoilette angeliefert war und zwei Wohnungen geräumt waren, mit den Bauarbeiten war noch nicht begonnen worden.

statt Baubeginn nur Baustellentoilette

Dem Sachverständigen fielen erhebliche Diskrepanzen bei den Raum- und Wohnungsgrößen auf. Die örtliche Überprüfung der Raum- und Wohnungsgrößen deckte Flächenunterschiede von bis zu 20% auf.

Plan 6 ▪ Straßenansicht

Damit begann der Anfang vom Ende, denn der Bausachverständige deckte nicht nur den Pfusch am Bau, sondern auch dessen Ursachen und die dazugehörenden Mauscheleien auf.

Auf Grund der bei jeder Überprüfung festgestellten Mängel wurden alle Zahlungsanforderungen zurückgewiesen. Welche Bauleistungen waren mangelhaft? Alle Bauleistungen waren entweder mit gravierenden Mängeln behaftet oder völlig untauglich. Beispielhaft werden nachfolgend einige sich ständig wiederholende Mängel beschrieben:

Gebäudeentwässerung

- Hauptgrundleitung nicht überprüft, Leitung verstopft und gebrochen
- Neue Grundleitungen aus PVC-KG-Rohren ohne ausreichende Überdeckung eingebaut

Abb. 2.25 ▪ Revisionsschacht

Abb. 2.26 ▪ Neue Grundleitung ohne ausreichende Rohrüberdeckung

- Vorhandener Revisionsschacht im Untergeschossflur stark beschädigt, Sohle und Schachtwände desolat, Grundleitungen ohne Zusammenführung und Geruchverschluss

Mauerarbeiten

Notwendige Reparaturen nicht durchgeführt, Fugenmörtel ohne ausreichende Festigkeit, Mauerwerk stellenweise völlig durchnässt; Beimauerungen mit nicht auf das vorhandene Mauerwerk aus Weich-

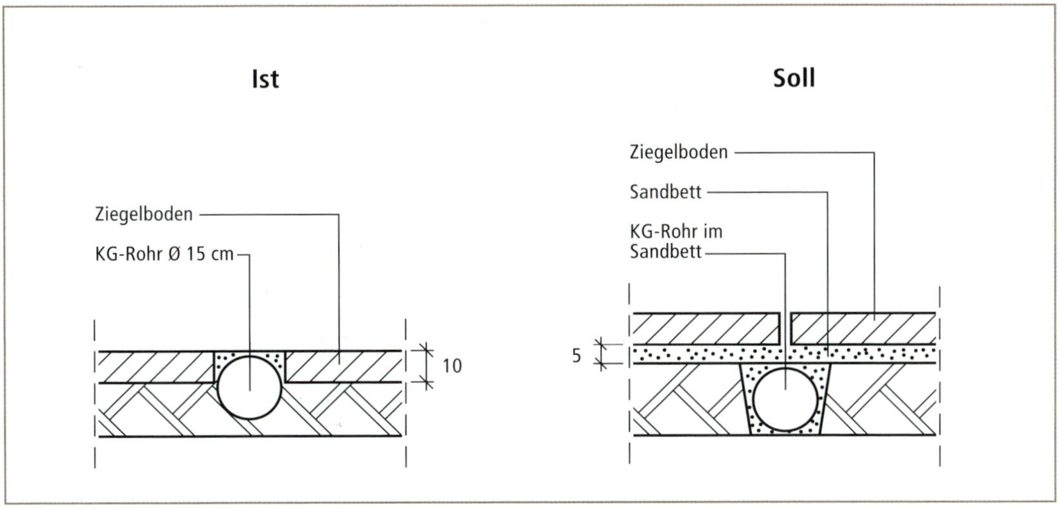

Abb. 2.27 ▪ Ist-Zustand – Soll-Zustand Grundleitung

Abb. 2.28 ▪ Ausgebesserter Ziegelboden

brandziegeln abgestimmten Steinen aus Porenbeton, Kalksandvollstein, porosierten Ziegeln; Schornsteinöffnungen nicht zugemauert; neue Treppenhaus- und Wohnungstrennwände mit leichten porosierten Ziegeln in nicht ausreichender Dicke; Ziegelboden mit Mörtel statt Ziegeln ergänzt.

Abb. 2.29 ■ Offener Ofenrohranschluss

Abb. 2.30 ■ Unverschlossene Schornsteinmündung

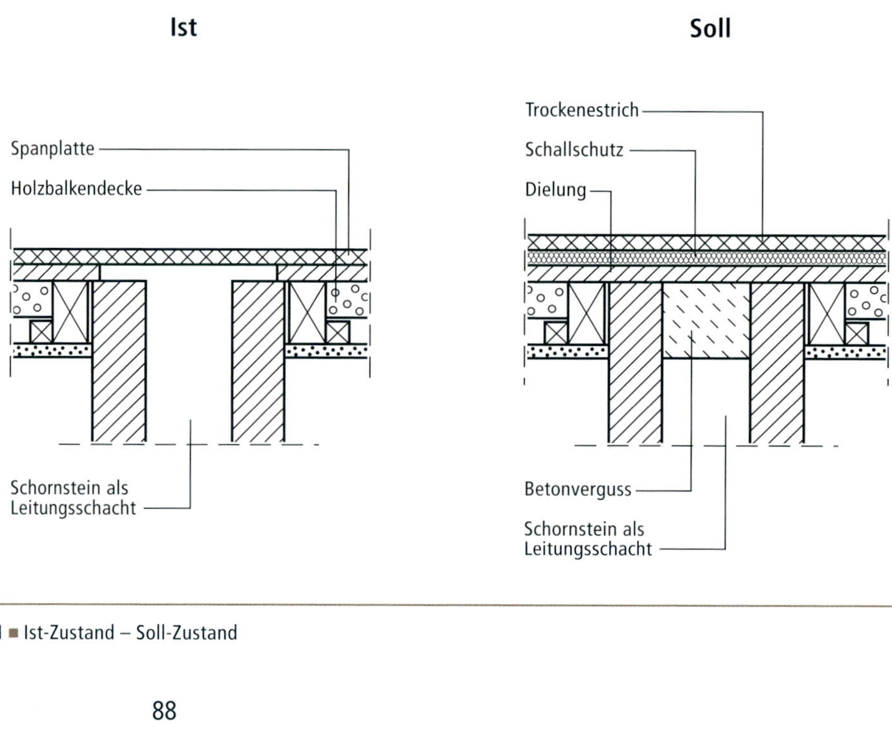

Abb. 2.31 ■ Ist-Zustand – Soll-Zustand

Wärmeschutz

Dachdämmung mit erheblichen Fehlstellen; Dampfsperren undicht; Kniestockwände im Dachgeschoss nicht ausreichend gedämmt.

Abb. 2.32 ■ Kniestockdämmung

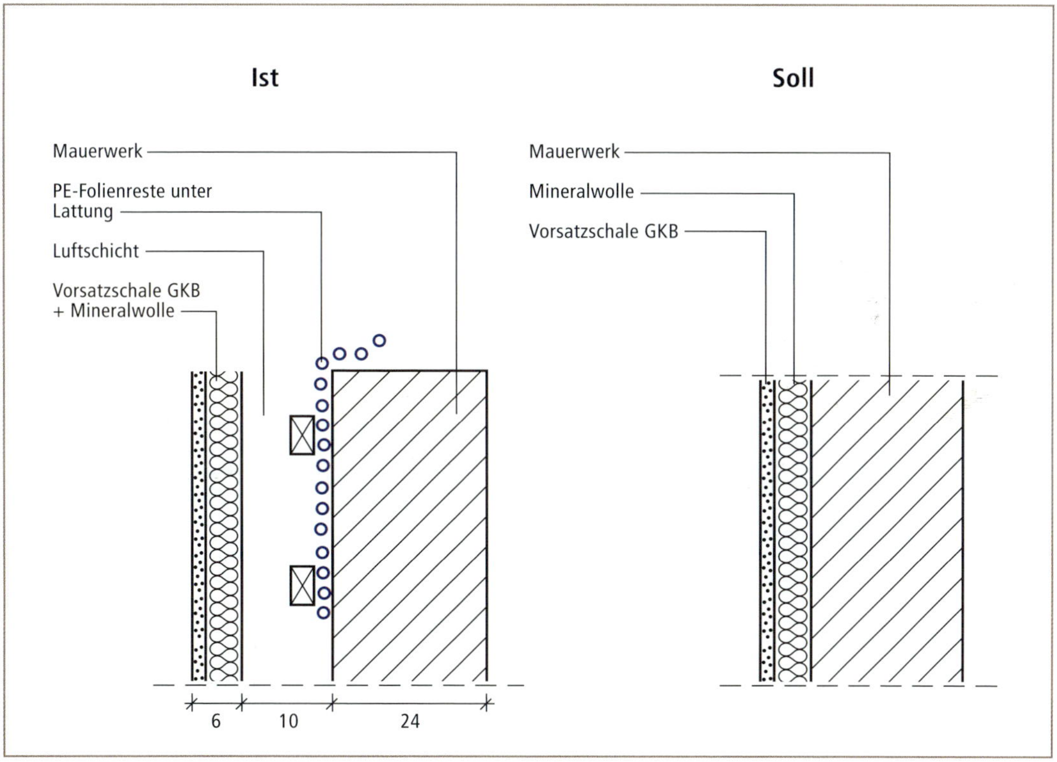

Abb. 2.33 ■ Ist-Zustand – Soll-Zustand Kniestockdämmung

Schallschutz

Trittschallschutzverbesserungsmaßnahmen von Holzbalkendecken mit ungeeigneten Dämmungen und Trockenestrichplatten ausgeführt; Trockenestrichplatten nicht schwimmend verlegt, sondern verschraubt; sehr starke Übertragung von Fließgeräuschen aus Wasser- und Abwasserleitungen in fremde Aufenthaltsräume; Geräuschübertragung aus Toiletten-, Wannen und Armaturen in fremde Aufenthaltsräume;

Abb. 2.34 ▪ Ungedämmte Abwasserleitungen

Abb. 2.35 ▪ Brennbare Lüftungsleitung

Abb. 2.36a ■ Fußbodenverlegeplatten auf Hartschaumplatten

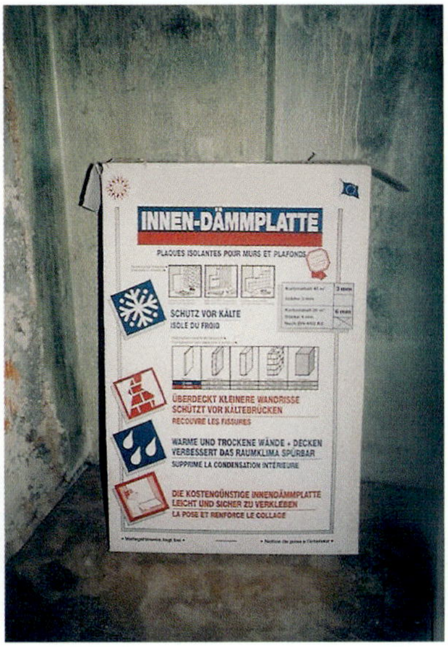

Abb. 2.36b ■ Für den Trittschallschutz verwendete Innenwanddämmplatte

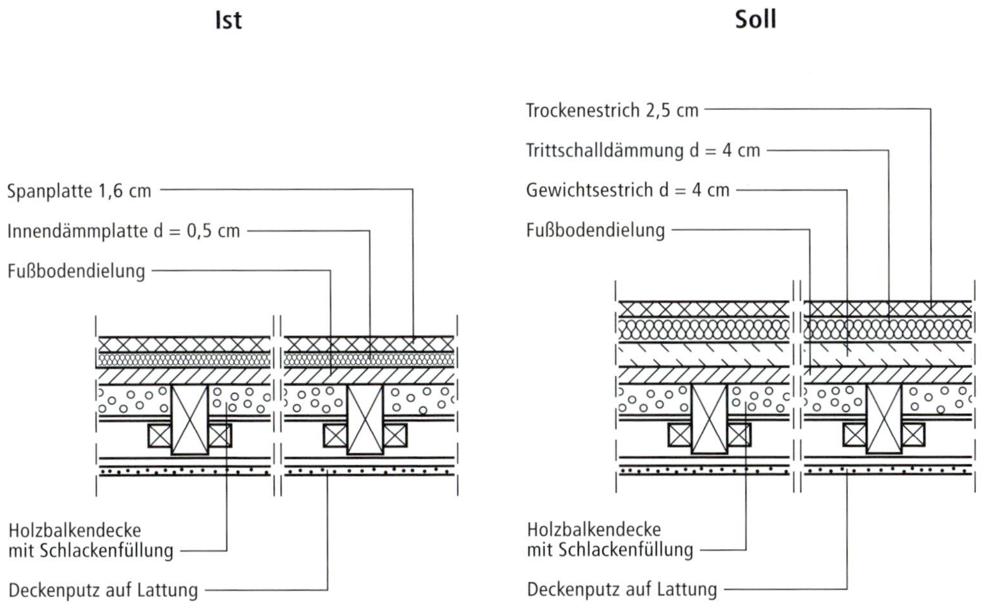

Abb. 2.37 ■ Ist-Zustand – Soll-Zustand Fußbodenaufbau

Abb. 2.38 ■ Treppenaufstand auf Holzbalkendecke

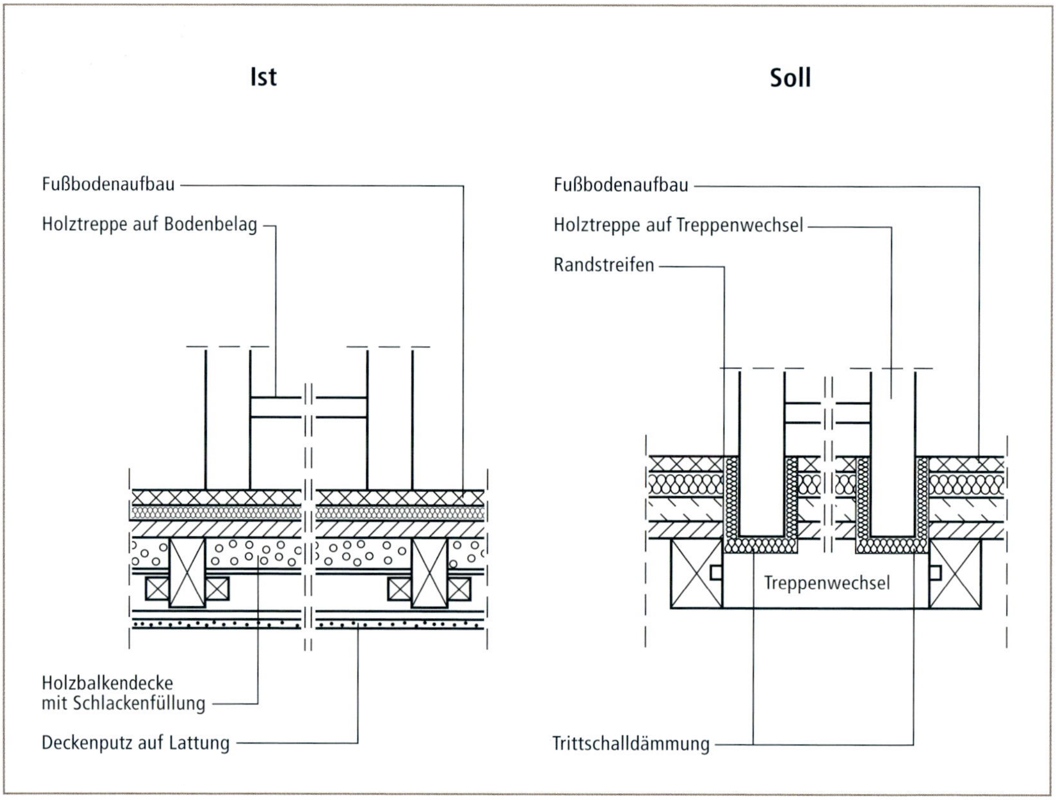

Abb. 2.39 ■ Ist-Zustand – Soll-Zustand Treppenaufstand

Gesprächsübertragungen aus Toiletten und Bädern durch Entlüftungsanlagen; starke Trittschallübertragungen aus dem Treppenhaus in benachbarte Aufenthaltsräume; Trittschallübertragung aus interner Wohnungstreppe in darunter liegende Wohnung; sehr starke Trittschallübertragungen durch Geschossdecken; sehr starke Luftschallübertragungen durch Geschossdecken; sehr starke Luftschallübertragungen durch neue Wohnungs- und Treppenhauswände.

Abb. 2.40 ■ Deckendurchbruch

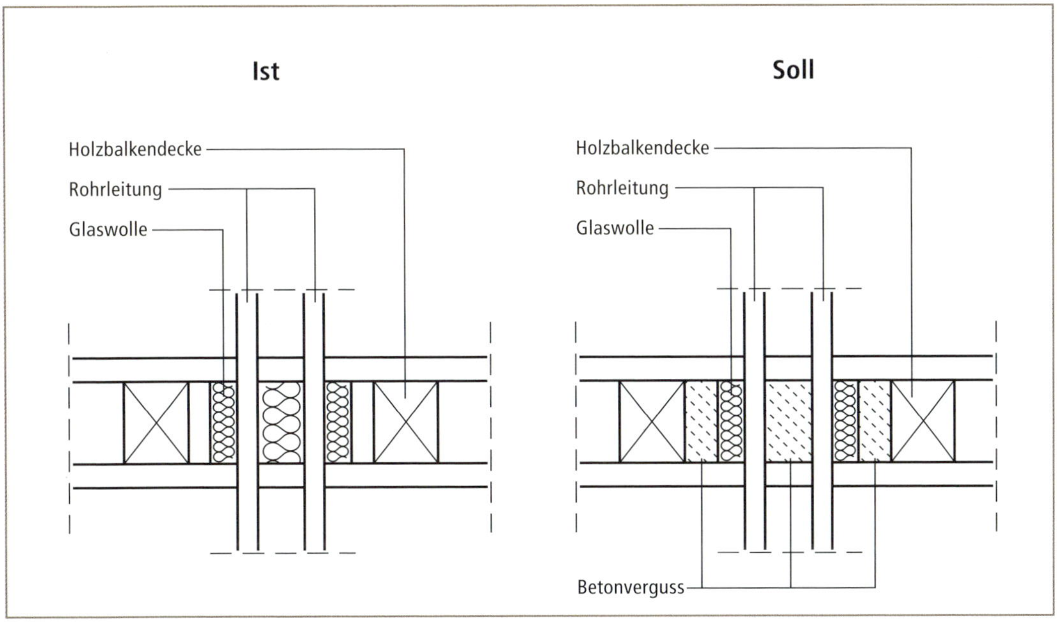

Abb. 2.41 ■ Ist-Zustand – Soll-Zustand Deckendurchbruch

Abb. 2.42 ■ Notausstiege 2. DG

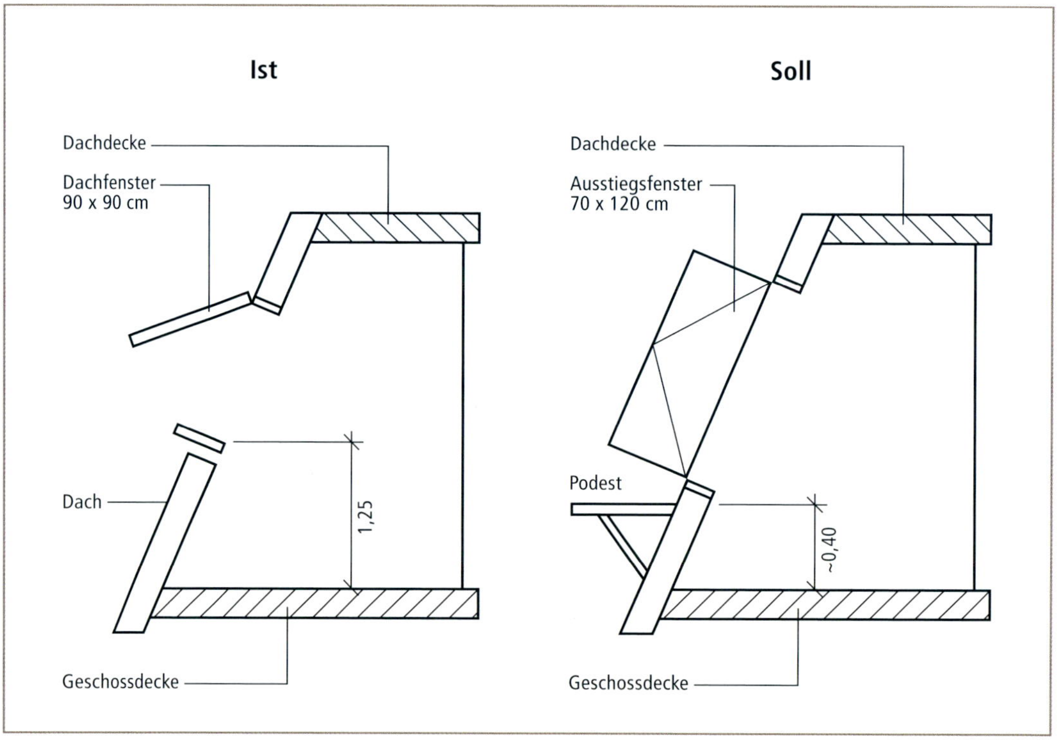

Abb. 2.43 ■ Ist-Zustand – Soll-Zustand Notausstieg

Brandschutz

Deckendurchbrüche nicht abgeschottet; Holzbalkendecken ohne ausreichenden Brandschutz; vertikale Abwasser- und Abluftleitungen aus brennbaren Stoffen ohne ausreichende Brandschutzbekleidungen;

Notausstiege im 2. Dachgeschoss zu klein, Ausstiegspodest und Abstiegstritte fehlen, Personenrettung im 2. Dachgeschoss über Notausstiege nicht möglich.

Balkone

Keine ausreichende Tagfähigkeit; keine ausreichenden Aussteifungen; keine ausreichenden Wandbefestigungen; Balkonbelag ohne Rutschsicherheit; zul. Maßtoleranzen an Geländerverbindungen überschritten;

Abb. 2.44 ▪ Balkonansicht

Abb. 2.45 ▪ Balkonuntersicht

Abb. 2.46 ■ Balkonbelagsstützenanschluss

Abb. 2.47 ■ Balkonwandanschluss

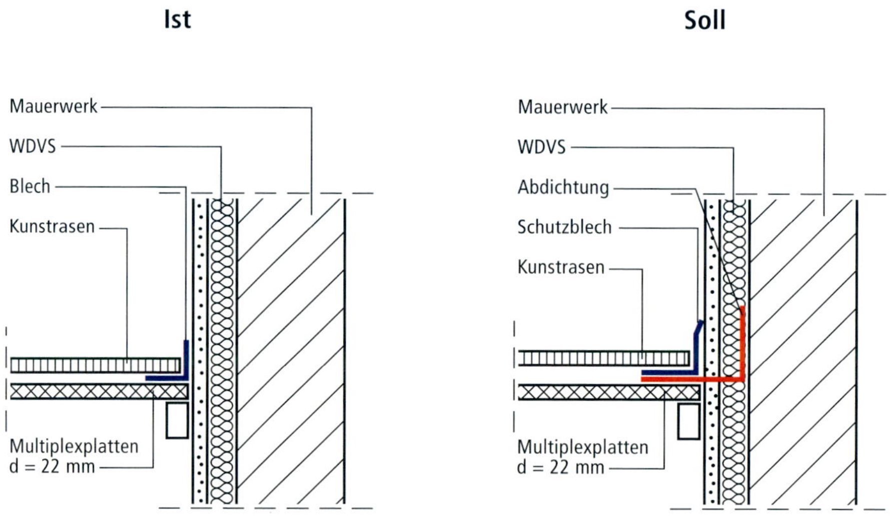

Abb. 2.48 ■ Ist-Zustand – Soll-Zustand Wandanschluss

ungeregelte Regenwasseranleitung; unter Wandanschlussblech in Wärmedämmverbundsystem dringendes Regenwasser wegen fehlender Abdichtung.

Abb. 2.49 ■
Fertiger Balkonteppichoberbelag

Außenputze

Wärmedämmverbundsystem ohne bauaufsichtliche Zulassung

Wärmedämmverbundsystem ohne bauaufsichtliche Zulassung, da Baustoffe von unterschiedlichen Herstellern verwendet wurden; Wärmedämmverbundsystem nicht ausreichend im Punkt-/Wulstverfahren befestigt; Außenputze ohne Untergrundvorbereitung auf nasse, nicht ausreichend feste Außenwände aufgebracht; notwendige Standzeiten nicht eingehalten.

Abb. 2.50 ■
Außenwandausbesserung im UG

Abb. 2.51 ■ Innenputzausbesserung

Abb. 2.52 ■ Fensterleibungsputz

Abb. 2.53 ■ Überspachtelte Schlitzausschäumung

Innenputze

Putzausbesserungen mit unterschiedlichen, nicht abgestimmten Werktrockenmörteln ohne Untergrundvorbereitung einlagig ausgeführt; Installationsschlitze nicht zugeputzt, sondern ausgeschäumt und überspachtelt; Mindestputzdicken bei Fensterbeiputzarbeiten nicht eingehalten.

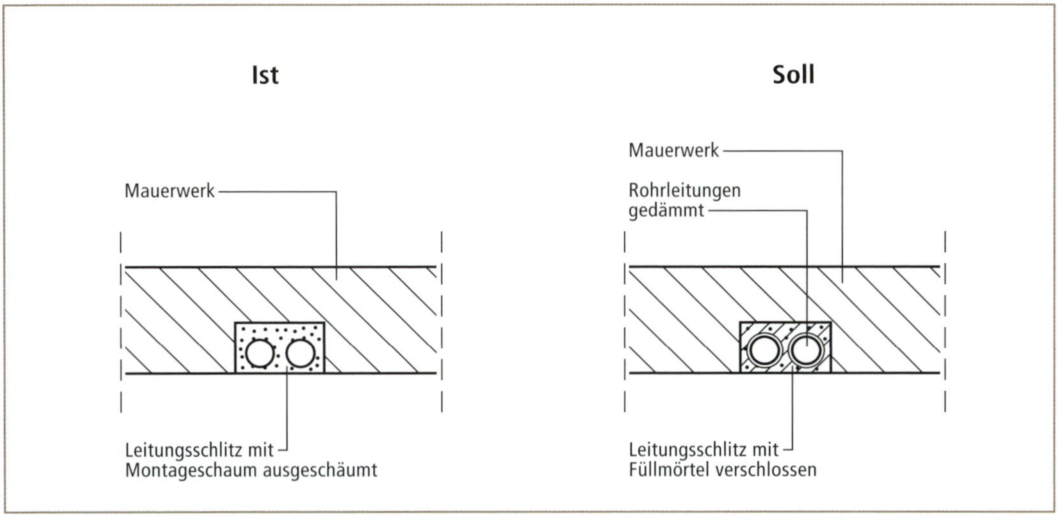

Abb. 2.54 ■ Ist-Zustand – Soll-Zustand Leitungsschlitzverschluss

Zimmerarbeiten

Holzreparaturen und Ergänzungen mit nassen Hölzern; stark von pflanzlichen und tierischen Schädlingen befallene Althölzer ohne Holzschutzmaßnahmen belassen; Holzverbindungen ohne wirksame Verbindungsmittel.

Holzverbindungen ohne wirksame Verbindungsmittel

Abb. 2.55 ■
Pilzbefallene alte Schwelle

Dachdecker- und Dachabdichtungsarbeiten

Durchlüftung des Daches nicht gewährleistet; Dampfsperrenanschlüsse der Dachabdichtung an Lichtkuppel nicht hochgezogen, sondern ins Gebäude geführt.

Abb. 2.56 ■ Zuluftöffnungen

Abb. 2.57 ■ Lichtkuppeldetail

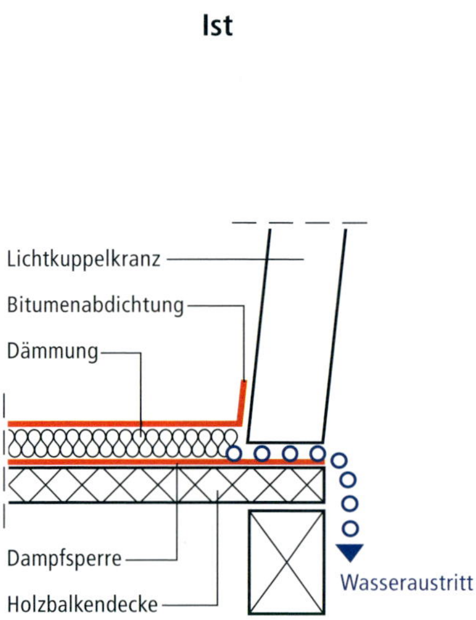

Abb. 2.58 ■ Ist-Zustand – Soll-Zustand Lichtkuppelabdichtung

Klempnerarbeiten

Dachrinnen ohne ausreichende Gefälle; Mauerabdeckbleche mit großen Fehlstellen und ohne ausreichende Überstände; Fallrohre weder lotrecht noch ausreichend befestigt; Fallrohrverbindungen offen; Fallrohre ohne Revisionsöffnungen.

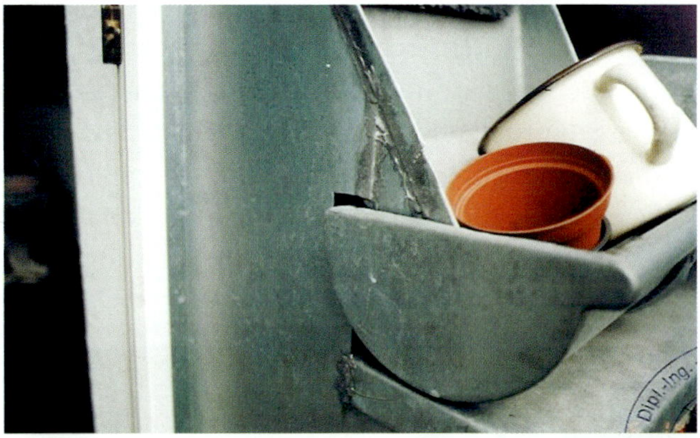

Abb. 2.59 ■ Dachrinnenende

Abb. 2.60 ■ Wandanschlussblech

Abb. 2.61 ■ Fallrohrdetail

Feuchteschäden

Außenwände stellenweise durch von den Traufen eingedrungenes Wasser und aufsteigende Bodenfeuchte völlig durchnässt; Untergeschosswände- und böden völlig durchnässt.

Bauwerksabdichtungen

Erdberührte Untergeschosswände nicht abgedichtet

Erdberührte Untergeschosswände nicht abgedichtet; Betonverbundsteinaußenbelag ohne Abdichtung ins Haus geführt; Bäder in spritzwassergefährdeten Bereichen nicht vollständig abgedichtet, fehlende Abdichtungen hinter und unter Wannen und Durchdringungen; Badböden aus feuchteempfindlichen Holzwerkplatten nicht abgedichtet; Balkonbeläge ohne Abdichtung; Balkontürdurchgänge ohne Schwellabdichtungen.

Abb. 2.62 ▪ Unzureichende Balkontürdurchgangsabdichtung

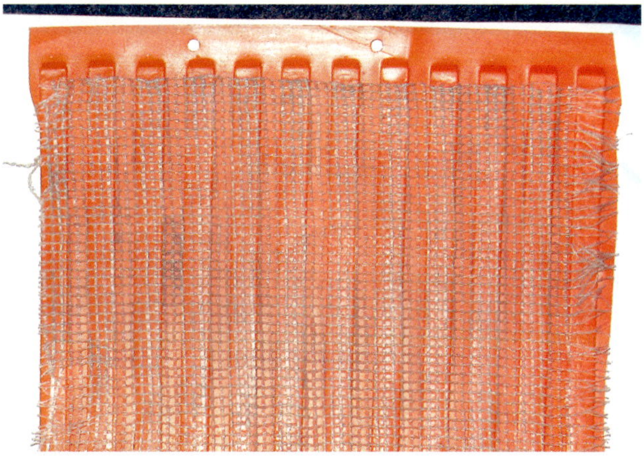

Abb. 2.63 ▪ Dränplatte als Balkontürabdichtung

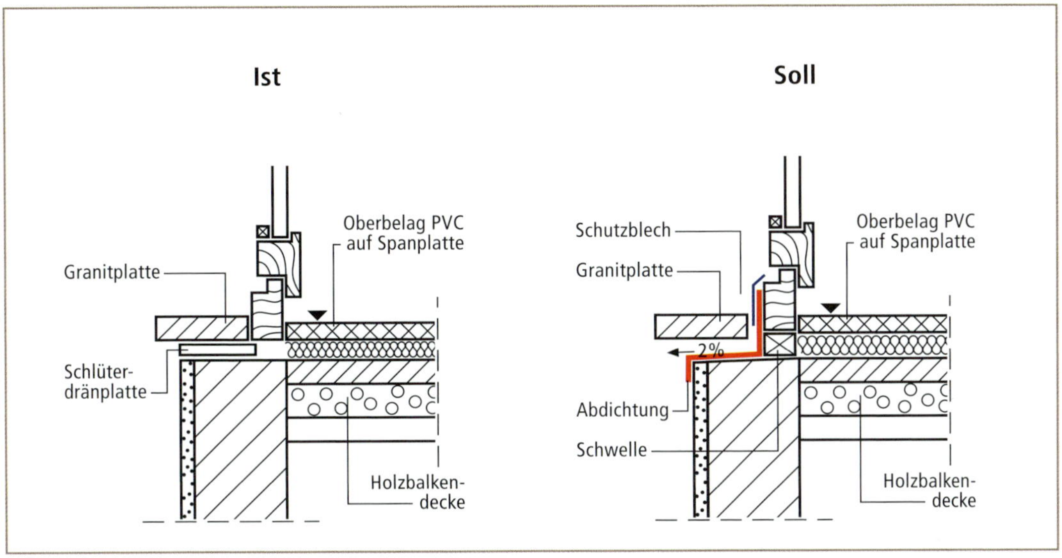

Abb. 2.64 ■ Ist-Zustand – Soll-Zustand Balkontürdurchgang

Abb. 2.65 ■ Außenbelag-Türanschluss ohne Abdichtung

Abb. 2.66 ■ Badabdichtungsdetail

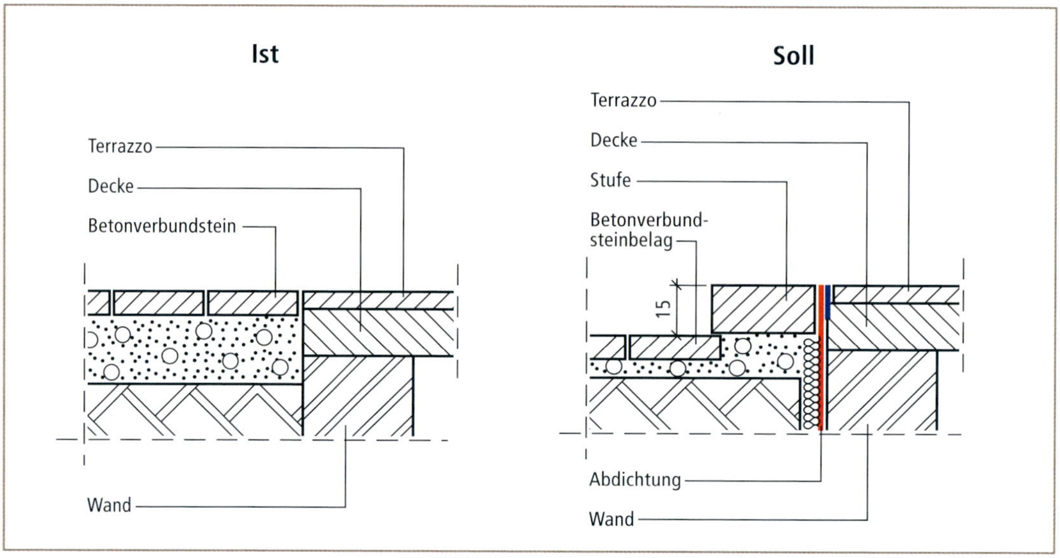

Abb. 2.67 ■ Ist-Zustand – Soll-Zustand Außenbelaganschluss

Sanitärinstallation

Wasserleitungen nicht gradlinig verlegt; Leitungsabstände zu gering, Dämmung der Wasserleitungen teilweise nicht möglich, Gefahr von Legionellenbildung; horizontale Abwasserleitungen mit Gegen-

Abb. 2.68 ■ Installationsstrang

Abb. 2.69 ■ Ungedämmte Abwasserdeckenleitung

Abb. 2.70 ■ Mit Schaum befestigte Abflussleitung

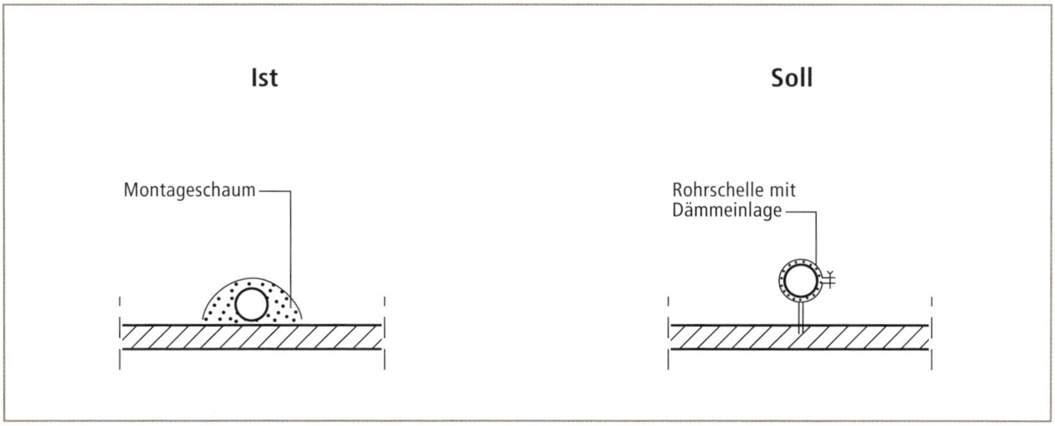

Abb. 2.71 ■ Ist-Zustand – Soll-Zustand Deckenleitungsbefestigung

Abb. 2.72 ▪ Wasserleitungen

gefälle; horizontale Deckenleitungen ohne Schalldämmungen; Abwasserleitungsbefestigungen mit Montageschaum statt Rohrschellen; Abweichungen bei Sanitärausstattung von den vertraglich vereinbarten Standards; Sanitärinstallation ohne erforderlichen Wärme- und Schallschutz.

Heizung

Bodenverlegte Heizleitungen ohne ausreichende Dämmungen; auf der Außenwand verlegte Heizleitungen ohne Dämmung; Heizkörperventile nicht zugänglich.

Abb. 2.73 ▪ Bodenverlegte Heizleitungen

Abb. 2.74 ■ Ungedämmte Heizleitungen auf der Außenwand

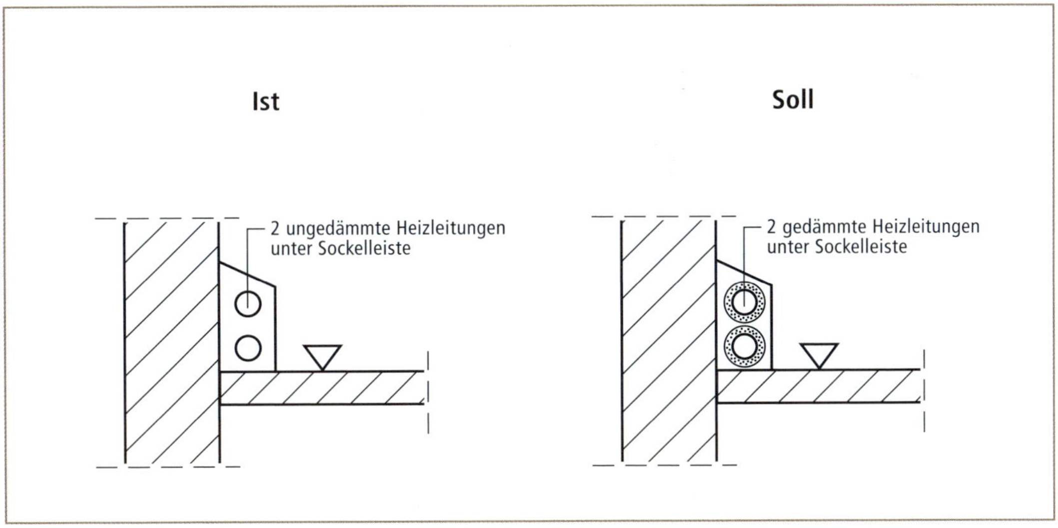

Abb. 2.75 ■ Ist-Zustand – Soll-Zustand Heizleitungsdämmung

Elektroinstallation

Wohnungsabsicherungen nicht nach VDE- und EVU-Vorschriften ausgeführt; Außensteckdosen und -brennstellen ohne eigene Absicherung; FI-Schutzschalter für Außeninstallationen fehlen; Deckenauslässe ohne Zugsicherung.

Wohnungsabsicherungen nicht nach VDE- und EVU-Vorschriften ausgeführt

Terrazzoarbeiten

Vorhandene Belagsausbesserungen mit reinem Zementmörtel ohne Terrazzozuschläge.

Abb. 2.76 ■
Ausbesserungsdetail

Abb. 2.77 ■
Sockelausbesserung

Abb. 2.78 ■
Fliesenöffnung

Fliesenarbeiten

Wandbeläge ohne Untergrundvorbereitung auf Gipskarton-Bauplatten mit Zementkleber aufgebracht; Durchdringungsanschlüsse unsauber ausgeführt; Bodenbeläge auf Holzwerkstoffplatten ohne Trennschicht und Abdichtungen aufgebracht; Wandbeläge in Spritzwasserbereichen auf nicht abgedichtete Untergründe aufgebracht.

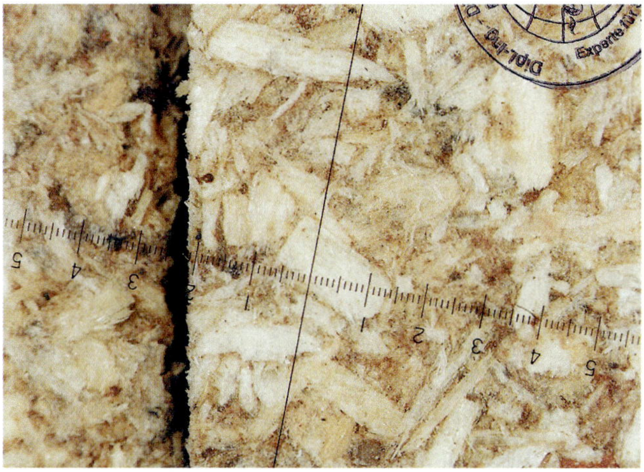

Abb. 2.79 ■ Fußbodenplattenstoß

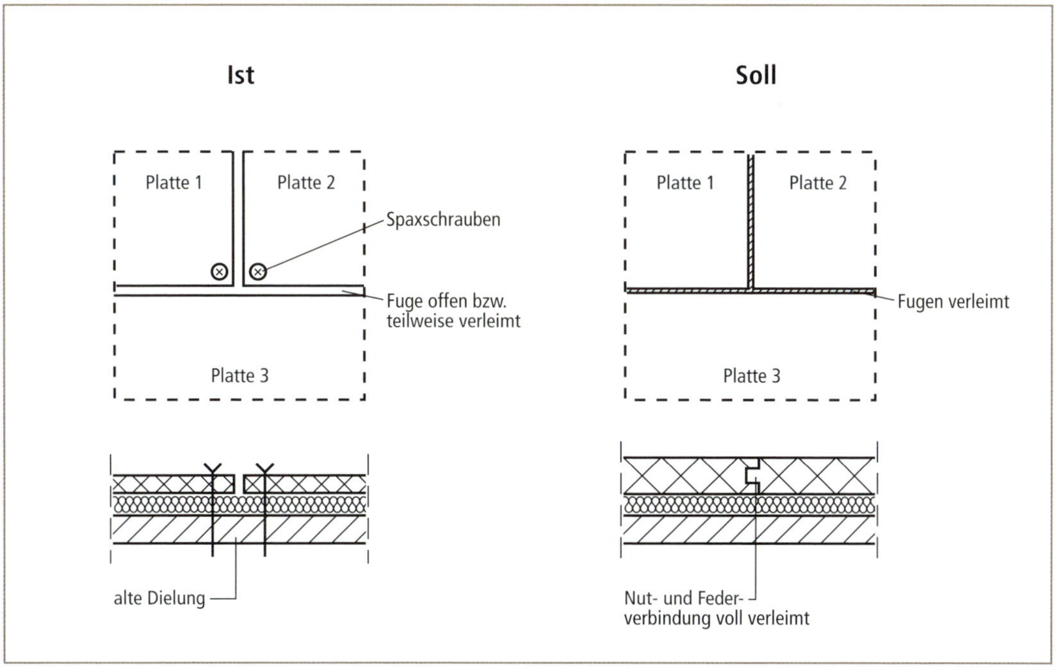

Abb. 2.80 ■ Ist-Zustand – Soll-Zustand Verlegeplattenverlegung

Fehlstellen mit Montageschaum geschlossen

Trockenbauarbeiten

Fußbodenverlegeplatten nicht kraftschlüssig verklebt, an Stößen verschraubt; Fußbodenverlegeplatten nicht sauber eingepasst, Fehlstellen mit Montageschaum geschlossen; bei Türdurchgängen Verlegeplattenstreifen eingesetzt; Ständerwandbefestigungen an Holzbalken ohne gleitende Anschlüsse; Wandbekleidungen zu kurz ausgeführt; Deckenbekleidungsanschlüsse ohne gleitenden Anschluss.

Abb. 2.81 ■ Wandbekleidung

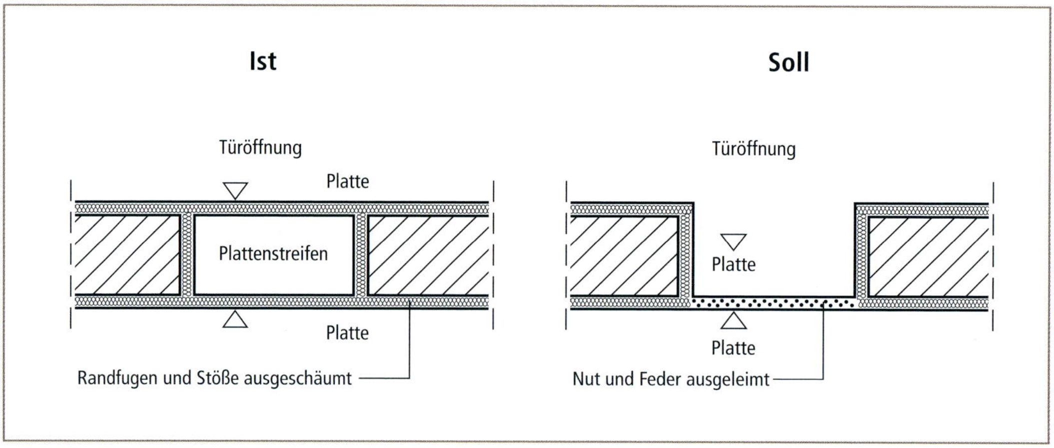

Abb. 2.82 ■ Ist-Zustand – Soll-Zustand Plattenverlegung

Abb. 2.83 ■ Türdurchgang

Abb. 2.84 ■ Deckenanschluss

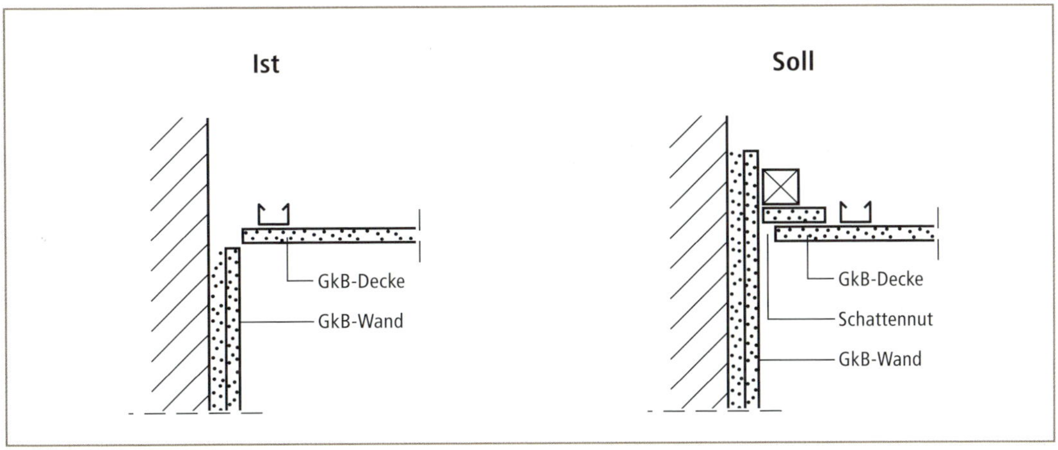

Abb. 2.85 ■ Ist-Zustand – Soll-Zustand Deckenanschluss

Bodenbeläge

Teppichbodenverklebungen auf Holzwerkstoffverlegeplatten ohne wirksame Verklebung; PVC-Verklebung ohne ausreichende Festigkeit; Heizsockelleisten zu schmal, Wandanschlüsse offen; Teppichsockelleisten lose, Eckausbildungen mangelhaft.

Tischlerarbeiten

Türfutterbefestigungen mangelhaft; Neue Wohnungseingangstüren untauglich; Treppenhandläufe zu niedrig angebracht.

Abb. 2.86 ■ Entfernter Bodenbelag

Abb. 2.87 ■ Sockelanschlussdetail mit schaumgefüllter Randfuge

Abb. 2.88 ■ Wohnungseingangstürfutterbefestigung

Schlosserarbeiten

Höhenversprünge bei Balkongeländereckverbindungen; Montageschweißverbindungen unsauber ausgeführt; untere Balkonstützen nicht lotrecht montiert.

Abb. 2.89 ■ Balkongeländereckverbindung

Abb. 2.90 ■ Balkonbefestigung

Abb. 2.91 ■ Balkonstütze

Maler- und Tapezierarbeiten

Tapeten auf nasse Wände aufgeklebt; nicht deckende Wand- und Deckenanstriche; nicht deckende Holzanstriche.

Fensterbau

Fenstermontage ohne luftdichte Anschlüsse; Ausschäumungen mit erheblichen Fehlstellen; stellenweise fehlende Verklotzungen; Balkontüren ohne untere Unterstützungen; zerstörte Fensterscheiben.

Bauabnahme musste abgelehnt werden

Die Bauleistungen waren so schlecht, dass eine Bauabnahme zwangsläufig abgelehnt werden musste. Doch alle Beteiligten standen unter Druck, denn:

Abb. 2.92 ■ Balkontürdetail

- die vermieteten Wohnungen mussten bezogen werden, denn die Mieter hatten ihre bisherigen Wohnungen bereits gekündigt
- die Bauherren benötigten die Fertigstellungs- und Übergabeprotokolle, um die Abschreibungsvorteile geltend machen zu können
- die Generalunternehmerin brauchte dringend Geld, die Forderungen von Subunternehmern, Provisionsempfängern und auch Geschäftsführer führten in Richtung Konkurs
- der Baubetreuer brauchte dringend die Provisionszahlungen der Generalunternehmerin, die Firma wankte bereits
- die Hausverwalterin brauchte dringend die vereinbarten Maklerprovisionen, denn auch diese Firma stand kurz vor dem Aus.

So wurde, obwohl das Ergebnis bekannt war, ein Bauabnahmetermin mit Übergabe für Ende November 1996 anberaumt. Auf der Baustelle wurde ein sehr gehobenes kaltes Buffet aufgebaut. Getränke wie Sekt, Wein und Mineralwasser, Bier und Schnaps wurden aufgetischt. Dazu natürlich Blumen für die Damen, einfach gekonnt. Doch zum anberaumten Termin erschien nur der Bausachverständige, warum? Die anreisenden Bauherren blieben im Schnee stecken, nächtliche Schneefälle hatten zu einem Verkehrschaos geführt. Mit vielen Stunden Verspätung erschienen einige Bauherren und der Geschäftsführer

Abb. 2.93 ■
Straßenfassade nach Fertigstellung

der Baubetreuerin, die Abnahme wurde abgesagt, das Buffet wurde abgeräumt.

Bauabnahme geplatzt

14 Tage später dasselbe Spiel, die Bauherren kamen, das Buffet war wieder aufgebaut, die Bauabnahme wurde verweigert, und die dringend Geld Erwartenden standen vor einem selbstverschuldeten Scherbenhaufen.

Und wie ging es weiter? Die Hausverwalterin, Maklerin in Personalunion, ließ ohne diesbezügliche Ermächtigung und Wissen der Bauherren die nicht fertig gestellten Wohnungen beziehen. Durch den Bezug erfolgte die fiktive Abnahme des mangelhaften Bauwerks. Die Subunternehmer verweigerten, da bislang keine Zahlungen geleistet worden waren, die Fertigstellung der Bauleistungen. Es dauerte nicht lange, bis die ersten Mieter die Mietzahlungen wegen gravierender Mängel zu Recht verweigerten, nach wenigen Monaten zogen die meisten wieder aus. Das Gebäude stand überwiegend leer, niemand stellte die Bauleistungen fertig, die ersten Subunternehmer gingen in Konkurs. Wegen gleicher Probleme an den anderen Bauvorhaben wurden Baubetreuerin und Hausverwaltung, Generalunternehmer und fast alle beteiligten Subunternehmer zahlungsunfähig. Die gravierenden Mängel wurden nicht beseitigt, die Bauherren hatten ihr Ziel erreicht, 100-prozentige Abschreibung der Investitionen innerhalb eines Jahres.

fiktive Abnahme des mangelhaften Bauwerks durch Bezug

2.4 Gründerzeithaus in Sachsen

Betrug an Bauherren

Ein weiteres Bauvorhaben derselben Mannschaft, andere Bauherren, aber der gleiche Pfusch. Dieses Haus liegt nur wenige Schritte vom vorbeschriebenen Gebäude entfernt. Es wurde im selben System von denselben Leuten und Firmen ›vergoldet‹.

Was ging hier schief? Alles, wie schon im vorstehenden Kapitel beschrieben. Doch besonders erwähnenswert sind hier Feuchteschäden, Trockenbauarbeiten und eine Schlafgalerie im 2. Dachgeschoss.

Modernes Wohnen in Dachgeschossen verlangt immer ein besonderes Ambiente. In diesem Fall war es die Schlafgalerie. Sowohl im Exposée als auch in der genehmigten Planung war diese Galerie als vollwertiges Geschoss ausgewiesen, bei einer lichten Raumhöhe von nur 1,76 m! Wie konnte das passieren? Ganz einfach: die durch die

Abb. 2.94 ■ Straßenansicht

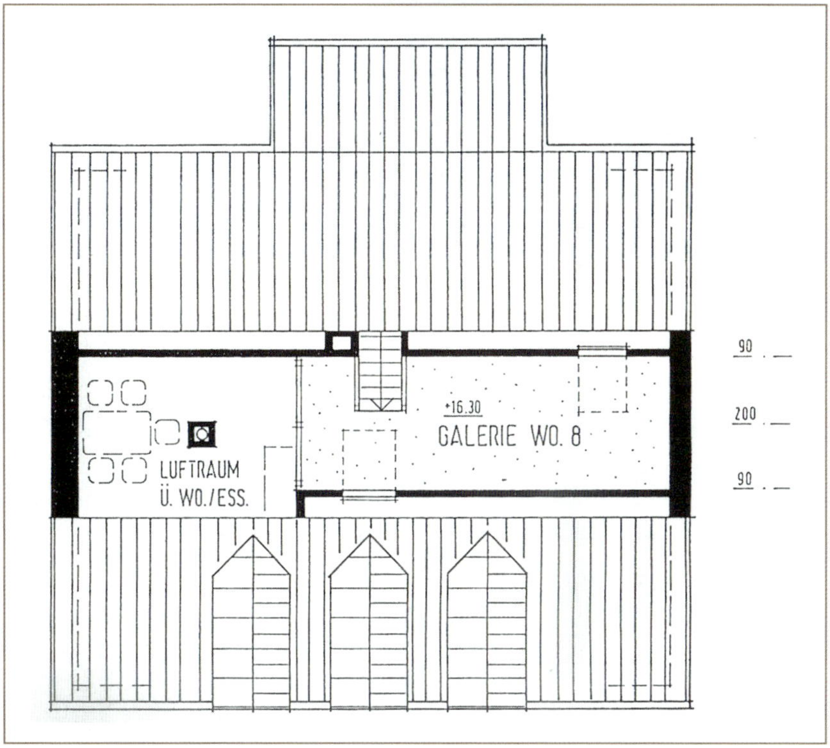

Plan 7 ■ Galerieplan

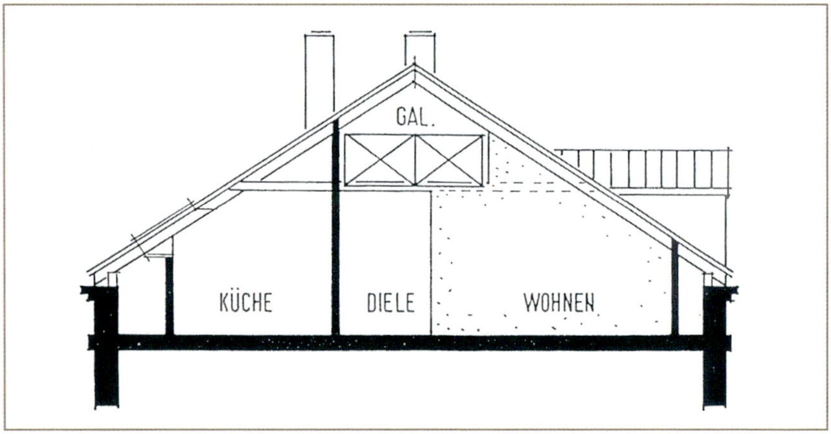

Plan 8 ■ Schnitt

Abb. 2.95 ■ Blick zur Außenwand

Dachschrägen notwendigen Flächenabzüge wurden bewusst nicht vorgenommen. Der Gebäudeschnitt wurde vermaßt mit richtiger Darstellung gezeichnet. Die Baurechtsbehörde hat die Pläne ungeprüft abgestempelt.

Folge: Die Wohnung wurde von den Bauherren nicht abgenommen, das bezahlte Geld vergeblich zurück gefordert.

Neben dem im vorstehenden Kapitel beschriebenen Pfusch traten bei diesem Objekt die nachstehend beschriebenen Schäden auf.

Trockenbauarbeiten

Besonders im Dachgeschoss wurde bei den Trockenbauarbeiten besonders nachhaltig gepfuscht: Die Treppenhauswand zur Dachgeschoss-

Abb. 2.96 ■ Treppenhausständerwerk

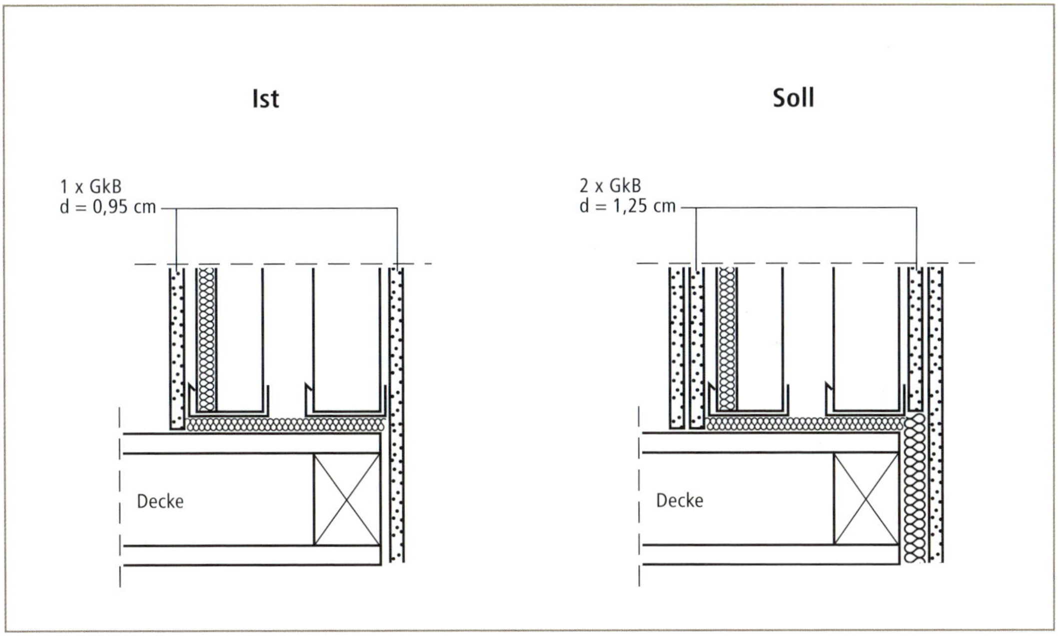

Abb. 2.97 ■ Ist-Zustand – Soll-Zustand Ständerwerk

wohnung musste feuerbeständig und schalldämmend ausgeführt werden. Geplant wurde nicht, jedoch trotzdem eine Wand mit doppelten Ständereihen gebaut, allerdings ohne ausreichende doppelte Beplankung und brandschutztaugliche Mineralwolleinlage. Folge: Die Wand war als Wohnungsabschlusswand zum Treppenhaus völlig untauglich.

Wohnungsabschlusswand zum Treppenhaus völlig untauglich

Feuchteschäden

Weil Wasser nass ist und Gebäude trocken sein müssen, sind bei Planung und Ausführung von Instandsetzungsmaßnahmen besonders alle feuchterelevanten Bereiche und Feuchteschäden besonders intensiv zu untersuchen. Alle notwendigen Schadenbeseitigungsmaßnahmen müssen besonders sorgfältig geplant und ausgeführt werden. Doch bei dieser Truppe wurde weder untersucht noch geplant. Nasse Stellen wurden überstrichen oder auch mal überputzt. Welche Schäden sind aufgetreten?

Die Schadensbilder beider hier beschriebenen Objekte waren nahezu identisch. Zusätzlich, weil gebäudebedingt, traten schwere Feuchteschäden im Erdgeschossinnen- und -außenbereich auf.

Nachfolgende Bilder zeigen mehr als die detailliertesten Beschreibungen:

Missstände mit System

Der Sachverständige hatte sechs Objekte dieser Truppe überprüft und an allen Bauvorhaben die gleichen Missstände festgestellt. Die Sache hatte System. Wie ging es weiter? Die Bauherren lehnten, wie auch bei den anderen Objekten, auf Rat des beauftragten Sachverständigen und ihres, von Baubetreuer und Hausverwalter in Personalunion empfohlenen, Anwaltes die Abnahme von Sonder- und Gemeinschaftseigentum ab. Trotzdem wurden die bereits vermieteten Woh-

Schäden	Ursachen
Nasse Außenwand Westseite	Unbekleidetes Ziegelmauerwerk, fehlender Schlagregenschutz
Nasse Außenwand Nordseite	Fehlende Dachrinne, fehlender Dachüberstand, Diffusions- und Konvektionsfeuchte aus Untergeschoss
Nasse Außenwand Durchfahrt	Aufsteigende Feuchte durch: betonierte Bodenplatte, fehlende Entwässerung, fehlendes Gefälle, fehlende Abdichtungen
Nasse Untergeschosstreppenwand	Kondensatfeuchte aus Untergeschoss
Von Treppenstufen abtropfendes Wasser	Kondensatfeuchte
Auf Podest stehendes Wasser	Kondensatfeuchte
Nasse Untergeschosswand	Kondensatfeuchte

Abb. 2.98 ■ Nordwand

Abb. 2.99 ■ Von Konvektion durchnässte Nordwand

Abb. 2.100 ■ Durchfahrt

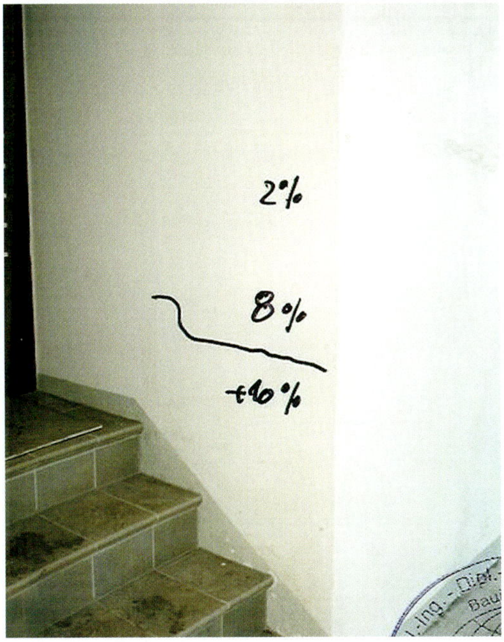

Abb. 2.101 ■ Feuchteschaden Durchfahrtswand

nungen sofort bezogen, denn der beauftragte Hausverwalter hatte nun als Makler die Wohnungen vermietet. Bei Bezug kassierte er drei Wohnungsmieten als Provision, das war unzulässig.

Hausverwalter als Makler

Da die Bauherren zu Recht nicht zahlten, verweigerten die Subunternehmer der Generalunternehmer die Mängelbeseitigung, denn sie hatten bislang noch keine Zahlungen erhalten.

Abb. 2.102 ■ geöffnete Durchfahrtsplatte

Abb. 2.103 ■ Stehendes Wasser auf Treppenpodest

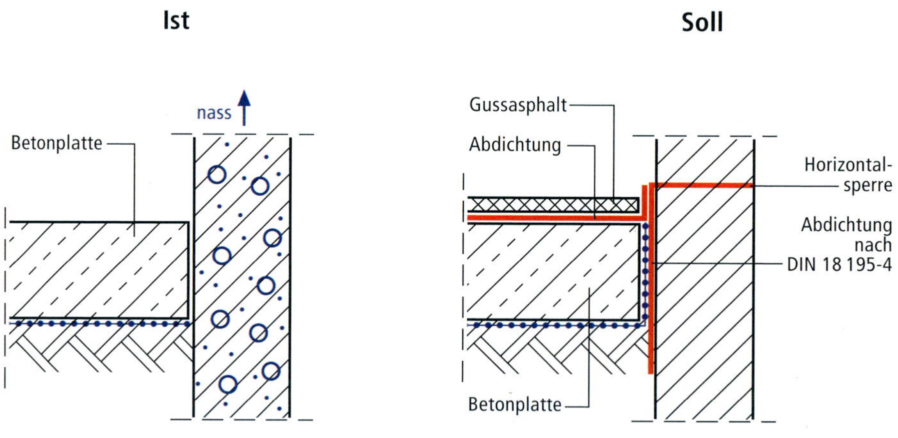

Abb. 2.104 ■ Ist-Zustand – Soll-Zustand Bodenplattenanschluss

Die Mängel wurden nicht beseitigt. Die Mieter zogen sehr schnell wieder aus, und dies zu Recht, denn die Wohnungen waren nass, verschimmelt, hellhörig und zu teuer. Alle beteiligten Baufirmen, General- und Subunternehmer sind pleite, der Baubetreuer und Haus-

Abb. 2.105 ■ Blick in das Untergeschoss

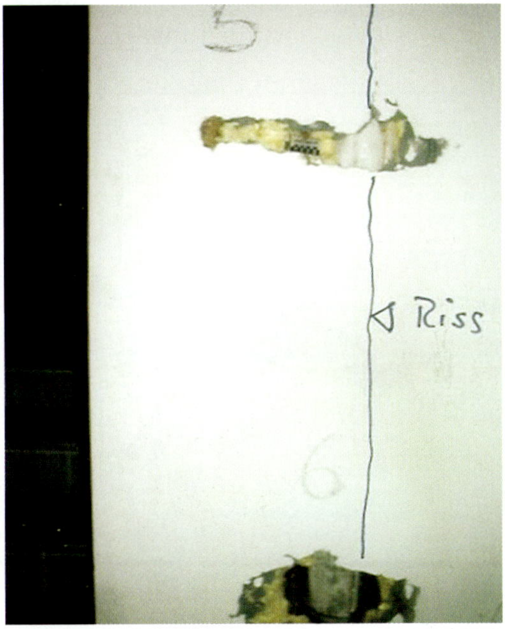

Abb. 2.106 ■ Außenwandputzriss

Abb. 2.107 ■ Von Stufen abtropfendes Wasser

Abb. 2.108 ■ Nasse Außenwand

verwalter ging Pleite, die Bauherren saßen auf ihren Trümmern. Die Bauherren konnten, wie versprochen, ihre Wohnungen vollständig abschreiben, und zwar als Totalverlust. Doch sie müssen sicherlich noch viele Jahre die Bankschulden abzahlen. Die beteiligten Initiatoren, Baubetreuer und Hausverwalter, sowie Generalunternehmer, wurden auf Schadenersatz verklagt.Schadenersatzzahlungen wurden

Totalverlust für Bauherren

Abb. 2.109 ■ Mit Schaum geschlossener Wandschlitz

Abb. 2.110 ■ Mauerwerkrisse vor Putzauftrag

Abb. 2.111 ■
Unter Badewanne durchdringende Installationsleitungen

Abb. 2.112 ■ Trockenestrich bei einer Türöffnung

nicht geleistet, denn alle Gelder waren verschwunden. Initiatoren, Baubetreuer und Hausverwalter, sowie der Geschäftsführer der Generalunternehmerin wurden zu Freiheitsstrafen verurteilt. Sie hatten sich auf Kosten ihrer Bauherren gegenseitig Provisionen zugescho-

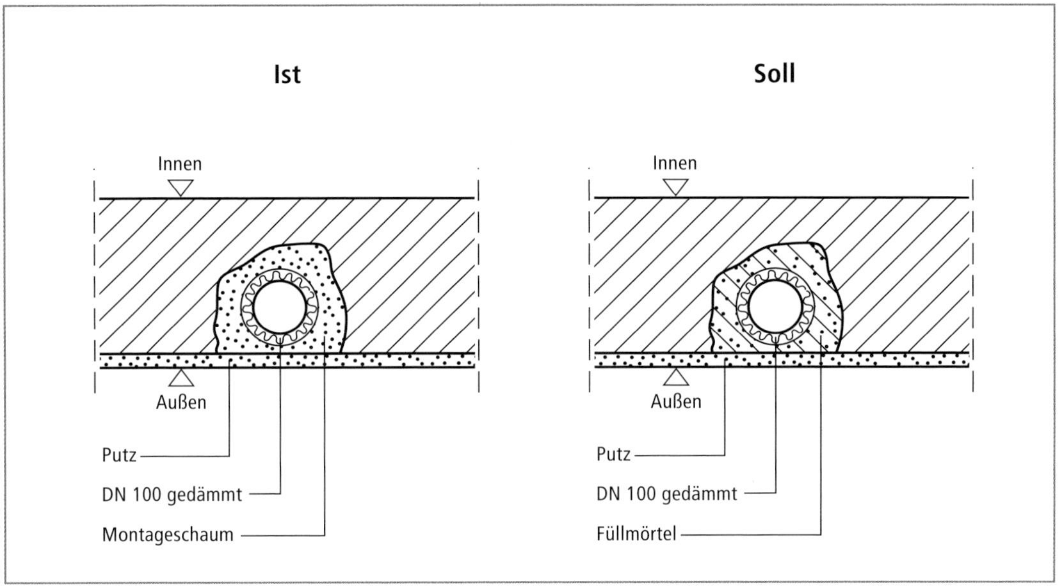

Abb. 2.113 ■ Ist-Zustand – Soll-Zustand Schlitzverschluss

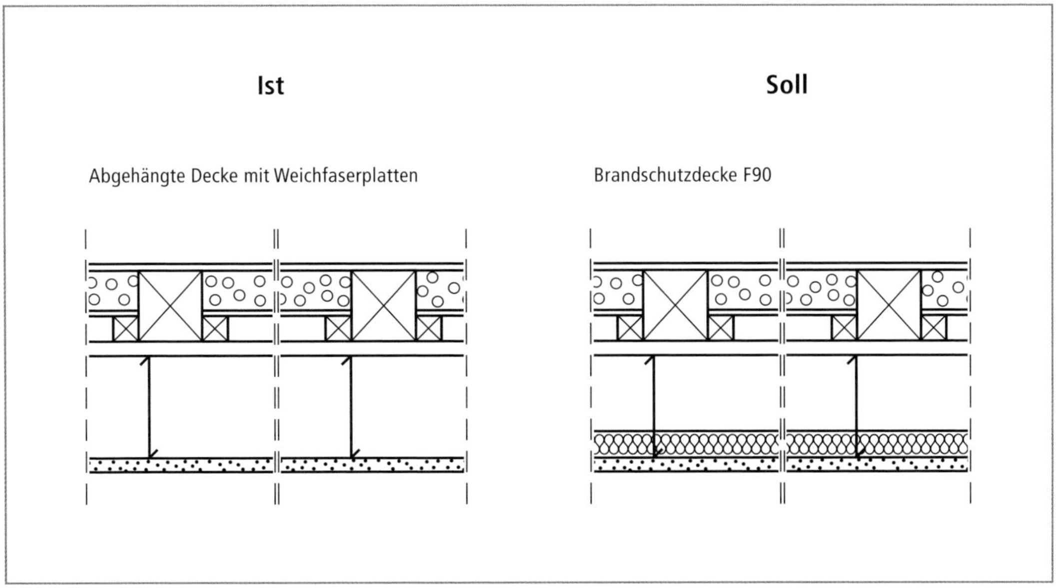

Abb. 2.114 ■ Ist-Zustand – Soll-Zustand Brandschutzdecke

Abb. 2.115 ■ Brandschutzdeckenbekleidung

ben, Augen, Ohren und Münder bewusst verschlossen, und ihre Kunden und beauftragten Handwerker betrogen. Doch ihr Versprechen, Totalabschreibung der Investitionen, haben sie gehalten.

2.5 Mehrfamilienhaus bei Zwickau

Missglückte Gebäudeinstandsetzung durch Bauherrenverschulden

Ruin von Firmen und Investoren

Über dieses Haus gibt es eigentlich wenig zu berichten, doch das Wenige reicht hoffentlich dazu aus, dass sich am Aufbau Ost beteiligte, auch gestrandete Glücksritter oder Hasardeure, Gedanken darüber machen sollten, weshalb so viele Bau- und besonders finanzielle Schäden bis zum Ruin von Firmen, aber auch besonders von Investoren, entstanden sind.

Abb. 2.116 ■ Gebäudefassade

Was war hier passiert? Ein Bausachverständiger bekam einen Anruf eines Architekten aus Baden Württemberg mit der Bitte, er möge ihn bei der Abnahme eines sanierten Gebäudes bei Zwickau unterstützen. Man einigte sich über das Honorar und vereinbarte den Ortstermin. Vorab erhielt der Sachverständige die notwendigen Unterlagen, nämlich Bauvertrag, alle Pläne und sonstige relevante Bauunterlagen. Unter normalen Umständen erwartet man bei der Sanierung eines Mehrfamilienhauses einige Aktenordner, doch in diesem Fall gab es lediglich acht Plankopien DIN A 3 und einen Werkvertrag von mehreren Seiten.

Die Frage nach weiteren, besonders Ausführungs- und Konstruktionsplänen, wurde lakonisch damit beantwortet, dass der Generalübernehmer alle notwendigen Planungen zu liefern habe. Die Frage nach ausführlichen Baubeschreibungen und Leistungsverzeichnissen wurde ebenso knapp mit *»Das steht alles im Vertrag«* beantwortet. Und das sah z.B. so aus:

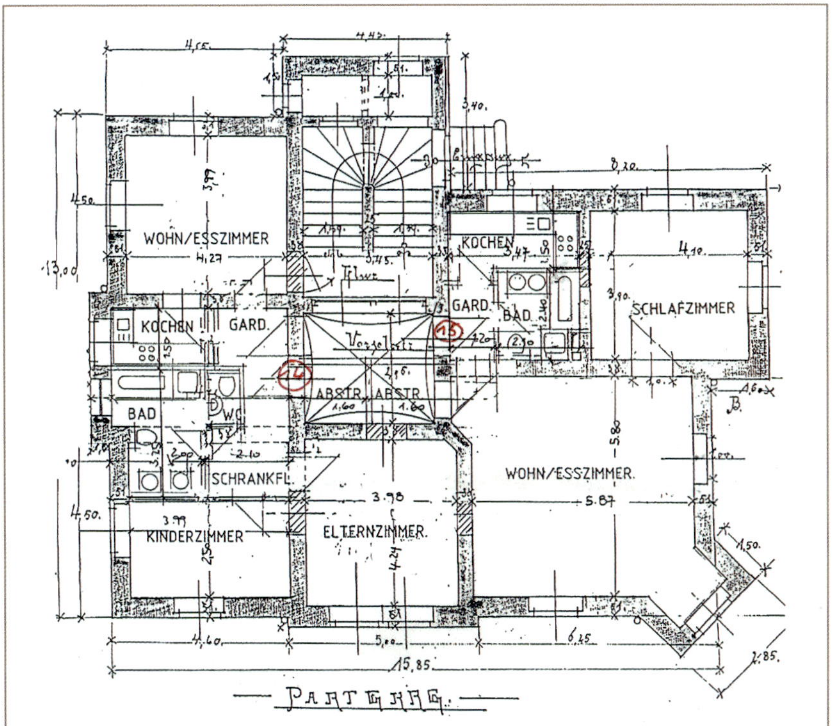

Plan 9 ■ Grundriss EG

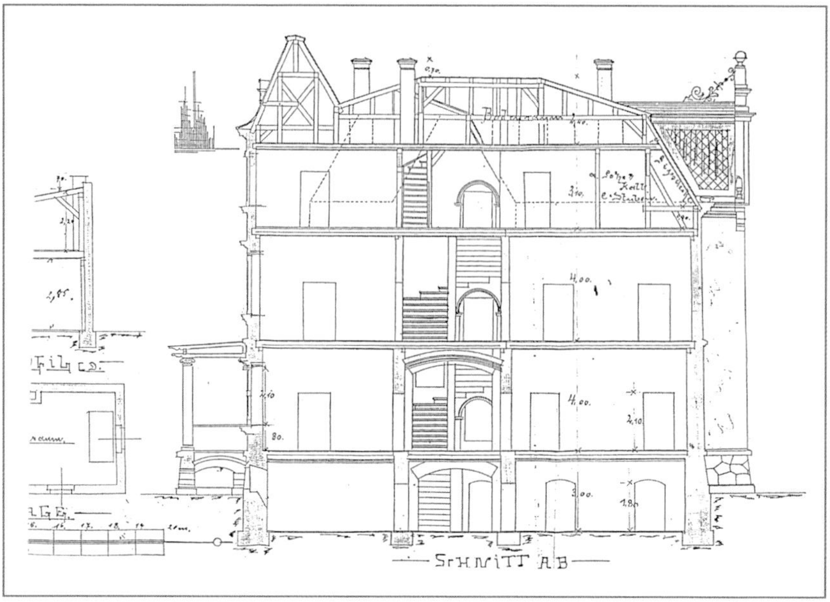

Plan 10 ■ Schnitt

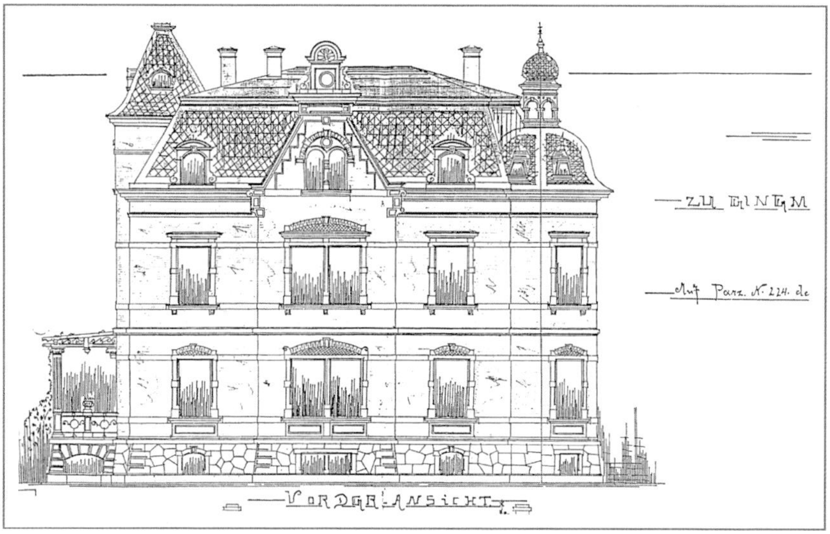

Plan 11 ■ Ostansicht

»GENERALÜBERNEHMERVERTRAG

...§ 2 Bauvorhaben, Bauvertrag

- Punkt 1: Der Auftraggeber erteilt hiermit auf seine Rechnung dem Auftragnehmer auf im § 1 beschriebenem Gelände nach den Bestimmungen dieses Vertrages funktionsgerecht, den anerkannten Regeln der Baukunst und Technik und den öffentlichen Bestimmungen entsprechend mängelfrei und schlüsselfertig das o.g. beschriebene Gebäude zu sanieren, den Abbruch des Hintergebäudes vorzunehmen und die Außenanlagen gem. Außenanlagenplan herzustellen. ...

- Punkt 2: Wesentlicher Bestandteil dieses Vertrages sind:

a) Die vorliegenden Bestandspläne, Konstruktions- und Möblierungspläne neben den Erhebungen des Auftragnehmers vor Ort.

b) Die sich in der Anlage befindliche Baubeschreibung als Anlage Nr. 1, vom 21.04.1995

c) Die vom Auftragnehmer in Abstimmung mit dem Architekten zu erstellenden Konstruktionszeichnungen/Details, nebst statischen Dimensionierung und Haustechnik, gemäß der Landesbauordnung und deren Durchführungsverordnungen und -bestimmungen, den Ausführungsbestimmungen in der für das Bauobjekt geltenden maßgebenden Fassung, einschl. der Brand-, Schall- und Wärmeschutzvorschriften, sowie allen einschlägigen Vorschriften, den anerkannten Regeln der Baukunst und der Technik. ...

- Punkt 3: Auf den erteilten Auftrag finden in folgender Reihenfolge Anwendung:

a) Dieser Vertrag

b) Sämtliche einschlägigen DIN-Vorschriften in der bei Vertragsabschluß neuesten Fassung, gleich, ob in der VOB, Teil C, enthalten oder nicht.

c) Das BGB, insbesondere die allgemeinen Bestimmungen für den Werkvertrag gemäß § 631 ff BGB mit Ausnahme des § 648 BGB, der Inhalt dieser Bestimmungen ist dem Auftragnehmer bekannt.

d) Die unter Punkt 2) aufgelisteten Vertragsbestandteile in der Reihenfolge a) bis i)

- Punkt 4: Die Landesbauordnung einschl. Durchführungsverordnung, sowie Durchführungsbestimmungen und Ausführungsbestimmungen,

einschl. der Schallschutz- und Wärmeschutz- und Brandschutzbestimmungen, ist grundsätzlich zu beachten und einzuhalten, dies ist Bestandteil der Leistungsverpflichtung des Auftragnehmers. ...

§ 5 Oberbauleitung, Überwachung, Bauzeitenplan

- Punkt 1: Die Oberbauleitung der Baudurchführung, die Terminüberwachung (Bauzeitenplan), sowie die gesamte Überprüfung der Ausführung im Sinne des Vertrages lässt der Auftraggeber für sich auf seine Kosten durchführen. Der Leistungsumfang, die Verantwortlichkeit und die Haftung des Auftragnehmers werden hierdurch nicht eingeschränkt. ...

§ 8 Festpreisgarantie

...- Punkt 4: c) Der Auftraggeber kann Mehrkosten verursachende Änderungen mit der Maßgabe in Auftrag geben, dass die Mehrkosten durch die Minderkosten gedeckt sein müssen. Ein Anspruch des Auftragnehmers auf Vergütung über den genannten Pauschalfestpreis hinaus ist dann nicht gegeben, der Auftraggeber muß jedoch die zur Deckung zur Verfügung stehenden Minderkosten aufführen und, wenn solche nicht oder nicht ausreichend vorhanden sind, vom Auftragnehmer vorgeschlagene Einsparungen, die die Funktionsfähigkeit im Sinne der §§ 2 und 3 des Kaufvertrages sowie den Qualitätsstandard der gesamten Baumaßnahme nicht berühren, zustimmen.

§ 9 Termine, Fertigstellungsgarantie, Vertragsstrafe

...Der Auftraggeber hat den Auftragnehmer schriftlich aufzufordern, binnen 14 Tagen mit seinen Leistungen zu beginnen, wenn von Seiten des Auftraggebers alle Voraussetzungen aus dem Vertrag erfüllt sind.

- Punkt 2: Bei einer Überschreitung der in diesem § genannten Termine und Fristen gilt als zu ersetzender Verzugsschaden der dem Auftraggeber durch die Termin- bzw. Fristüberschreitung entstehende nachgewiesene Schaden, insbesondere Kosten, die der Auftraggeber den Erwerbern für diesen selbst oder für dessen Mieter zu erstatten hat, wie Möbeleinlagerungs-, Personal-, Hotel-, und zusätzlich Umzugskosten und Mietausfall. Er kann unter anderem bei dem Auftraggeber und den Bauherrn in einer Erhöhung der Finanzierungskosten und bei den Bauherrn in Abschreibungskosten bestehen. ...

- Punkt 4: Die Ausführungsfrist wird durch Witterungseinflüsse, gleich welcher Art, insbesondere Schlechtwetter oder außergewöhnliche

Hitzeperioden, nicht berührt, sie verlängern die vereinbarte Ausführungsfrist nicht. Ausgenommen sind die vom Arbeitsamt anerkannten Schlechtwettertage (jedoch nur für Rohbauarbeiten). Ebenso verlängern Unterbrechungen durch wilde Streiks und Arbeitsniederlegungen im Betrieb des Auftragnehmers oder auf der Baustelle die Ausführungsfrist nicht. ...

§ 10 Sorgfaltspflicht

...-Punkt 3: Der Auftragnehmer hat für Materialien, die der Auftraggeber bauseits zur Verfügung stellt, und die vom Auftragnehmer verarbeitet bzw. eingebaut werden die volle Verpflichtung in Hinsicht auf Eignung und Maßhaltigkeit zu übernehmen. Die Qualitätskontrolle hinsichtlich der Beschaffenheit des Materials obliegt dem Auftragnehmer. ...

§ 11 Zahlung, Abrechnung und Bürgschaften

...Die Rechnung kann nach der Bestätigung der Fertigstellung des Bauabschnitts durch den vom Auftraggeber beauftragen Bauleiter gestellt werden. ...

§ 13 Abnahme und Übergabe

...- Punkt 2: In Fällen, in denen Teilleistungen durch weitere Bearbeitung späterer Nachprüfung entzogen werden – insbesondere auf dem Gebiet der Haustechnik – erfolgt eine technische Vorabnahme, mit der dem Auftragnehmer die fachgerechte Ausführung dieser Teilleistung bestätigt wird. Die Vorabnahme dieser Teilleistung hat jedoch in keinem Fall die rechtliche Wirkung einer Abnahme; über sie ist ebenfalls ein schriftliches Protokoll durch den Auftraggeber zu fertigen, vom Auftraggeber zu unterzeichnen und vom Auftragnehmer gegenzuzeichnen. ...

§ 15 Kündigung

Eine Kündigung dieses Vertrages wird für beide Teile ausgeschlossen. Hiervon ausgenommen ist die Kündigung aus wichtigem Grund. Der Eintritt eines Risikos aus diesem GÜ-Vertrag ist kein wichtiger Grund, insbesondere nicht die Veränderung auf dem Lohn- oder dem Preissektor. Als wichtiger Grund gilt eine schwerwiegende Nichteinhaltung des Bauzeitenplanes trotz schriftlicher Abmahnung und die grundlose Einstellung von Zahlungen nach diesem Vertrage trotz schriftlicher Abmahnung. ...«

Der Auftraggeber hatte eine sehr kleine Baufirma aus der Umgebung (Alleingesellschafterin war eine ebenfalls sehr kleine Bauunternehmung und Bauträgerfirma aus Württemberg mit der schlüsselfertigen Instandsetzung und Modernisierung eines Mehrfamilienhauses aus dem frühen 20. Jahrhundert beauftragt. Weder diese Firma noch deren Gesellschafterin, dem Sachverständigen persönlich bekannt, hatten Erfahrungen mit Gebäudeinstandsetzungen. Schon wegen der fehlenden Qualifikationen und bekannt bedenklichen Ausführungsqualitäten der Alleingesellschafterin waren für den Sachverständigen Qualitätsprobleme zu erwarten, und so kam es auch.

fehlende Qualifikation und schlechte Ausführungsqualität

Die Bauabnahme sollte nach den Vorstellungen des Eigentümers nur wenige Minuten dauern, doch bei der Vielzahl an Mängeln dauerte die Abnahmebegehung **fast zwei volle Tage**. An allen sicht- und messbaren Bauleistungen wurden unterschiedlich schwere Mängel festgestellt. Eine Wohnung war bereits durch die Mieterin ungenehmigt bezogen worden, so dass sich daraus zusätzliche Probleme ergaben. Wo war hier gepfuscht worden? Wie immer, bei Planung und Ausführung.

Pfusch bei Planung und Ausführung

Planungspfusch

alte Baupläne von 1897

Der Architekt hatte sich lediglich die alten Baupläne von 1897 von der Baubehörde besorgt, und diese als alleinige Planung verwendet. In die alten Zeichnungen wurden, wie bei Bauanträgen üblich, alle notwendigen Grundriss- oder Nutzungsänderungen eingetragen, mehr aber nicht. Der GÜ hatte keine eigenen Pläne geliefert, wie vertraglich vereinbart. Es gab weder Werk- noch Detailpläne, keine Tragwerksplanung, keine Konstruktionspläne. Die gesamte Technische Gebäudeausrüstung (Elektro-, Sanitär- und Heizungsinstallation) war ohne Pläne eingebaut worden. Wärme- und Schallschutznachweise fehlten ebenso wie die diesbezüglichen Berechnungen.

Der auftraggebende Architekt hatte sich um all diese erforderlichen Planungen nicht gekümmert, von den vom GÜ geschuldeten, jedoch fehlenden Planungen und notwendigen Bestandsaufnahmen gewusst, und auch das Fehlen der Planungen nicht gerügt, besonders fatal für einen fachlich ausgebildeten Bauherren. Somit war er letztlich für den durch sein Fehlverhalten entstandenen Pfusch und die sich daraus ergebenden Folgen überwiegend mit verantwortlich.

Ausführungspfusch

Wie bei solchen Konstellationen zu erwarten waren alle besichtigten Bauleistungen zusammengepfuscht worden. Besonders gravierend waren die Mängel beim Witterungsschutz der Fassaden:

- Wandaufbau von Außen nach Innen:
  - Klinker, d = 12 cm
  - Mauerziegel, d = 24 – 40 cm
  - Innenputz, d = 1,5 cm
  - Tapete mit Dispersionsanstrich.

Das Mauerwerk war einschalig ausgeführt, die sichtbaren Klinker waren direkt mit den tragenden Mauerziegeln verbunden. Die äußeren Mauerfugen waren als Dünn- bzw. Pressfugen ausgebildet. Im Zuge

Abb. 2.117 ▪ Fugendetail

Abb. 2.118 ▪ Brüstungsdetail

Abb. 2.119 ▪
Durchfeuchtete Fensterleibung

der Fassadenreinigungsarbeiten mit Hochdruckstrahlern wurden die bindemittellosen Fugenmörtel aus den Fugen entfernt. Die gereinigten Klinker wurden ohne vorherige Neuverfugung hydrophobiert. Das an den Fassaden ablaufende Regenwasser drang direkt über die unverschlossenen Fugen in die Mauerziegel ein und durchnässte die Außenwände.

Fehlerhafte Neuverfugung

Durch die Hydrophobierung waren die Fugenflanken gegen Wasseraufnahme geschützt mit der Folge, dass neue Fugenmörtel keine kraftschlüssige Verbindung mit den Klinkern erhielten. Wie konnte das Problem gelöst werden? Durch Benetzen der Fugen mit spülmittelhaltigem Wasser und sofortiger Schlemmverfugung der Fassaden.

Feuchteschutz der erdberührten Außenwände

- Wandaufbau von Außen nach Innen
  - Mauerwerk, d = 65 cm
  - Innenputz, d = 2 cm
  - Dispersionsbeschichtung

Der GÜ hatte, da keine Nutzungsänderung der Untergeschossräume erfolgte, keine Notwendigkeit für nachträgliche Wandabdichtungen gesehen. Die Wände wurden lediglich stellenweise neu verputzt und anschließend gestrichen. Die alten Kellerfenster wurden durch dichte Kunststofffenster ersetzt mit der Folge, dass ein Luftwechsel durch die Fensterfugen nicht mehr erfolgen konnte. Der Ziegelboden wurde durch eine Stahlbetonbodenplatte ersetzt und mit Fußbodenfarbe beschichtet. Die durch die nicht abgedichteten Wände eindringende Feuchte erhöhte die Raumluftfeuchte, welche auf den kühlen Außenwandoberflächen kondensierte. Wegen des fehlenden Luftwechsels feuchteten die Außenwandoberflächen stark auf. An den Kellerfensterleibungen bildeten sich Algen.

Algenbildung an den Kellerfensterleibungen

Abb. 2.120 ■ Durchfeuchtete Kelleraußenwand

Abb. 2.121 ■ Algenbildung auf Fensterleibung

Abb. 2.122 ■ Äußerer Kellerzugang ohne Schwelle; Bodeneinlauf (Badeinlauf) mit Geruchverschluss

Wie konnte das Problem gelöst werden? Entweder durch eine nachträgliche Vertikalabdichtung oder durch ständige wirksame Durchlüftung des Untergeschosses.

Feuchteschutz der Bäder

fehlende Abdichtungen

Wie bei von Generalübernehmern ohne konkrete Leistungsvereinbarungen durchgeführten Baumaßnahmen üblich, fehlten in allen Bädern die erforderlichen Abdichtungen von spritzwasserbenetzten Wänden und Böden. Die Wandfliesen waren ohne Untergrundvorbehandlung und Abdichtung direkt auf Gipskartonplatten geklebt worden, Die Bodenfliesen auf Spanplatten. Welche Maßnahmen waren zwingend erforderlich?

- Demontage der Sanitäreinrichtung
- Demontage von Steckdosen und Schaltern
- Ausbau von Türen
- Entfernen von Wand- und Bodenfliesen
- Abspachteln der Gipskartonplatten
- Einlegen von Gipsfaserplatten auf die Spanplattenböden
- Abdichten aller spritzwasserberührten Wände bei Badewannen und Duschen, auch hinter und unter Wannen
- Abdichten aller Bodenflächen
- Neuverfliesung von Wänden und Böden
- Neumontage aller Sanitäreinrichtungen
- Neumontage von Steckdosen und Schaltern

- Wiedereinbau der Türen
- Komplette Malerarbeiten an Decken.

Schallschutz der Wohnungseingangstüren

Grundrissbedingt mussten die Wohnungseingangstüren einen Luftschallschutz von 27 db bzw. 37 db aufweisen. Die eingebauten Türelemente konnten weder vom Element noch vom Einbau her diese Mindestanforderungen erfüllen. Die Türelemente erfüllten keine Schallschutzanforderungen, die erforderlichen Mineralwollausstopfungen der Hohlräume zwischen Mauerwerk und Türfutter fehlten. Wie konnte das Problem gelöst werden? Durch Austausch aller Wohnungseingangstüren.

Türelemente erfüllten keine Schallschutzanforderungen

Sanitärinstallationen

Eine Überprüfung der Gesamtinstallationen war nicht möglich. Jedoch wiesen die Fertiginstallationen in den Bädern erhebliche Mängel auf, wie z.B:

- unterschiedlich hoch angebrachte Waschbecken
- Montage von Handbrausen an Badewannen
- Montage von Duscharmaturen
- Anordnung und Montage von Kücheninstallationen.

Wie konnten die Mängel an den Sanitäreinrichtungsgegenständen beseitigt werden? Durch Neumontage.

Abb. 2.123 ■ Doppelwaschbecken

Maler- und Tapezierarbeiten

Diese Leistungen sollten, wie bei sehr vielen Sanierungsobjekten, aber auch bei manchen Neubauten üblich, den Pfusch verdecken und den Bau zusammenhalten. Tapeten und Farben decken zu. Nur hatten die Maler nicht berücksichtigt, dass sich Tapeten von nassen Putzen lösen, andersfarbige Untergründe bei einlagigen Anstrichen mit billigen Baumarktfarben durchscheinen und wachsame Augen von erfah-

Abb. 2.124 ▪ Auf nasse Wand aufgebrachte Tapete

Abb. 2.125 ▪ Teilentfernte Tapete

Abb. 2.126 ▪ Treppenhausanstrich

Abb. 2.127 ▪ Anstrichdetail

renen Sachverständigen den Pfusch sofort feststellen. Alle erbrachten Leistungen waren mit gravierenden Mängeln behaftet und nicht abnahmefähig. Wie konnte der Pfusch beseitigt werden? Durch einen vollständige Erneuerung aller Maler- und Tapezierarbeiten.

Tapete auf nassem Putz

Tischlerarbeiten

Neben den bereits beschriebenen Schallschutzmängeln an den Wohnungseingangstüren waren auch die Reparaturen der Haustür fehlge-

Abb. 2.128 ▪ Haustür

Abb. 2.129 ▪ Haustürdetail

schlagen. Was war zu tun? Neben der Erneuerung der Wohnungseingangstüren erhebliche Nacharbeiten an der Haustür.

Küchenmöblierungsmöglichkeiten und Abluftabführungen

Abb. 2.130 ■ Küchenfensterbrüstung

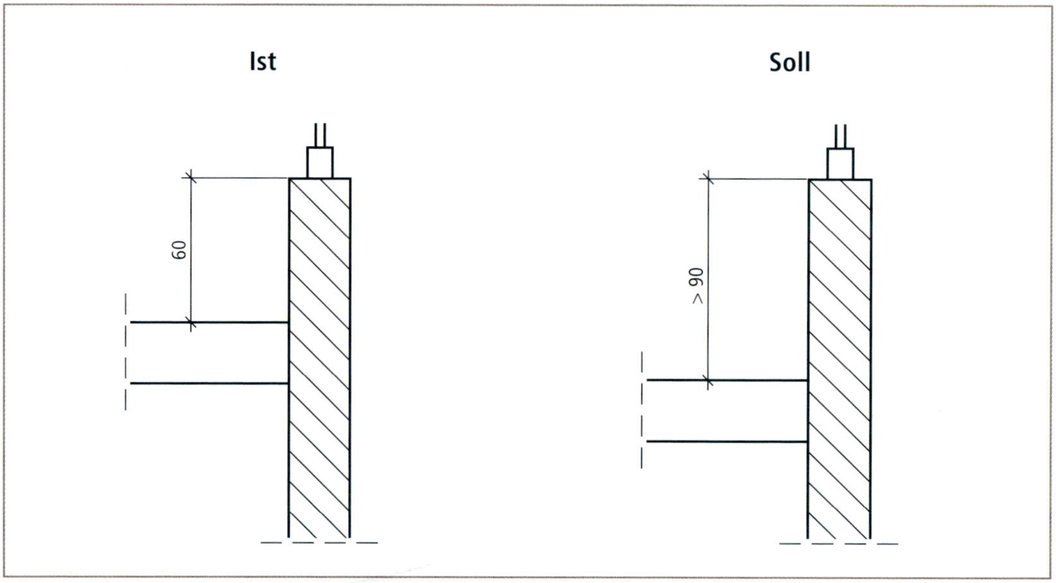

Abb. 2.131 ■ Ist-Zustand – Soll-Zustand Brüstungshöhe

Abb. 2.132 ■ Abluftleitungsanschluss

Durch eigene Planungsfehler war eine, den Küchenmöblierungsstandards entsprechende, Möblierung nicht möglich. Durch falsche Küchenplatzierung und Anordnung der Koch- und Wasserzeile konnten wegen zu niedriger, vorhandener Fensterbrüstungen und Anschlagstiefen keine modernen Küchenzeilen eingebaut werden.

Wie hätten die Fehlplanungen beseitigt werden können? Gar nicht, denn der Bauherr äußerte sich zu diesem Problem wie folgt: »*Bisher kannten die Ossis keine Einbauküchen oder genormte Küchenmöblierungen. Warum sollte das bei meinem Haus anders sein? Deshalb sollen die Mieter die Küchen wie bisher mit zusammengesuchten Secondhandmöbeln, wie gewohnt, ausstatten.*«

Im Gegensatz zu Württemberg war vor dem 2. Weltkrieg Sachsen schon immer das Land mit den höchsten Qualifikationen sowie der höchsten Wirtschaftskraft und Kultur in Deutschland. Das hatte der überhebliche Eigentümer und Vermieter sicherlich nicht gewusst.

Bemerkenswert waren die Abluftleitungen und Anschlussmöglichkeiten der Dunstabzüge. Für alle, durch mehrere Etagen geführte Abluftleitungen wurden leichtentzündliche HT-Rohre verwendet. Die Leitungsenden in den Küchen waren zu kurz, die üblichen Anschlussrohre konnten nicht angeschlossen werden.

Der Bausachverständige lieferte sein Protokoll mit der Fotodokumentation ab und rechnete seine erbrachten Leistungen ab. Die Zahlung erfolgte nicht, denn dessen Auftraggeber meinte, der Sachverständige habe seinen Auftrag, Gesamtschuldzuweisung des Generalübernehmers, nicht erfüllt. Doch sah das Gericht die Sache ganz anders. Er war, auf Grund der fehlenden Planung und seiner Fachkenntnisse, besonders aber seiner Schlitzohrigkeit, für das Ergebnis der Bauleistungen überwiegend verantwortlich. Er hatte bewusst versucht, unwissende Vertragspartner zu übervorteilen. Ebenso wollte er mit dem Sachverständigen verfahren.

Folge? Der junge Architekt wurde zur Zahlung verurteilt, musste alle Kosten bezahlen, verlor seinen Job mit Aussicht auf Büroübernahme wegen seines Verhaltens gegenüber Firmen und Sachverständigen, und blieb auf seinen Trümmern sitzen. Recht so!

2.6 Fachwerkhausteilerneuerung bei Ludwigsburg nach Brand

Zerstörung eines Fachwerkhauses durch unqualifizierte Stadtplanungsbehörde und Denkmalpflege

Über dieses Fachwerkhaus wurde schon in **Band 4, Kap.2.2.10** berichtet. Es kommt selten vor, dass ein Autor die Zerstörung eines Fachwerkhauses vom Anfang bis zum bitteren Ende miterlebt und dokumentieren kann.

Im November 2003, unmittelbar nach einer Fassadenrenovierung, sprengte sich ein Hausbewohner im Dachgeschoss mit einer Gasflasche

Abb. 2.133 ▪ Gebäudefassade vor der Dachgeschossexplosion (Quelle: Stadtarchiv Bietigheim-Bissingen)

Abb. 2.134 ■ Löscheinsatz

in die Luft. Durch den Explosionsdruck wurde der intakte Dachstuhl aus dem 17. Jahrhundert angehoben und aus den Sparrenfußzapfen gelöst. Das gesamte Dach setzte sich danach sofort auf die Wandrähme ab. Teile der Westgiebelwand stürzten auf die Straße. Nach ca. 12 Minuten traf die Feuerwehr an der Unfallstelle ein und wartete erst einmal ab, das Gebäude wurde nicht betreten. Ca. 10 Minuten nach Eintreffen der Feuerwehr, entstand an der südlichen Traufe ein kleiner Schwelbrand, der jedoch von der Feuerwehr nicht beachtet wurde. Der Autor, er war durch den Explosionsknall und die Erschütterungen aus seinem gegenüberliegenden Büro auf die Straße geeilt, wies als erster auf diesen Brand hin und forderte sofortige Brandbekämpfungsmaßnahmen. Doch weit gefehlt, ein alter Exfeuerwehrmann aus der Nachbarschaft reagierte auf diese Forderung wörtlich mit: »*ein guter Brand braucht Zeit!*« Bis zum Einsatz, der Drehleiter und Brandbekämpfkungsmaßnahmen vergingen viele weitere Minuten. Der Löscheinsatz erfolgte in den ersten 20 Minuten nur von der Drehleiter aus, allerdings von der falschen Seite und so erfolgreich, dass sich der Brand nun wirklich ausweitete. Eine stehen gebliebene Fachwerkwand schirmte das Feuer vor dem Löschwasser ab. Durch das Löschwasser wurden eine völlig intakte Wohnung im 2. Obergeschoss

ein guter Brand braucht Zeit!

Abb. 2.135 ■ Von der Drehleiter unerreichbarer Brandherd

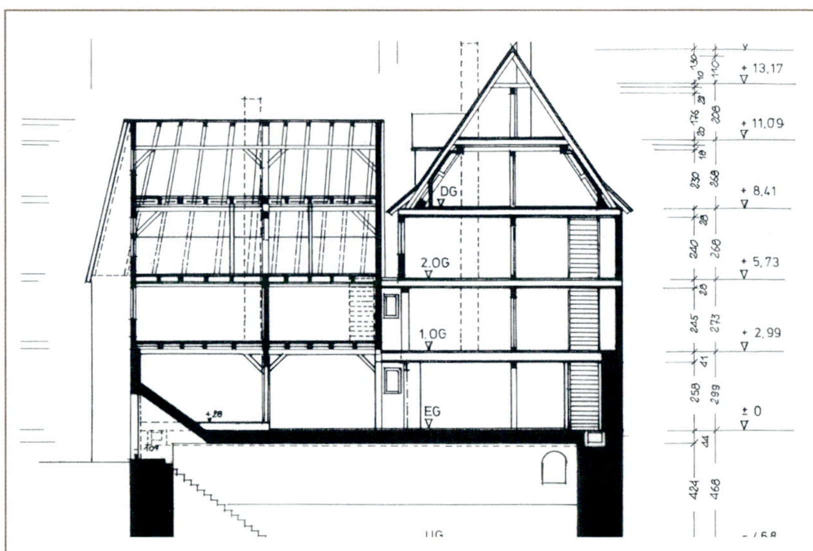

Plan 12 ■ Gebäudeschnitt M 1 : 100 (Quelle: Arch. M. Pfisterer, Bietigheim-Bissingen)

und ein Heimatmuseum im 1. Obergeschoss völlig zerstört, ein Spezialgeschäft im Erdgeschoss stand teilweise unter Wasser.

Die Instandsetzungsmaßnahmen erfolgten unter der Regie des städtischen Hochbauamtes. Weder der 1983 die Sanierung planende Architekt, noch andere, anerkannt erfahrene örtliche Fachwerkspezialisten wurden hinzugezogen. Ohne Bestandsaufnahme, Sanierungs- und gebäudespezifische Tragwerksplanung wurden altbauunerfahrene örtliche Handwerker mit dem Wiederaufbau beauftragt. Die

Zimmerfirma sollte nicht nur abzimmern und aufrichten, sondern erst einmal abbrechen. So wurde der bis auf wenige geringe Schäden völlig intakte Dachstuhl grundlos zersägt, abgebrochen und entsorgt, ebenso erhaltenswerte Teile des Giebelfachwerks. Aus Kostengründen musste der Zimmermann auch noch die Tragwerksplanung und Konstruktion der Maßnahmen ohne entsprechende Honorierung übernehmen. Da unerfahren, bat deren Chef einen befreundeten Tragwerksplaner um kostenlose, überschlägliche Dimensionierung der Sparren. Der Tragwerksplaner, ebenfalls fachwerkunerfahren, dimensionierte die Sparren als Pfettendach, obwohl der alte Dachstuhl als Kehlbalkendach mit zusätzlichen Hahnenbalken errichtet worden war.

Entsorgung erhaltenswerter Teile

Abb. 2.136 ■ Dachstuhl nach Brand

Abb. 2.137 ■ Neuer Dachstuhl (Quelle: Helmut Prangerl)

Aufgeschlagen wurde der neue Dachstuhl als Pfettendach mit völlig überdimensionierten Querschnitten der First- und Mittelpfetten und der Sparren. Da ja nicht alle alten Dachstuhlhölzer entsorgt worden waren, verlangte der zuständige Denkmalpfleger den Wiedereinbau einiger Kehlbalken und Wandteile. Weil das Zierfachwerk der Giebelwand auf Grund des ehemaligen Kehlbalkendaches ohne Berücksichtigung von Lastabtragungen aus dem Dachstuhl gestaltet

Abb. 2.138 ■ Firstpfette mit Aufständerung auf alte Fachwerkwand

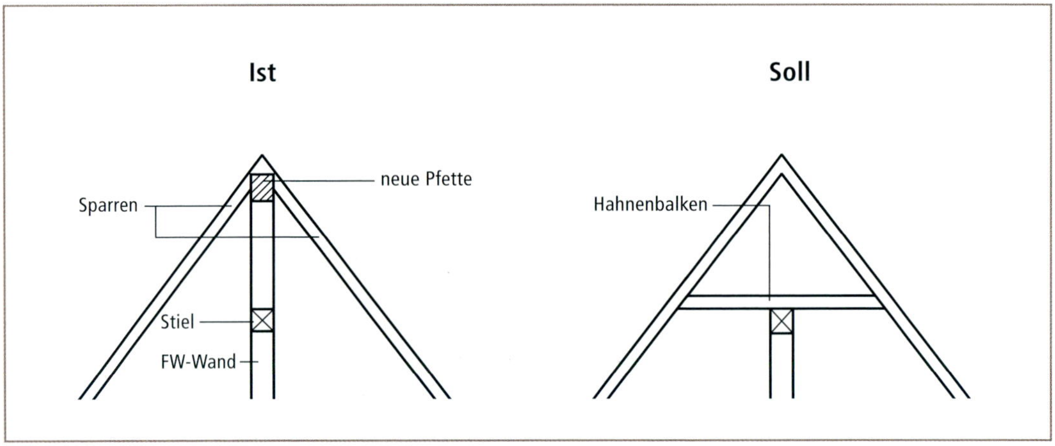

Abb. 2.139 ■ Ist-Zustand – Soll-Zustand Dachkonstruktion

worden war, ergaben sich nun Probleme bei der Lastabtragung aus den Mittel- und Firstpfetten in die Giebelwand, denn diese war dafür nicht konstruiert. Also wurden ›Krücken‹ in Form von innen auf das Giebelfachwerk aufgeschraubten Holzstützen verwendet, gebäudeverträglich? Und das sieht nun so aus!

Probleme bei der Lastabtragung

Abb. 2.140 ▪ Neue Kehlbalken

Abb. 2.141 ▪
Hilfsstützen zur Ableitung der Mittelpfettenlasten vor dem Giebelfachwerk

Was ist der Unterschied zwischen Kehlbalken- und Pfettendächern? Kehlbalkendächer werden als liegender Stuhl bezeichnet. Bei Kehlbalkendächern werden die Dachlasten aus den Sparren stützenfrei auf die Außenwände abgetragen. Die Sparren leiten sowohl die vertikalen, horizontalen und auch linearen Lasten in die als Zugbänder wirkenden, von Außenwand zu Außenwand durchlaufenden Deckenbalken ab. Die Holzverbindungen erfolgen entweder über Verzapfungen oder Versätze. Sonstige Verbindungsmittel wie Nägel oder Bolzen sind bei alten Dachstühlen nicht erforderlich. Die Kehlbalken, meist in Geschosshöhe angeordnet, übertragen den Durchbiegungs- oder Winddruck in die gegenüberliegenden Sparren. Durch Verkämmungen oder Versätze werden die Horizontallasten teilweise in Mittelpfetten eingeleitet. Die Kehlbalken werden in der Regel bei mehrgeschossigen Dachstühlen als Auflager von Bodenbrettern verwendet und tragen die Bodenlasten auf mittlere Unterzüge und in die Sparren ab.

Pfettendächer werden als stehender Stuhl bezeichnet. Bei Pfettendächern liegen die Sparren auf First- und Mittelpfetten und den Schwellen an den Sparrenfüßen auf. Die Pfettenlasten werden über Stützen vertikal auf Balken oder bei Neubauten auf Massivdecken abgeleitet. In Süddeutschland wurden bei historischen Bauten mit üblichen Dachneigungen von ca. 52° überwiegend Kehlbalkenkonstruktionen gewählt. In Norddeutschland bei Dachneigungen von ca. 45° wählte man überwiegend Pfettendachkonstruktionen.

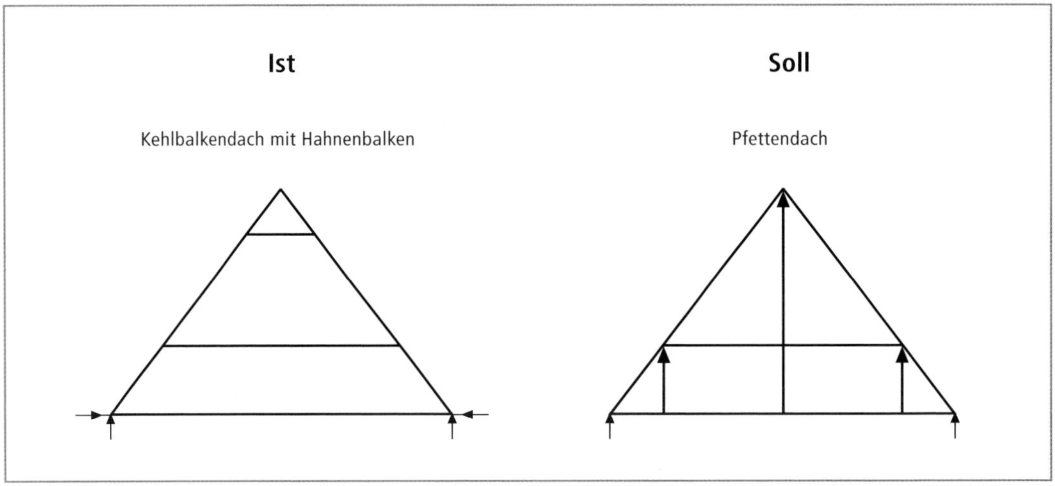

Abb. 2.142 ■ Systemskizzen Kehlbalkendach – Pfettendach

Fazit: Die Veränderung des Dachstuhlsystems war gebäudeunverträglich und hat zu erheblichen Veränderungen des statischen Konstruktionssystems geführt. Wichtige Konstruktionsprinzipien wurden wegen fehlender Erfahrungen und Kenntnisse von Konstruktionsprinzipien alter Fachwerkgebäude der beteiligten Auftraggebervertreter, Tragwerksplaner und ausführenden Handwerkern grundlos verändert. Da als Tragwerksplaner nicht ausgebildet, hat der Konservator des LDA die Tragweite dieser gravierenden Veränderung der Dachkonstruktion und deren Folgen nicht erkannt,

Veränderungen des statischen Konstruktionssystems

Fazit: Ein besonders wichtiges Konstruktionsmerkmal wurde grundlos unwiederbringlich mit indirekter Mitwirkung des Denkmalschutzbehörde zerstört.

Es ging aber noch weiter. Die beauftragten Firmen arbeiteten, ohne konkrete Anweisungen und unüberwacht, nach eigenem Gutdünken vor sich hin. Es wurde so sehr gepfuscht, dass der Autor informativ einen bekannten Gemeinderat auf fehlende Abdichtungen unter den Fliesenbelägen hinwies.

Obwohl bereits fertig gestellt, wurden in den Bädern die Wandfliesen in den Spritzwasserbereichen entfernt und die Abdichtungen nachträglich aufgetragen, allerdings ohne Ausbau von Bade- und Brausewannen. Nach erneutem Hinweis des Autors mussten auch diese ausgebaut werden, um die Abdichtungen ordnungsgemäß hinter und unter den Wannen einzubauen.

Wer war für diesen Pfusch verantwortlich? Die planende Projektleitung. Der Fliesenleger erklärte auf Befragen, er habe den verantwortlichen Projektleiter auf die im Leistungsverzeichnis fehlenden, seines Erachtens unbedingt erforderlichen Abdichtungen hingewiesen. Ihm sei erklärt worden, man brauche und wolle aus finanziellen Gründen keine Abdichtungen, da dieses bei Wohnungsbädern nicht unbedingt erforderlich sei.

aus finanziellen Gründen keine Abdichtungen

Nachdem die Reparaturarbeiten nahezu abgeschlossen waren, muß jemand auf die Idee gekommen sein, anstelle der ursprünglichen Fassade eine möglicherweise noch ältere Fassadengestaltung rekonstruieren zu müssen. Plötzlich wurden die nicht beschädigten Wände und Fenster in den 1. und 2. Obergeschossen ausgebaut. Anstelle dieser Fenster wurden nun über Eck reichende Fenstererker mit nachempfundenen Schiebekastenfenstern eingebaut.

Da die Wandlasten nicht mehr abgeleitet werden konnten, wurden die Wandrähme nicht mit Futterhölzern unterfüttert, sondern innen mit Stahlprofilen verstärkt, eine bauwerksunverträgliche und zu künftigen Feuchteschäden führende Lösung!

Die geänderten Brüstungsausfachungen wurden mit Leichttonmörtel ausgefacht, allerdings nicht nach den Verarbeitungsrichtlinien. Da die Arbeiten am Freitagmorgen durchgeführt wurden, ließen

Abb. 2.143 ▪ Rähmverstärkung

Abb. 2.144 ▪ Anschlussdetail

Abb. 2.145a ▪ Zusätzliche Verstärkung mit Stahlprofil

Abb. 2.145b ▪ Zusätzliche Verstärkung mit Stahlprofil

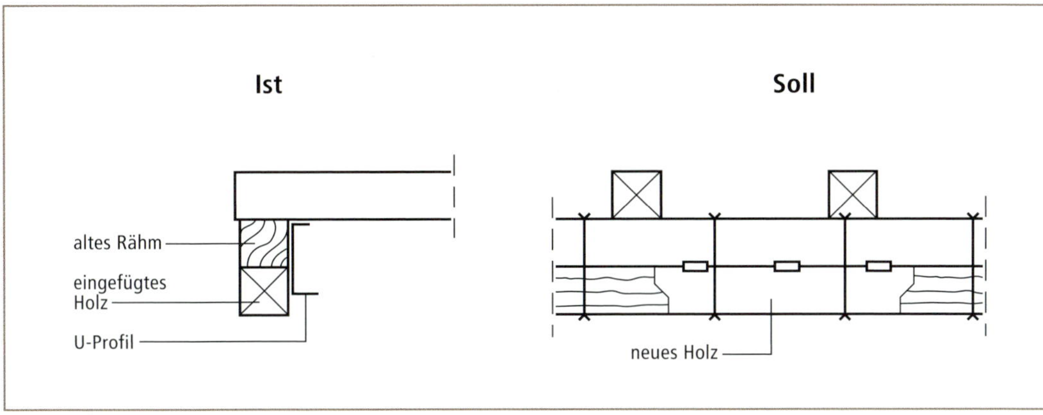

Abb. 2.146 ■ Ist-Zustand – Soll-Zustand Rähmverstärkung

Abb. 2.147 ■ Leichttonmörtelausfachung

Abb. 2.148 ■ Aufgebrachte Trockenbauplatten

nicht abgeschlossene Arbeiten

die Stuckateure um 12 Uhr die Kellen fallen und verschwanden, obwohl die Arbeiten nicht abgeschlossen waren. Bei den unteren Brüstungsausfachungen fehlte die letzte Leichttonmörtellage. Statt diese Lage mit Kalkzementleichtputz auszugleichen, wurden zementgebundene wasserbeständige Trockenbauplatten mit Baukleberbatzen aufgeklebt, und zwar stellenweise über die Fachwerkstäbe ragend. Anschließend wurden die Gefache mit Streichputz überzogen und gestrichen.

Und dann kamen die Maler. Alle Fachwerkhölzer wurden, obwohl im Vorjahr neu beschichtet, noch einmal mit diffusionsdichtem Lack zugespachtelt. Die zu erneuernden Putzflächen wurden nicht mit Mineral-, sondern Silikonharzfarben beschichtet, allerdings in einem

Abb. 2.149 ▪ Brüstungsdetail

Abb. 2.150 ▪ Neue Fensterbrüstung

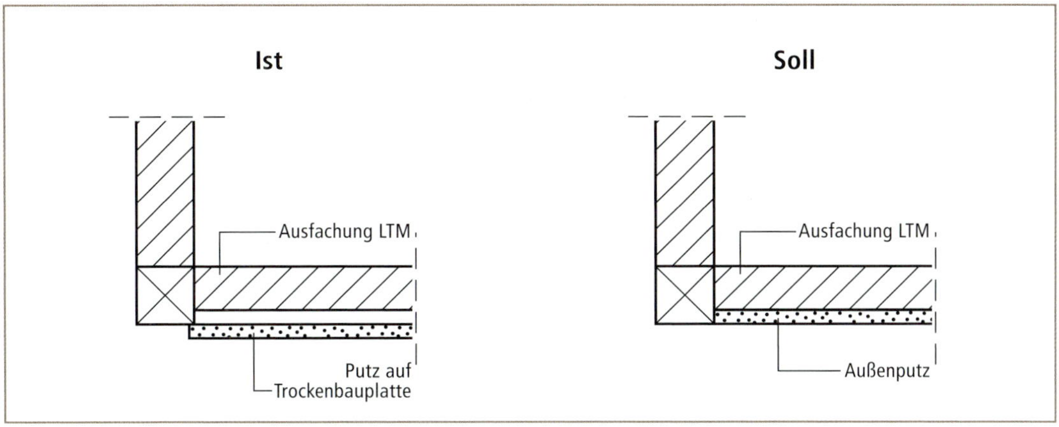

Abb. 2.151 ■ Ist-Zustand – Soll-Zustand Ausfachung

Abb. 2.152 ■ Anstrichdetail

Abb. 2.153 ■ Fertig gestellte Fassade

Farbunterschiede der Fassade

anderen Farbton als die im Vorjahr gestrichenen Putzflächen. Da die Farbunterschiede nach Abrüsten des Gebäudes auffielen, wurden die abgerüsteten Flächen wieder eingerüstet und neu gestrichen. Inzwischen blättert der neue, im Oktober 2005 aufgebrachte Sockelanstrich schon wieder ab.

Üblicherweise werden bei solchen Maßnahmen erfahrene Architekten und Ingenieure mit Planung, Ausschreibung und Objektüberwachung beauftragt. Vergleichbare Gebäudeinstandsetzungen werden dann in ca. fünf Monaten abgeschlossen, bei diesem Haus wurde fast ein Jahr benötigt.

Warum? Im Zuge der üblichen Sparmaßnahmen waren die Hochbau- und Sanierungsabteilungen der Bauverwaltung einschließlich deren Amtsleiter aufgelöst worden. Das Tiefbauamt wurde den Stadtwerken zugeschlagen Der letzte im Amt verbliebene Architekt hat keine Erfahrung mit der Instandsetzung alter Fachwerkgebäude. Unter solchen Voraussetzungen musste diese Instandsetzungsmaßnahme fehlschlagen, zum Nachteil des Gebäudes.

Fazit: Sparmaßnahmen bei Kommunalverwaltungen sind unbedingt erforderlich. Doch wenn bei solchen Maßnahmen nur noch nicht ausreichend qualifiziertes Personal übrig bleibt, wird es immer kritisch, wie im vorliegenden Fall. Unverantwortlich war es, diese Baumaßnahme ohne fachwerkerfahrene Architekten und Tragwerksplaner durchzuführen. Doch für die Planungs- und Ausführungsfehler und Folgekosten muss die Gemeinde einstehen, bei Beauftragung geeigneter Freiberufler wären mit Sicherheit solche gravierenden Fehler und Folgeschäden nicht entstanden. Wenn ja, hätte die Kommune die Verantwortlichen belangt und Schadenersatzansprüche durchgesetzt. Wer zieht in diesem Fall die Verantwortlichen zur Rechenschaft, zumal der Schaden von der Kommune an einem eigenen Gebäude entstanden ist?

Gemeinde muss für Planungs- und Ausführungsfehler einstehen

2.7 Fachwerkhaus am Neckar

Gewollte Beseitigung eines hochwertigen Fachwerkgebäudes

Dieses stolze Fachwerkhaus wurde 1586 in einem kleinen Dorf zwischen Ludwigsburg und Heilbronn errichtet. Da das Haus unter Denkmalschutz stand, hatte die Gemeinde Anteile des Hauses erworben, um im Zuge der Ortssanierung Einfluss auf Gebäudeerhalt und -ver-

Abb. 2.154 ▪
Alte Gebäudeansicht

wertung nehmen zu können. Leider war die gemeindeeigene Wohnbaugesellschaft, altbauunerfahren und fachlich nicht in der Lage zur Instandsetzung des Hauses. So suchte die Gemeinde einen altbauerfahrenen Objektentwickler für die Instandsetzung und Modernisierung des Hauses. Dieser war schnell gefunden. Er schlug den Einbau von sechs Wohnungen vor, von denen die Gemeinde mindestens zwei für eigene Mitarbeiter erwerben oder langfristig anmieten wollte.

Schon nach kurzer Zeit wurde die vorgelegte Planung zu 90% genehmigt. Warum nur zu 90%? Das Landesdenkmalamt (LDA) hatte die Zustimmung für den Anbau von vor die Südfassade gestellten Balkonen und einige bauphysikalische Notwendigkeiten bei Wärme- und Schallschutz verweigert. Durch Intervention der oberen Denkmalschutzbehörde konnten nach fast einem Jahr Verzögerung die Verweigerungen des LDA aufgehoben werden, da diese unbegründet waren und in der alleinigen subjektiven Auffassung der zuständigen Konservatorin (›Ich habe keinen Balkon, andere brauchen auch keine‹) lagen. Nachdem diese Widerstände beseitigt waren, bauten sich neue Hürden auf, denn die notwendigen, und auch vorab mündlich in Aussicht gestellten, Zuschüsse konnten frühestens ein Jahr nach rechtskräftiger Baugenehmigung bewilligt werden. Ein vorgezogener Baubeginn ohne Unbedenklichkeitsbescheinigung des LDA war ohne Verlust möglicher Zuschüsse nicht möglich. Die Unbedenklichkeitsbescheinigung (UB) des LDA war nicht zu bekommen, denn die Konservatorin war wegen der erlittenen Niederlage sauer und verweiger-

Landesdenkmalamt verweigert bauphysikalische Notwendigkeiten

te sie. Als nach einem Jahr Verspätung die zugesagten Zuschüsse bewilligt werden sollten, war der Topf leer. Andere, aus dem Städtebaumodernisierungsprogramm bereits bewilligte Zuschüsse konnten nicht ausbezahlt werden, denn die Gemeinde hatte diese Gelder in eigene Projekte der Gemeinde umgeschichtet. Dann kam die Wende in

Abb. 2.155 ■ Teilfreigelegte Südwand im 1.OG.

Abb. 2.156 ■ Nordaußenwand mit Umbauspuren

Abb. 2.157 ■ Innenwand

Deutschland. Durch besonders gute Abschreibungsbedingungen im Osten investierte kein Anleger im Westen, alle Gelder strömten in den Osten. Das Objekt war zum Sterben verurteilt.

Wie ging es weiter? Da im Zuge der notwendigen grundlegenden Untersuchungen das Gebäude vollständig entkernt worden war, stand nur noch das statisch und gegen Feuchte gesicherte Fachwerkskelett.

Aus wirtschaftlichen Gründen, dieses und noch ein weiteres Gebäude aus dem 16. Jahrhundert wurden vom LDA durch Zurückhalten bewilligter Zuschüsse blockiert, ging der Objektentwickler in die Insolvenz. Die Gemeinde versuchte vergeblich, das Gebäude günstig für die eigene Wohnungsbaugesellschaft zu bekommen. Also musste ein Abbruchgrund gefunden werden, und der sah so aus: Der fachwerk- und holzbauunerfahrene Statiker des Verbandsbauamtes bestätigte für den Dachstuhl die drohende Einsturzgefahr und verfügte den sofortigen Abriss des intakten Originaldachstuhles aus dem 16. Jahrhundert.

Zurückhalten bewilligter Zuschüsse

Suche nach einem Abbruchgrund

Der Liquidator ließ diesen Gebäudetorso bewusst lange als Schandfleck in der Ortsmitte stehen. So wurde die Gemeinde gezwungen, das Gebäude zu einem kostendeckenden Preis zu kaufen.

Nach Unterzeichnung des Kaufvertrages erklärte der Bürgermeister er sei von Anfang an gegen den Erhalt dieses ortsbildprägenden

Abb. 2.158 ■ Gebäudetorso

Abb. 2.159 ■ Balkenkopf

Abb. 2.160 ■ Koppelschwelle

Abb. 2.161 ■ Durchtrennte, gesunde Mittelpfette

Abb. 2.162 ■ Nordgiebel im Rohbau mit Fachwerkimitation

Fachwerkhauses gewesen und habe nun sein Ziel erreicht, hier einen Neubau zu errichten. Und der sieht so aus!

Der Bürgermeister hatte nicht nur dieses Objekt zerstört, sondern viele alte stabile Fachwerkhäuser abbrechen und durch gesichtslose Neubauten ersetzen lassen. Durch diese Baupolitik wurde das bisher

Abb. 2.163 ■ Fertiger Neubau

Abb. 2.164 ■ Hinweisschild der Gemeinde

harmonische und geschlossene Ortsbild völlig verändert. Nur wenige alte Gebäude blieben letztlich übrig.

2.8 Schloss bei Ludwigsburg

Gebäudeunverträgliche Nutzung durch Gemeinderatsbeschluss

Über Schäden an diesem Bauvorhaben wurde bereits in **Band 4., Kap.2.13, 2.27, 2.35** berichtet. Nachfolgend werden andere Probleme, die durch bauwerksunverträgliche Umnutzung entstanden sind, beschrieben.

Abb. 2.165 ▪ Gebäudeansicht vor der Sanierung

Schon lange vor Ankauf des Schlossareals hatten sich Verwaltung und Gemeinderat Gedanken über eine mögliche Umnutzung des im Schloss untergebrachten Finanzamtes gemacht. Jahrelang wurden diverse Nutzungsmöglichkeiten untersucht und diskutiert. Man entschied sich für eine Multinutzung mit städtischer Musikschule, Volkshochschule, städtischen Ämtern, Gaststätte, Malschule, Tanzräumen und Einzelhandel. Und so wird es auch genutzt.

Multinutzung

Im Hauptgebäude sind vom 1. OG bis zum Dachgeschoss Schulungs- und Übungsräume der städtischen Musikschule untergebracht, im Erdgeschoss zwei Läden und eine Brauereigaststätte. Das Dachgeschoss beherbergt noch städtische Ämter und Räume der Volkshochschule. Nebengebäude und Gewölbekeller werden als Musikschule, Kindermalschule, Tanzübungsräume und Brauereigaststätte genutzt. Schon unmittelbar nach Inbetriebnahme wurden Beschwerden von Schülern, Musiklehrern, Nachbarn und nicht zur Musikschule gehörenden Personen anderer Nutzer bekannt. In der örtlichen, besonders aber überörtlichen Presse wurde neben den anderen Beschwerden besonders über den mangelhaften Schallschutz im Gebäude und die Schallbelästigungen der Bewohner gegenüberliegender Häuser berichtet. Wie gerade bei Prestigeobjekten üblich, wurde den städtischen Mitarbeitern ein Redeverbot erteilt, von da ab war Ruhe. Nicht jedoch bei den Musikschülern und deren Eltern, sowie Nachbarn und nicht städtischen Angestellten.

mangelhafter Schallschutz

falsche Nutzungsvorgaben

Wie war es zu diesen Problemen gekommen? Durch falsche Nutzungsvorgaben. Wie bei Schlössern üblich, wurden bei den restauratorischen Untersuchungen und Bestandsaufnahmen erhaltenswerte Originalbauteile und Dekorationen an Wänden, Decken und dem Fachwerkgefüge der alten Gebäude gefunden, wie z. B:

- bemalte Deckenputze
- Deckenfüllungen mit Strohlehmwickeln
- bemalte Wandputze
- unterschiedliche Fachwerkausfachungen
- innen liegende Bohlenbekleidungen einer Außenwand
- fast intakte alte liegende Dachstühle
- wuchtige, achteckige Holzstützen
- Zapfenlöcher und Blattsassen alter Holzverbindungen
- wuchtige Sandsteingewölbekeller
- Tür- und Fensterumrahmungen aus Sandstein
- Natursteineckquader
- Natursteininnen- und -außenwände
- uvm.

Zu Recht bestand die Denkmalschutzbehörde auf den Erhalt und die Einbeziehung dieser wichtigen Zeitzeugen in die Gestaltung von Fassaden und Innenräumen. Die Architekten verwirklichten diese Forderungen in hervorragender Gestaltung mit gelungenen Kombinationen von Alt und Neu. Großflächige Innen- und Außenverglasungen von Wänden und Dachflächen geben den Gebäuden eine sehr wohltuende Helle und Leichtigkeit, die Mischungen von Alt und Neu erzeugen eine die Betrachter begeisternde Spannung. In den Übungsräumen der Musikschule wurden unter die alten, teilweise sichtbar belassenen Holzbalkendecken mit historischen Deckenputzen und Resten von Bemalungen großflächige, abgehängte Akustikelemente zur Schalldämpfung und Aufnahme von Deckeneinbauleuchten angebracht.

Mischungen von Alt und Neu

Besonders hervorzuheben ist die Tragwerksplanung eines örtlichen Ingenieurbüros .Alle Reparatur-, Verstärkungs- und Erneuerungsmaßnahmen an den Holzkonstruktionen wurden behutsam und mit bestandsverträglichen Methoden, Verbindungsmitteln und auch neuen Stahlbaugliedern berechnet und konstruiert.

Besonders die Instandsetzungsarbeiten von Holz-, Naturstein-, Putzarbeiten und Restaurierungen wurden in höchster Handwerksqualität ausgeführt Völlig unbefriedigend war dagegen die Qualität anderer Gewerke, besonders beim Schallschutz.

Handwerksqualität gut, Schallschutz schlecht

Neben den üblichen Baumängeln sind jedoch die Probleme beim Schallschutz gravierend. In den oberen Geschossen wurden die Übungsräume der Musikschule aneinander gereiht. Darüber befinden sich Verwaltungs- und Übungsräume von Volkshochschule und Kulturamt. So üben Spieler von Streich- und Blasinstrumenten und elektronische Orgeln, Pianisten und Schlagzeuger mit unterschiedlicher Lautstärke in den benachbarten Räumen. Besonders in den Fluren bekommt man das Gefühl, vor einem sich einstimmenden Orchester zu sitzen. Darunter leidet natürlich besonders der Übungsbetrieb, denn wenn die Schallübertragungen aus anderen Räumen den Ton angeben, ist das Üben fast unmöglich.

Worauf sind dies Belästigungen zurückzuführen? Auf einen nicht ausreichenden Luftschallschutz von Wänden, Decken, Fenstern und Türen. Fachwerkwände bestehen aus Baustoffkombinationen von Holzfachwerk, unterschiedlichen Ausfachungsmaterialien und Bekleidungen mit Putzen oder auch Bohlen. Fachwerkwände können die heutigen Anforderungen an den Schallschutz, besonders für laute Räume, ohne zusätzliche Schallschutzmaßnahmen wie biegeweiche Vorsatzschalen mit Schalldämmeinlagen nicht erfüllen, besonders dann, wenn die Gefache nicht mit schweren Baustoffen wie Ziegel oder Naturstein, sondern Stakung mit Flechtwerk und Lehmbewurf ausgefacht sind. Anschlüsse von Glasflächen und Türen an Fachwerkhölzer können niemals ohne zusätzliche Maßnahmen schalldicht ausgeführt werden.

Fachwerkwände können heutige Schallschutzabforderungen nicht erfüllen

Alte Holzbalkendecken mit sichtbaren Balken, leichten Ausfachungen, ungraden Putzen, Holzbelägen mit oder ohne schwimmenden Estrichen, können ohne schallhemmende schwere Deckenfüllungen oder Beschwerungen die Anforderungen an den Luftschallschutz ebenfalls nicht erfüllen. Schwimmende Estriche auf Holzbalkendecken verbessern den Trittschallschutz, den Luftschallschutz dagegen nur sehr gering. Gerade durch Wände geführte Holzbalken sind gute Schallleiter, besonders bei durchgehenden Längsrissen in den Balken. Seitliche Anschlüsse von Wänden oder Einbauelementen können niemals schalldicht hergestellt werden. Durch ständige Formveränderungen der Hölzer durch Schwinden, Quellen, Schwingungen und Bewegungen ist ein dauerhaftes dichtes Schließen solcher Anschlüsse nicht möglich. So werden die lauten Instrumentalgeräusche durch Wände und Decken, durchsichtige Anschlussfugen, Holzrisse und Estrichschalen in benachbarte Übungsräume und Flure übertragen. Da im Hauptgebäude in den Geschossdecken unterschiedlich breite Lufträume bestehen und die Treppenhäuser offen sind, werden die Geräusche auch vertikal in die anderen Geschosse übertragen. So werden nicht nur die Musikschüler und -lehrer, sondern auch Volks-

Abb. 2.166 ■ Obergeschossflur

Abb. 2.167 ■ Glasflurwand eines Übungsraumes

Abb. 2.168 ■ Wanddurchdringender Unterzug mit durchgehenden Längsrissen

Abb. 2.169 ■ Unverputzte, wanddurchdringende Deckenfüllung

Abb. 2.170 ■ Gerissene Wandabschottung mit wieder geöffneter Holzanschlussfuge

ständige Schallbelästigung von Nutzern, Nachbarn und Kunden

hochschüler und Betreuer sowie Verwaltungsangestellte ständig belästigt. Die Luftschallübertragung wirkt sich auch in den Läden und Gaststätte im Erdgeschoss aus.

Während die Mängel an Bauteilen meistens beseitigt werden können, ist eine Mängelbeseitigung von bauphysikalischen Mängeln besonders bei historischen Fachwerkgebäuden ohne erhebliche bauwerkszerstörende Eingriffe nicht möglich. In den Abbildungen sind nachträgliche Versuche, die geöffneten Anschlussfugen mit elastischer Dichtmasse zu schließen, zu erkennen. In **Abbildung 2.170** sind mehrere schalltechnisch gravierende Schäden erkennbar. Der linke Decken balken hat sich so stark gedreht, dass sich das Holz von der Ausfachung gelöst hat. Die Putzrisse belegen Gebäudeverformungen. Am rechten Deckenbalken sind wanddurchdringende Längsrisse sichtbar. Durch all diese Risse wird Luftschall vom Übungsraum zum Flur und umgekehrt geleitet.

durch Risse wird Luftschall in benachbarte Räume geleitet

Was wurde inzwischen unternommen? Der Übungsbetrieb wurde so umgestellt, dass laute Blasinstrumente in die Übungsräume der hinteren Nebengebäude verlegt wurden. Zusätzlich wurden in den Übungsräumen Wandvorhänge zur weiteren Schalldämpfung aufgehängt. Durch solche Maßnahmen konnten zwar gewisse Verbesserungen erreicht werden, doch die gebäudebedingten, konstruktiven Schallschutzmängel sind geblieben.

Diese können nur durch erhebliche bauliche Veränderungen beseitigt werden. Erhebliche Verbesserungen können erreicht werden durch:

Abb. 2.171 ■ Wandvorhänge zur Schalldämpfung

Abb. 2.172 ■ Fertig gestelltes Gebäude

- Abhängen aller Holzbalkendecken der Übungsräume mit biegeweichen Putzschalen und mehrlagigen Mineralwolleplattenauflagen unterschiedlicher Steifigkeiten und Raumgewichte
- Anbringen biegeweicher Vorsatzschalen mit Mineralwollfüllungen an den straßenseitigen Außenwänden und Fachwerkinnenwänden.

Durch diese Einbauten wird nicht nur das Erscheinungsbild der Räume verändert, sondern die Vorsatzschalen wirken sich sehr nachteilig auf das bauphysikalische Verhalten der betreffenden Außenwände aus, die den Wärme- und Feuchteschutz dieser Wände erheblich beeinträchtigen.

Vorsatzschalen vor Außenwänden nachteilig für bauphysikalisches Verhalten

Wer hat Schuld an der ganzen Misere? Sicherlich hat sich die Verwaltung bei der Überlegung der sinnvollen Gebäudeumnutzung keine

Gedanken über die bauphysikalischen Einschränkungen eines alten Fachwerkgebäudes gemacht. Ob während der Planungsphase diese für Fachleute erkennbaren Probleme diskutiert und über eine Änderung der neuen Gebäudenutzung beraten wurde, ist mir nicht bekannt. Ohne Einsichtnahme in die Verwaltungsvorlagen, Gemeinderatsbeschlüsse und Verträge und Protokolle ist eine definitive Wertung nicht möglich. Diese Unterlagen sind leider nicht zugänglich.

Probleme in der Planungsphase diskutiert?

2.9 Firstständerscheune bei Böblingen

Fehlgeschlagene Umnutzung durch Planungs- und Ausführungspfusch

Diese herrschaftliche Scheune wurde im frühen 15. Jahrhundert in einem kleinen Dorf am Rand des Gäus, wenige Kilometer von Böblingen und Tübingen entfernt, errichtet. Jahrhunderte lang wurde sie als Teil des denkmalgeschützten örtlichen Schlosses landwirtschaftlich genutzt. Nach Beendigung der Landwirtschaft verfiel das Gebäude, bis ein Immobilienkaufmann 1983 auf die Idee kam, die denkmalgeschützte Scheune zu erwerben und zu Eigentumswohnungen umzubauen. Die Instandsetzung und Umnutzung solcher Gebäude wurde damals, besonders steuerlich, gefördert. Neben Zuschüssen aus der Denkmalpflege konnten Bauherren alle zum Erhalt des Gebäudes erforderlichen Bau- und Baunebenkosten innerhalb von 10 Jahren abschreiben. Heere von Anlagenberatern, Steuerberatern und Maklern boten solche Objekte besonders gut verdienenden Freiberuflern, Geschäftsleuten und Managern aus in Form von Bauherrenmodellen

Förderung der Instandsetzung

Abb. 2.173 ▪ Gebäude vor der Sanierung (Quelle: D. Leddin, Sindelfingen)

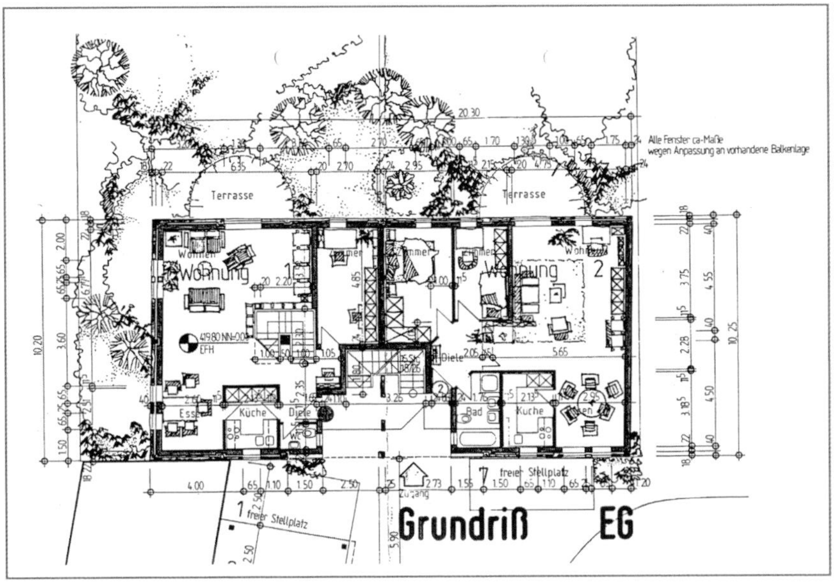

Abb. 2.174a ■ Exposéeauszug: Grundriss

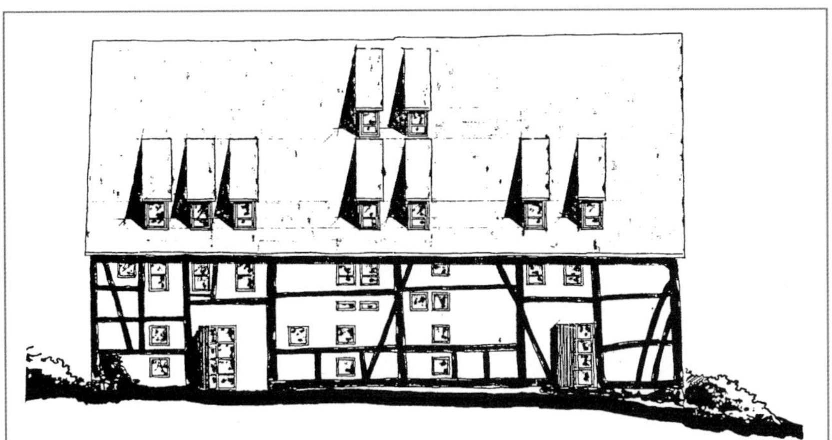

Abb. 2.174a ■ Exposéeauszug: Gartenansicht

an. Es war besonders chic, in modernisierten Kulturdenkmälern in Altstädten oder gut erreichbaren Dörfern zu wohnen oder Eigentum zu besitzen. Und so geschah es auch hier. Sechs Käufer schlossen sich zu einer Bauherrengemeinschaft zusammen, die nach dem den Kaufverträgen beigefügten Exposee mit Baubeschreibung das Gebäude zu einem anspruchsvollen Sechsfamilienhaus umbaute Die technische und wirtschaftliche Abwicklung einschließlich aller Planungen wurde einer Baubetreuungsfirma des Immobilienkaufmannes (Geschäftsführer und Alleingesellschafter der Immobilienfirma), die finanzielle Abwicklung einem dem Immobilienkaufmann nahe stehenden Steuerberater als Treuhänder übertragen.

Wohnen in modernisierten Denkmälern

Die Baubetreuerin beauftragte auf eigene Rechnung mehrere Architekten und Ingenieure. Alle Bauarbeiten wurden im Namen und auf Rechnung der Bauherrengemeinschaft von einem von der Baubetreuerin empfohlenen Generalunternehmer und dessen Subunternehmern ausgeführt. Der Bauvertrag wurde vom Treuhänder für die Bauherrengemeinschaft auf Grundlage der VOB [17] als Pauschalvertrag mit einer Auftragssumme von ca. 475.000 € geschlossen. Die Gesamtbauzeit wurde auf 14 Monate festgelegt, für Terminüberzie-

Abb. 2.175 ▪ Teilabgedeckter Dachstuhl (Quelle: D.Leddin, Sindelfingen)

Abb. 2.176 ▪ Einbau neuer innerer Fachwerkwände (Quelle: D.Leddin, Sindelfingen)

Abb. 2.177 ■ Neue Deckenbalken (Quelle: D.Leddin, Sindelfingen)

hungen eine Vertragsstrafe von täglich 160 €. Die Gewährleistung wurde für fünf Jahre auf Grundlage des BGB [18] vertraglich vereinbart.

Das Gebäude war termingerecht fertig, wurde von den Bauherren abge- und übernommen, und die glücklichen Eigentümer bzw. Mieter bezogen ihre besonders aufwendig gestalteten Wohnungen. Doch ziemlich schnell verflog das Glück, der große Frust begann, denn das Gebäude war hellhörig, Wände rissen, Fliesen lösten sich von der Wand, die Heizung funktionierte nicht, es gab ständig elektrische Kurzschlüsse, Gegenstände in den Abstellräumen verschimmelten, in Schlafräumen und Bädern bildete sich Schimmelpilz, Bodenbeläge lösten sich, Treppen konnten nur in gebückter Haltung begangen werden u.v.m.

Treppen konnten nur in gebückter Haltung begangen werden

Was war passiert? Der Pfusch am Bau hatte auch an diesem Bauvorhaben deutliche Spuren hinterlassen. Wie üblich reagierten die Baufirmen und Planer abweisend oder untätig auf die Mängelrügen. 1989 beauftragte die Baubetreuerin in ihrer neuen Eigenschaft als Hausverwalterin einen auf Gebäudeerneuerung spezialisierten Sachverständigen mit der Überprüfung des Gebäudes. Die ersten Untersuchungen ergaben, dass nicht nur die Handwerker gepfuscht hatten, sondern auch die Baubetreuerin, da sie nicht alle vertraglich vereinbarten und erforderlichen Planungsleistungen erbracht hatte. Darauf hin beauftragten nun die Anwälte der Eigentümer den Sachverständigen mit der Schadenaufnahme und Ausarbeitung eines Gutachtens.

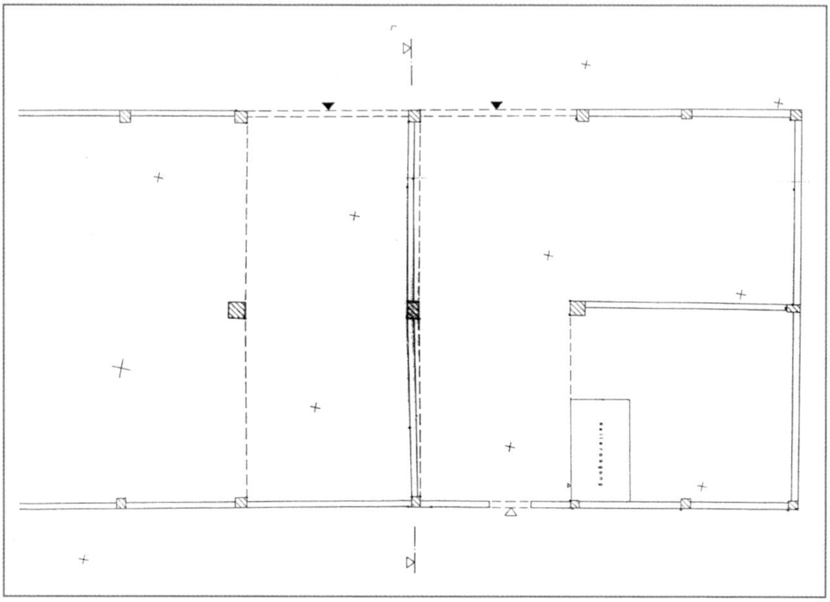

Plan 13 ■ Bestandsplan Grundriss

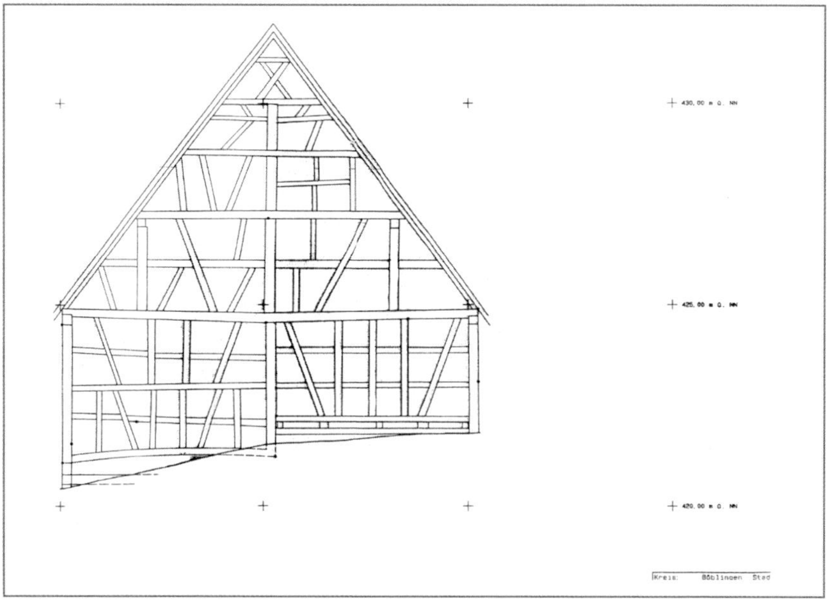

Plan 14 ■ Bestandsplan Schnitt

Der Sachverständige stellte bei seinen Überprüfungen eine alle Erwartungen übersteigende Zahl von Mängeln an fast allen Planungs- und den meisten Bauleistungen fest. Folgende Planungen waren entweder unvollständig, fehlerhaft oder fehlten ganz:
Architektenleistungen, erbracht durch zwei Architekturbüros

- Bestandspläne: unvollständig, bestehend aus Grundriss, Fachwerkwandabwicklungen, Schnitt ohne Angaben von Holzdimensionen, Ausfachungen, Schäden, Gebäudeabmessungen
- Entwurfspläne: unvollständig, fehlende Grundstücksentwässerung, Heizraum, Schornsteinanlage, Treppen, Brandschutzangaben, Untergeschossdurchlüftung; Bauwerksunverträgliche Planung im Haus-in-Haus-System
- Werkpläne: unvollständig und fehlerhaft, fehlende Wand- und Deckendicken, Entwässerung, Untergeschossbe- und Entlüftung, Schlitze und Durchbrüche, Bauwerksabdichtung, Baustoffangaben, Wärme- und Schalldämmungen, verbleibender Bestand nicht eingetragen, Treppenkopfhöhen nicht berücksichtigt, fehlende Angaben zu Brandschutz, Bauwerksabdichtung, Festverglasungen, Dachneigungen.
- Detailpläne: unvollständig und fehlerhaft

Detailpläne: unvollständig und fehlerhaft

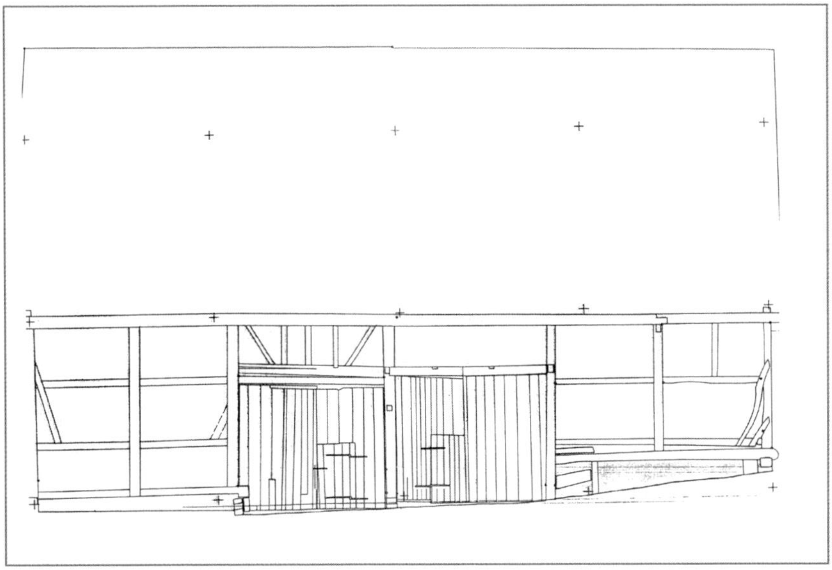

Plan 15 ■ Bestandsplan Nordansicht

- Tragwerksplanung: Lastannahmen zu gering angesetzt, keine fortlaufende Gesamtberechnung aufgestellt, nur Einzelnachweise von Deckenbalken ohne Durchbiegungsnachweise, Einschub- und Belagspanplatten unterdimensioniert, verbleibende Holzkonstruktion nicht berücksichtigt, bauwerksunverträgliche Mischkonstruktion mit tragenden Massivwänden auf weit gespannten, unterdimensionierten Deckenbalken, unterdimensionierte tragende neue Fachwerkwände, unvollständige Schalpläne ohne Schlitze, Durchbrüche, fehlende Holzkonstruktionspläne mit Detailangaben von Holzverbindungen, Gebäudeaussteifung, Verbindungsmittel, fehlende Angaben zu Wärmedämmungen
- Wärmeschutznachweis: Wärmeschutznachweis unvollständig, eine Außenwand fehlt, fehlende Angaben zu Bau- und Dämmstoffen.
- Technische Gebäudeausrüstung (Elektro-, Sanitär-, Heizungsinstallation): Entwurfs-, Ausführungs- und Revisionspläne fehlen.
- Schallschutz: Schallschutzberechnungen fehlen, vom Tragwerksplaner festgelegte Wohnungstrennwände sind schalltechnisch nicht ausreichend.
- Objektüberwachung: Eine ordnungsgemäße Objektüberwachung mit Überprüfung der Bauleistungen unterblieb. Ein Bautagebuch wurde nicht geführt.

Wohnungstrennwände sind schalltechnisch nicht ausreichend

ein Bautagebuch wurde nicht geführt

Alle vorliegenden Pläne reichten für eine mangelfreie Errichtung eines Gebäudes nicht aus. Für die gebäudeverträgliche Instandsetzung und Umnutzung dieser alten Scheune waren alle Planungen ungeeignet.

Bauausführung

Da die Planungen unvollständig und überwiegend fehlerhaft waren, konnte die Bauausführung nicht besser sein, was sich bei den zahlreichen Bestandsaufnahmen durch den Gutachter bestätigte.

Zur Vermeidung von schädigenden Eingriffen in die alte Bausubstanz war in die Gebäudehülle ein neues Fachwerkhaus gestellt worden. Durchweg wurden neue Baustoffe und -materialien verwendet. Dieses zeigte sich an den überall im Gebäude aufgetretenen Bauschäden. Das gesamte Gebäude hatte sich durch nicht ausreichende Dimensionierung der Deckenbalken, unzureichende Gründung, Gebäudesetzung durch Schwinden und fehlende Horizontalaussteifungen der neuen Fachwerkwände und Decken stark verformt. Alle festgestellten Schäden aufzulisten würde den Rahmen dieses Buches sprengen. Deshalb werden nachfolgend die wichtigsten der beanstandeten und festgestellten Schäden vorgestellt:

starke Verformungen durch nicht ausreichende Dimensionierungen von Deckenbalken

- Grundstücksentwässerung: Untergeschossräume nicht entwässert.
- Gründung: Abweichungen von der Tragwerksplanung
- Mauerarbeiten: Tragende Wände ohne ausreichende Gründung und Lastabtragung auf zu schwach dimensionierte Deckenbalken aufgelagert; neue Fachwerkausmauerungen ohne ausreichende Befestigung, stellenweise durchsichtig; Mauerwerk von Wohnungstrennwänden schalltechnisch ungeeignet; durchgehende Mauerwerkrisse; Abweichungen von den zul. Toleranzen nach DIN 18202 Maßtoleranzen im Hochbau [20]

Fachwerkausmauerungen ohne ausreichende Befestigung

- Beton- und Stahlbetonarbeiten: Bodenplatten im Untergeschoss uneben; erdberührte Außenwände mit offenen Spannhülsen
- Bauwerksabdichtung: Erdberührte Untergeschosswände ohne Vertikalabdichtung; fehlende Horizontalsperren unter Bodenplatten; fehlende Horizontalsperren unter Fachwerkwänden im Erdgeschoss; fehlende Abdichtungen in spritzwasserberührten Bereichen in Bädern

fehlende Abdichtungen in Bädern

- Zimmerarbeiten: Schwindrisse an fast allen neuen Hölzern; durchsichtige Fachwerkwände durch Schwinden und Ablösen der Fachwerkstäbe von den Ausfachungen; durchsichtige mehrteilige Holzstützen durch Schwinden; offene Holzverbindungen; Deckeneinschub nicht bis zu Mauerwerk geführt; Bläuebefallene Hölzer für Innentreppen verwendet; Deckenholzbekleidungen nicht farbig lasiert.
- Dachdeckungsarbeiten: Dachgaubendeckungen nicht regensicher

Dachgaubendeckungen nicht regensicher

- Klempnerarbeiten: Dachrinnenstöße undicht; Rostbildungen an Rinnen und Rinnenträgern; fehlende Dachrinnen an Dachgauben; Fallrohre ohne Revisionsöffnungen.
- Stuckarbeiten: Starke Rissbildungen an allen Wand- und Deckenbekleidungen

starke Rissbildungen an Wand- und Deckenbekleidungen

- Wärme- und Feuchteschutz: Kerndämmung im Erdgeschoss zwischen alter und neuer Fachwerkwand aus Leichtbeton, völlig untauglich; Wärmedämmung im Dach lückenhaft, große Fehlstellen in den Schwellbereichen; Wärmedämmung der OG-Decke im Abseitenbereich fehlt; Wärmedämmungen der heiz- und Warmwasserleitungen im Untergeschoss fehlen; Schimmelpilzbefall in Wohn- und Essräumen.

Wohnungstrennwände ohne ausreichenden Schallschutz

- Schallschutz: Wohnungstrennwände ohne ausreichenden Schallschutz; Wohnungstrenndecken ohne ausreichenden Luft- und Trittschallschutz; Luftschalllängsleitung an den Geschosse durchdringenden Holzständern; Wohnungseingangstüren ohne ausreichenden Schallschutz; starke Übertragungen von Fließ- und Pumpengeräuschen aus Wasser- und Heizungsleitungen; sehr starke Fließgeräusche aus Abwasserfallhauptleitung in Schlafzimmern; sehr starke Übertragungen von Toilettenbenutzungsgeräuschen in benachbarte Wohnungen.
- Brandschutz: Brandschutztechnische Auflagen der Baugenehmigung für die Feuerwiderstandsklassen der Geschossdecken nicht erfüllt; Rauchmelder in Dachgeschossräumen nicht angebracht; Brandschutztüren nicht eingebaut; notwendige Festverglasungen G 30 nicht eingebaut

Brandschutztüren nicht eingebaut

- Fliesen und Plattenarbeiten: Fliesenrisse in allen Wandbelägen; Fliesenrisse an allen Bodenbelägen; abfallende Wandfliesen in Bädern und Küchen; ablösende Bodenfliesen in Bädern.
- Tischlerarbeiten- Beschlagarbeiten: Wohnungseingangstüren ohne ausreichenden Schallschutz; alle Innentüren durch Gebäudeverformungen verzogen; Türbeschläge entsprechen nicht den vertraglichen Vereinbarungen, eingebaut wurden billige Baumarktbeschläge.
- Maler- und Lackierarbeiten: Anstrichmängel an Wand- und Deckenanstrichen in Wohnungen Treppenhaus und Nebenräumen; Türbeschichtungen nicht deckend und ungleichmäßig.
- Korrosionsschutzarbeiten: Stahlverbindungsmittel ohne Korrosionsschutz; Heizungsleitungen ohne Korrosionsschutz.
- Elektrische Anlagen: Gesamte Elektroanlage mit gravierenden Mängeln behaftet, Betriebssicherheit nicht gewährleistet.
- Sanitärinstallation: Keine vertraglich vereinbarten Armaturen eingebaut, Baumarktware; Waschbeckenarmaturen teilweise gerissen.
- Heizungsanlage: Nicht ausreichende Heizleistung in allen Wohnungen; fehlende Regelungen von unterschiedlichen Heizkreisen; unzureichend befestigte Heizkörper; nicht zugängliche Heizungs-

verteiler; Wandeinbauverteiler nicht in Wände eingelassen; fehlende Kontrollöffnungen in Rauchrohren.

- Belüftung: Be- und Entlüftungsöffnungen oder -anlagen für den Heizraum fehlen.
- Durchgangshöhen: Mindestdurchgangshöhen bei innenliegenden Geschosstreppen und mehreren Türen nicht eingehalten
- Gartenanlage: Mutterbodenauftrag nicht ausreichend; Rasen und Pflanzungen teilweise nicht angewachsen.

Mindestdurchgangshöhen nicht eingehalten

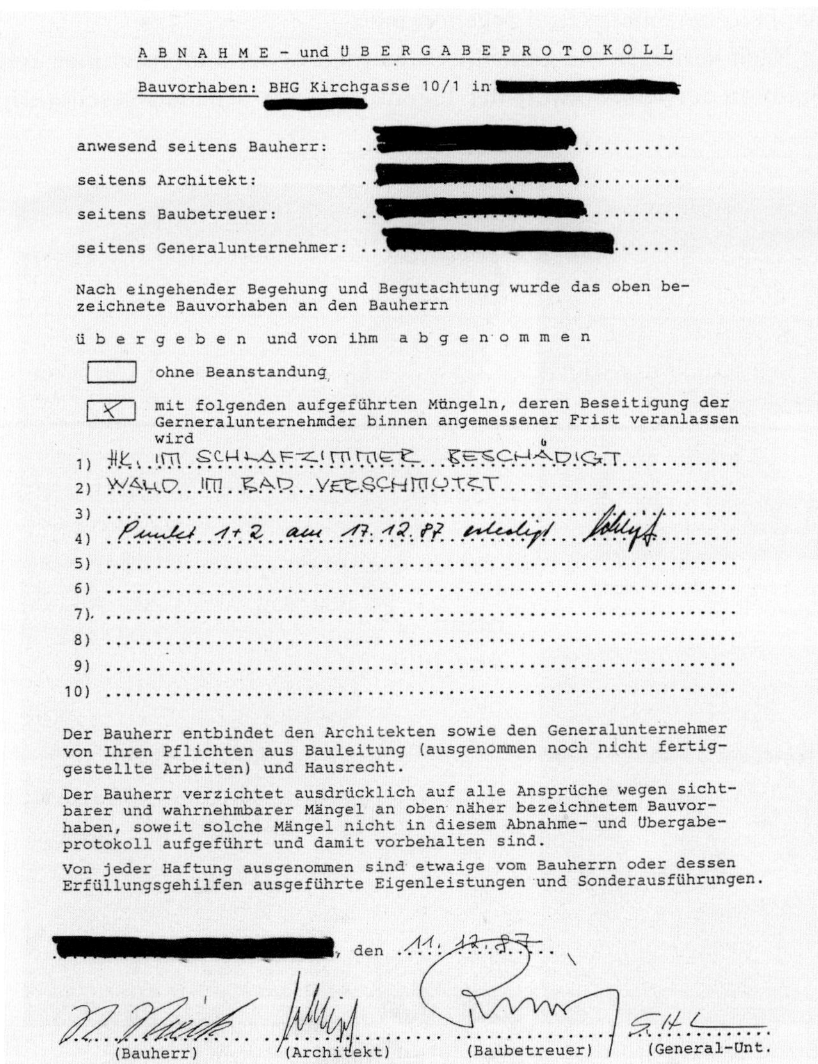

A B N A H M E - und Ü B E R G A B E P R O T O K O L L

Bauvorhaben: BHG Kirchgasse 10/1 in [redacted]

anwesend seitens Bauherr: [redacted]

seitens Architekt: [redacted]

seitens Baubetreuer: [redacted]

seitens Generalunternehmer: [redacted]

Nach eingehender Begehung und Begutachtung wurde das oben bezeichnete Bauvorhaben an den Bauherrn

ü b e r g e b e n und von ihm a b g e n o m m e n

☐ ohne Beanstandung

☒ mit folgenden aufgeführten Mängeln, deren Beseitigung der Gerneralunternehmder binnen angemessener Frist veranlassen wird

1) HK. IM SCHLAFZIMMER BESCHÄDIGT
2) WAND IM BAD VERSCHMUTZT
3) ...
4) Punkt 1+2 am 17.12.87 erledigt [signature]
5) ...
6) ...
7) ...
8) ...
9) ...
10) ...

Der Bauherr entbindet den Architekten sowie den Generalunternehmer von Ihren Pflichten aus Bauleitung (ausgenommen noch nicht fertiggestellte Arbeiten) und Hausrecht.

Der Bauherr verzichtet ausdrücklich auf alle Ansprüche wegen sichtbarer und wahrnehmbarer Mängel an oben näher bezeichnetem Bauvorhaben, soweit solche Mängel nicht in diesem Abnahme- und Übergabeprotokoll aufgeführt und damit vorbehalten sind.

Von jeder Haftung ausgenommen sind etwaige vom Bauherrn oder dessen Erfüllungsgehilfen ausgeführte Eigenleistungen und Sonderausführungen.

[redacted], den 11.12.87

[signature] (Bauherr) [signature] (Architekt) [signature] (Baubetreuer) GHL (General-Unt.

Abb. 2.178 ■ Abnahmeprotokoll

nachgebaute Ruine

Das Gebäude machte eher den Eindruck einer nachgebauten Ruine als den eines den Regeln der Technik entsprechenden Neubaus. Besonders fatal waren jedoch die durchgeführten Abnahmen und Übergaben des jeweiligen Sondereigentums. In den Abnahmeprotokollen waren nur wenige, wirklich ins Auge stechende ›Schönheitsfehler‹ aufgeführt, alle anderen Mängel, besonders Planungsmängel wurden nicht offenbart. Dagegen wurden jedoch mit der Unterschrift der Protokolle alle erbrachten Leistungen der Planer, Bauleitung und des Baubetreuers mangelfrei abgenommen.

Nach Vorliegen des Gutachtens wurden Generalunternehmer und Baubetreuer vom Anwalt der Eigentümer zur Schadensbeseitigung

Abb. 2.179 ■ Blick unter die Deckeneinschubschalung (Quelle: D. Leddin, Sindelfingen)

Abb. 2.180 ■ Teilentfernte Einschubschalung mit Deckenfüllung (Quelle: D. Leddin, Sindelfingen)

Abb. 2.181 ■ Unter den Deckeneinschub geführte Wohnungstrennwand (Quelle: D. Leddin, Sindelfingen)

Abb. 2.182 ■ Teilgeöffnete Dachfläche mit Leichtbetonfüllung (Quelle: D. Leddin, Sindelfingen)

Abb. 2.183 ■ Geöffneter Dachraum (Quelle: D. Leddin, Sindelfingen)

Abb. 2.184 ■ Nachträgliche Deckenverstärkung (Quelle: D. Leddin, Sindelfingen)

Abb. 2.185 ■ Zusätzliche Luftschalldämmung mit Polystyrol (Quelle: D. Leddin, Sindelfingen)

Abb. 2.186 ■ Neue Deckenuntersicht (Quelle: D. Leddin, Sindelfingen)

Abb. 2.187 ■ Fertig gestelltes Gebäude

aufgefordert. Einvernehmlich wurde eine umfangreiche Liste mit detaillierten Vorschlägen für fachgerechte Schadensbeseitigungsmaßnahmen verfasst. Der Generalunternehmer sagte auch die Schadensbeseitigung zu, doch die Anwälte von Generalunternehmer und Baubetreuer lehnten völlig unerwartet mit Hinweis auf die fast mängelfreien Abnahmen die Beseitigung aller nicht in den Protokollen aufgelisteten Mängel ab. Ursächlich für deren Ablehnung waren die vom Generalunternehmer auf ca. 200.000 € geschätzten Schadensbeseitigungskosten. Darauf hin wurden Baubetreuer und Generalunternehmer verklagt. Nach Recherche bei einer Bauherrin ergab sich:

Schadensbeseitigung wegen hoher Kosten abgelehnt

Der Prozess dauerte fast 15 Jahre. Der Generalunternehmer wurde zu Schadenersatz in Höhe von ca. 25.000 € verurteilt. Der Baubetreuer wurde zum Ersatz des gesamten restlichen Schadens verurteilt. Während der Generalunternehmer anstandslos zahlte, erklärte der Anwalt der Baubetreuerin nach der Urteilsverkündung, seine Mandantin sei nun mittellos und werde Konkurs anmelden, so geschah es auch. Warum? Die Haftpflichtversicherung der Baubetreuerin hatte eine Einstandsverpflichtung wegen einer Obliegenheitspflichtverletzung ihrer Versicherungsnehmerin verneint. Daraus konnte geschlossen werden, dass die Versicherung entweder wegen Verstoßes gegen die baurechtlichen Auflagen der Baugenehmigung, zu späte Information der Haftpflichtversicherung, oder wegen Nichtzahlung der Versicherungsprämien Schadenersatzregulierungen ablehnte. Die Eigentümer hatten zwar auf Grundlage ihres richtigen Parteigutachtens ein Urteil 1. Klasse, doch dieses hatte lediglich den Wert einer Papierschwalbe.

kein Versicherungsschutz wegen Verstoß gegen baurechtliche Auflagen

Die Sanierung der Sanierung dauerte über ein Jahr. Alle festgestellten Schäden wurden beseitigt. Besonders Tragwerks-, Wärme-, Feuchte- und Schallschutzmängel wurden, soweit noch möglich, behoben. Durch diese Maßnahmen konnte das Schallschutzproblem nur teilweise gelöst werden, nach Aussage der befragten Eigentümerin hört man zwar noch Geräusche aus den benachbarten Wohnungen, braucht jedoch kein Ohropax. Die Sanierungskosten lagen bei über 150.000 €, leider zu Lasten der Bauherren.

2.10 Fachwerkhaus bei Pforzheim

Bauruine statt Gebäudeinstandsetzung – Falschberatung eines Anwalts

Es kommt äußerst selten vor, dass Gebäudesanierungen scheitern, weil die Eigentümer äußerst aufwendige Instandsetzungen von maroden Altbauten sinnvollen Erneuerungsmaßnahmen vorziehen, wie bei diesem Objekt.

Das Gebäude, ein kleines, ganz einfaches Fachwerkbauernhaus aus dem 19. Jahrhundert, wurde von einer allein stehenden Dame mit zwei Jungen erworben. Während der Kaufverhandlungen wurde der später mit der Planung beauftragte, altbauerfahrene Architekt beauftragt, den Objektwert zu ermitteln. Die damalige Eigentümerin, eine alte Dame, bewohnte dieses Haus und verweigerte deshalb notwendige Untersuchungen mit Teilfreilegungen von Wänden, Decken und Böden. Die Käuferin erwarb, auf Verlangen der Verkäuferin und besonders von deren Kindern, das Objekt zu einem mehr als 20 % über dem ermittelten Wert liegenden Preis das Objekt.

Der Architekt wurde mit der Gesamtplanung und Objektüberwachung der Modernisierungs- und Instandsetzungsmaßnahmen beauftragt. Obwohl lediglich erste Nutzungs- und wage Gestaltungsvorstellungen erforderlicher An- und Einbauten angesprochen waren, begann

Abb. 2.188 ▪ Gebäudeansicht

Untersuchungen mit Teilfreilegungen

die neue Eigentümerin unmittelbar nach Eigentumsübertragung selbst mit der Räumung des Gebäudes, der Entfernung von Innenputzen, Freilegung von Fachwerk, Holzdecken und Böden. Dabei traten, wie nicht anders zu erwarten, die für solche alten Gebäude typischen tierischen und pflanzlichen Schäden an Dachstuhl, Außenwänden, Decken und der auf einem Gewölbekeller aufliegenden Holzbodenkonstruktion zutage. Solche Schäden wirken sich in der Regel für Baulaien, besonders sehr emotionale, meist verheerend aus.

Obwohl weder Bestandsaufnahmen, Bauwerksdiagnose, Planungen, Baubeschreibung, Kostenberechnungen und Baugenehmigung, noch ein Bewilligungsbescheid von Fördergeldern aus dem Gebäudemodernisierungstopf vorlagen, wollte die Eigentümerin sofort die Instandsetzungs- und Umbaumaßnahmen beginnen. Sie hatte nicht nur

Abb. 2.189 ▪ Toter Hausbockbefall von Fachwerkstäben

Abb. 2.190 ▪ Durchfeuchtete Grundschwelle

Abb. 2.191 ▪ Moderfäulebefall einer Fachwerkwand

schon Freunde und ehemalige Bauhandwerker organisiert, sondern auch den Einzugstermin festgelegt. Die Dame war nicht zu bremsen, weder von ihrem Architekten noch von ihrem Vater und dem Stadtbaumeister, die sie behutsam, aber erfolglos, auf die für einen Baubeginn notwendigen Voraussetzungen hinwiesen. Vor Ort diskutiert wurden die notwendigen Schadenbeseitigungsmaßnahmen, Termine und vor allem die Wirtschaftlichkeit der geplanten und erforderlichen Maßnahmen. Eine Baukostenvergleichsberechnung führte zu dem Ergebnis, dass ein Neubau bei gleichem Bauvolumen mehr als 40% billiger war als die gewünschte Instandsetzungs- und Modernisierungsmaßnahme. Trotz Zurede ihres Vaters zum Neubau und der Zusage des Stadtbaumeisters für eine sofortige Baugenehmigung sowie Gewährung von Sanierungsmitteln auch bei einem Neubau war die Dame nicht dazu zu bewegen, ihr Vorhaben zu überdenken. Dem Architekten wurde nur ganz knapp mitgeteilt: »*Sie werden in den nächsten Tagen von mir hören!*« Und so begann der Anfang vom Ende eines Traumes.

Neubau billiger als Instandsetzung

Der Architekt erhielt von einem Stuttgarter Anwalt eine Schadenersatzklage über mehr als 44.000 €, ein besonders langwieriger Bauprozess wurde geführt. Mehrere im ersten Rechtszug vom Landgericht bestellte Gutachter stellten, wie der Architekt, nur ganz leichte altersbedingte, tierische und pflanzliche Schäden an der Bausubstanz fest und bestätigten die vom Architekten ermittelten Sanierungs- und Neubaukosten. Ein von der Bauherrin beauftragter Gutachter überzeugte zwar mit Baulaien beeindruckenden, großformatigen Schadensbildern den Richter am Landgericht, nicht jedoch seine fachkundigen Sachverständigenkollegen. Deren übereinstimmende Gutachten überzeugten allerdings den Einzelrichter nicht. Der Architekt wurde, aus Mitleid mit der geschundenen Frau, im ersten Rechtszug zum Schadenersatz in voller Höher verurteilt. Der Klägerin wurden zugesprochen:

übereinstimmende Gutachten überzeugten Richter nicht

- ca. 15.000 € wegen angeblich zu hoch angegebenen Objektwertes
- ca. 30.000 € wegen zu erwartender Mehrkosten für die Schädlingsbeseitigung.

Die Honorarforderungen des Architekten wurden wegen falscher Planungen abgelehnt. Der Berufung des verurteilten Architekten wurde dagegen voll stattgegeben. Die Klägerin verlor den Prozess in vollem

Umfang und musste zusätzlich die angefallenen Honorare sowie den Gewinnausfall des Architekten bezahlen. Die Begründungen des Oberlandesgerichts Stuttgart lauteten:

›Wenn die Käuferin einen weit über dem im Wertermittlungsgutachten festgelegten Preis für das Objekt bezahlt habe, sei es deren Privatsache. Der wertermittelnde Architekt könne dafür nicht in Anspruch genommen werden.

Die geschätzten Kosten für die Schädlingsbeseitigung seien auf altersbedingte Ursachen zurück zu führen und als Sowiesokosten zu behandeln. Außerdem sei kein Schaden entstanden, da die Arbeiten noch nicht begonnen worden seien.

Ein Bauverzug sei nicht vom Architekten zu vertreten, da dieser eine plausible Vergleichsberechnung vorgelegt habe und sie den Empfehlungen der Baufachleute nicht gefolgt sei.‹

Die angefallenen Planungshonorare und der Gewinnausfall wurden in vollem Umfang anerkannt. Dem renommierten Anwalt der Klägerin wurden vom Senat schwere Anwaltsfehler vorgehalten, weil er seine Mandantin nicht über die Erfolgsaussichten und den Streitwert informiert hatte.

Die Prozesse vor dem Land- und Oberlandesgericht dauerten mehr als zehn Jahre. Die von der Klägerin zu zahlenden Kosten für Sachverständige, Anwälte und Gerichte betrugen über 50.000 €.

Das Gebäude steht, wie 1992 erworben, inzwischen als Bauruine da und verfällt mit zunehmender Geschwindigkeit. Die Käuferin ist ruiniert und wohnt in der Nachbarschaft mit Ausblick auf ihr unverkäufliches Bauobjekt. Der Kaufpreis war mit über 105.000 € voll finanziert.

Gebäude ist Bauruine

Fazit: Die Klägerin wäre heute mit Sicherheit Eigentümerin eines neuen oder modernisierten Wohnhauses, wenn sie dem Rat ihres Vaters und des von ihr beauftragten Architekten gefolgt wäre. Der Anwalt, im Baurecht wirklich erfahren, hat scheinbar nur an sein Honorar gedacht, Pech gehabt.

2.11 Stadtmuseum

Farbveränderungen nach Fassadenrenovierung

In **Band 4 ›Wärmeschutz, Feuchteschutz, Salzschäden‹, Kap.2.2.18** und **2.3.6** wurde über dieses Haus bereits berichtet. Warum treten immer an denselben Gebäuden bemerkenswerte Schäden auf, besonders an Gebäuden in öffentlichem Besitz? Wo ist die rote Farbe geblieben? Sie ist weg, hat sich in Luft aufgelöst.

Farbe löst sich auf

Abb. 2.192 ■ 1998
Renovierte Fassade

1998 wurde die Fassade dieses Fachwerkhauses zum zweiten Mal innerhalb von 20 Jahren vollständig renoviert. Geplant und überwacht wurden die Renovierungsarbeiten vom städtischen Hochbauamt. Rückfragen beim zuständigen Sachbearbeiter des städtischen Bauamtes ergaben:

»Mit den ersten Fassadenbeschichtungsarbeiten wurde eine alteingesessene, renommierte örtliche Firma, mit dem Rest eine Malerfirma aus der Region beauftragt. Wir haben für die weiteren Arbeiten das von der örtlichen Firma vorgeschlagene Material ausgeschrieben, welches nach meinem Kenntnisstand auch verwendet wurde. Ausschlaggebend für dieses Material waren für uns die Wasserdampfdurchlässigkeit, der besonders geringe Wasseraufnahmewert und somit auch der Schlagregenschutz. Auf die Lichtechtheit kam es uns nicht so sehr an, wir wussten auch damals nicht, dass es lichtechte Abtönfarben gibt.«

Eine telefonische Anfrage beim technischen Leiter der deutschen Niederlassung eines weltweit bedeutenden Farbherstellers ergab, dass für das verwendete Material sowohl lichtechte als auch weniger lichtbeständige Abtönfarben angeboten werden.

Eine Rückfrage beim Hersteller der verwendeten Abtönpaste ergab:

»Bei unseren lichtechten Abtönpasten können, je nach Untergrund und Beschichtungsdicke, Farbveränderungen nach ca. 12 Jahren, oder in der Regel später, auftreten. Alle diesbezüglichen Angaben und Technischen Merkblätter werden seit fast 20 Jahren zur Verfügung gestellt. Durch den heutigen Preisdruck verwenden Maler gern nicht lichtechte Abtönpasten, denn der Unterschied tritt meistens erst nach Ablauf der Gewährleistung auf.«

Abb. 2.193 ▪ Rückfassade mit verändertem Farbton (braun statt rot) im Vergleich mit einem mit lichtechten Farben beschichteten Fachwerkhaus

Farbveränderungen je nach Belastung

Dem zuständigen städtischen Mitarbeiter waren die Unterschiede zwischen Abtönpasten nicht bekannt. Er wusste nicht, dass bei nicht lichtechten Abtönpasten und besonders bei roten oder blauen Farben die Farbveränderungen je nach Belastung innerhalb von fünf bis sieben Jahren auftreten, bei lichtechten Abtönpasten dagegen entweder nach frühestens 12 bis 15 Jahren oder noch später. Er kannte natürlich auch die Einzelpreisunterschiede pro m² Beschichtungsfläche nicht. Wie wirkt sich diese Kenntnislücke finanziell für diese Gebäude aus?

Bei einer Fassadenfläche von insgesamt ca. 750 m² und 40% Holzanteil liegt die Preisdifferenz zwischen nicht lichtechten und lichtechten Farben bei ca. 300 €. Das Einrüsten der Gebäude kostet bei ca. 1.000 m² ca. 9.000 €. 300 m² Neubeschichtung der Fachwerkhölzer kosten etwa 11.000 €. Gesamtkosten: ca. 20.000 €. Wen wundert es, wenn bei solchen Missständen viele öffentliche Immobilien aus finanziellen Gründen nicht instand gehalten oder -gesetzt werden können.

2.12 Das älteste Wohnhaus des Landkreises

Selbstüberschätzung bei Eigenleistungen führten zu einer Baukrise

Dieses Gebäude wurde zu einem unnötigen Problem für Eigentümer, Handwerker und Planer. Wie kam es dazu?

Ein älteres, jung verheiratetes Ehepaar aus der Stuttgarter Region erbte ein altes, sehr verwahrlostes Fachwerkhaus in einer kleinen

Abb. 2.194 ■ Gebäudeansicht vor Instandsetzung

Neckargemeinde zwischen Stuttgart und Heilbronn. Im Rahmen der damals durchgeführten Ortsbildverschönerung wollte die Gemeinde das Objekt kaufen, abreißen und durch einen Neubau ersetzen. Doch der Ehemann wollte dieses Haus, in dem er in seiner Kinder- und Jugendzeit viele Jahre gelebt hatte, nicht verkaufen, sondern instand setzen und modernisieren. Er befragte einen ihm bekannten Bausachverständigen, welcher ihm einen fachwerkerfahrenen Kollegen empfahl. Es kam zur ersten Baubesichtigung und schon kurz danach zum Abschluss des Planungsvertrages.

Recherchen bei Gemeinde und unterer Denkmalschutzbehörde ergaben, dass das Gebäude nicht denkmalgeschützt war. Bei ersten Freilegungen von Wandputzen und Deckenbekleidungen fand der Architekt mittelalterliche Konstruktionselemente wie Fachwerkholzverbindungen, eine tonnengewölbte Bohlendecke, die alte Feuerstelle der Stube und sehr alte Fachwerkausfachungen mit Stakung, Weidenflechtwerk mit Strohlehmverstrich, sowie Reste von alten Wandputzen mit einfachen Randbemalungen. Das Gebäude musste sehr alt sein, der Architekt schätzte das Alter auf ca. 600 Jahre.

Darauf hin wurde das Landesdenkmalamt unterrichtet. Ein Hausforscher wurde mit weiteren Untersuchungen und dendrochronologischer Altersbestimmung (Bestimmung des Holzalters durch Jahresringuntersuchung) beauftragt, ein Kellerforscher mit der Untersuchung des Natursteinkellers und weiterer Sandsteinmauern im Erdgeschoss. Diese Untersuchungen ergaben: Das Fachwerkholz wurde

1438 geschlagen und 1439 verarbeitet. Der Keller wurde ca. 1435 gebaut, die untersuchten Erdgeschosswände waren teilweise Reste der ersten Wehrkirchenmauer aus dem 9. Jahrhundert. Das Haus war das älteste Fachwerkgebäude des Landkreises.

ältestes Fachwerkgebäude des Landkreises

Das Gebäude wurde sofort unter Denkmalschutz gestellt, ein von der Gemeinde noch immer gewünschter Abriss kam nun nicht mehr in Frage. Nach vollständiger, verformungsgerechter Bauaufnahme konnte geplant werden. Ohne Grundrissveränderungen in EG und OG. und mit Teilausbau des Dachgeschosses konnten die Vorstellungen der Bauherrschaft vollständig erfüllt werden. Der Zustand der Fachwerkkonstruktion war insgesamt so gut, dass nur wenige größere Reparaturmaßnahmen an durch Feuchte zerstörten Außenwandteilen erforderlich wurden. Alle anderen altersbedingten Schäden konnten mit einfachen, historischen Zimmermannstechnologien gebäudeverträglich repariert werden.

historische Zimmermannstechnologien

Da nur beschränkte Mittel zur Verfügung standen und die Zuschüsse auch erst nach einigen Jahren zur Auszahlung kommen konnten (Baden-Württemberg hatte schon damals den Etat der Denkmalpflege sehr stark gekürzt), mussten möglichst viele Bauleistungen in Eigenleistung oder mit Nachbarschafts- und Familienhilfe ausgeführt werden. Die Bauherrin hatte einen als Zimmermann ausgebildeten Neffen, der mit seiner frisch gegründeten Firma viele Arbeiten günstig ausführen konnte. Der Sohn der Bauherrin erklärte sich ebenfalls zur Mithilfe bereit. Freunde und Nachbarn wollten ebenfalls mithelfen. Welcher Bauleistungen konnte durch Eigenleistung oder Mithilfe erbracht werden?

Eigenleistung bei Instandsetzung

- Entrümpelung und Freilegung
- Gerüstbau
- Teilabbrucharbeiten
- Erdarbeiten
- Teile der Zimmerarbeiten
- Mauerarbeiten
- Gefachausbesserungen
- Dachdeckerarbeiten
- Klempnerarbeiten
- Innen- und Außenputzarbeiten
- Maler- und Tapezierarbeiten.

Abb. 2.195 ■ Tonnengewölbte Wohnzimmerdecke im 1. OG

Abb. 2.196 ■ Freigelegte Bohlen-Balkendecke im 1. OG

Abb. 2.197 ■ Mittelalterliche Feuerstelle mit Steinschieberplatte

Abb. 2.198 ■ Westwandschaden

Abb. 2.199 ■ Westwandschaden

Abb. 2.200 ■ Unterschiedliche Ausfachungsstoffe

Abb. 2.201 ■ Neues Flechtwerk

Abb. 2.202 ■ Lehmschlagausbesserung

Abb. 2.203 ■ Mittelpfettenverstärkung

Abb. 2.204 ■ Brüstungsreparaturdetail

Abb. 2.205 ■ Deckenbalkenreparaturdetail

Abb. 2.206 ■ Sparrenverlängerung durch Anblattung

Abb. 2.207 ■ Firstständerdetail

Abb. 2.208 ■ Außenwandeckenreparaturdetail

Abb. 2.209 ■ Abgeschnittener Sparren

Die Bauherren verpflichteten sich gegenüber der finanzierenden Bank für diese Leistungen, die Finanzierungszusage kam, und das große Abenteuer begann.

Einige Firmen wurden mit Installations-, Tischler-, Treppenbau-, Estrich- und weiteren Arbeiten beauftragt. Der Neffe der Bauherrin hatte mit seiner Tante einen Werkvertrag auf Tagelohnbasis abgeschlossen, und zwar zu weit höheren Preisen als den örtlich üblichen. Er verlangte für die tägliche An- und Abfahrt sowohl Fahrtkostenersatz als auch die volle Vergütung seiner Fahrzeit.

Finanzierungsplan schon bei Baubeginn gesprengt

Somit wurde der Finanzierungsplan schon zu Beginn der Baumaßnahme gesprengt. Die Dame wollte ihren Neffen nicht brüskieren und lehnte die vom Architekten empfohlene Vertragsaufhebung ab. Der Sohn der Bauherrin, ein Bahnbediensteter, hatte plötzlich weder Zeit noch Lust, er ließ seine Mutter im Stich. Viele Arbeiten wurden anders als geplant und angewiesen ausgeführt, unnötige Teilabbrüche oder Entfernen von Deckenbelägen führten zu Zusatzkosten und Verzögerungen. Die auf der Baustelle arbeitenden Handwerker wurden von der Bauherrin unbegründet zurechtgewiesen. Durch diese Umstände kosteten die Bauarbeiten weit mehr als geplant, Finanzierungsprobleme waren in dieser Situation zu erwarten. Der Rohbau war nach einigen Monaten fertig, das Dach wieder gedeckt, die Kasse war leer.

Die Spannungen zwischen den Eheleuten nahmen zu, plötzlich sollte der Architekt an der Misere mitschuldig sein. Wegen unberechtigten Vorwürfen und Angriffen kündigte der Architekt den Vertrag und legte die Bauleitung nieder. Das Haus wurde mit erheblichen Verzögerungen ohne Dachgeschossausbau bezugsfertig gestellt und auch bezogen.

Für seine Honorarabrechnung bat er die Bauherren um Bekanntgabe der Baukosten, aber vergeblich. Die Bauherren mussten leider zur Offenlegung der Baukosten gerichtlich gezwungen werden. Die Bauherren waren fast mittellos, der Architekt verzichtete auf sein restliches Honorar.

Warum entstehen bei Eigenleistungen immer solche Probleme? Die meisten Bauherren unterschätzen gerade bei Instandsetzungen alter Gebäude den Umfang der zu leistenden Arbeiten. Sie berücksichtigen meistens nicht, dass alle Arbeiten in mühsamer Handarbeit ausgeführt werden müssen. Alle Bauschutt- oder Baustofftransporte erfolgen mit Eimern, Schubkarren oder Säcken, über Treppen oder Gerüste. Ihnen fehlen die Kräfte für diese schweren Dauerbelastungen. Ebenso ergeht es den meisten Helfern. Berufliche Verhinderungsgründe oder auch Unlust sind ebenso schlecht einzuschätzen wie Unmut von Partnern, deren Männer ständig auf fremden Baustellen unentgeltlich arbeiten und keine Zeit für Familie oder die Gattin haben. Sobald durch solche unvorhersehbare Umstände geplante Termine nicht mehr eingehalten werden können, wirkt sich das besonders auf die Fortführung der Arbeiten durch beauftragte Firmen

freiwilligen Helfern geht die Luft aus

mit festen Terminplänen aus. Zwangsläufig müssen dann entweder alle vereinbarten Termine, auch geplante oder schon ausgesprochene Wohnungskündigungen, revidiert oder ausgefallene Eigenleistungen an Firmen vergeben werden. In solchen Fällen werden die engen Finanzierungen immer gesprengt mit den bekannten Folgen von Zinserhöhungen für Nachfinanzierungen bis zur Insolvenz.

2.13 Dachgeschossausbau bei Stuttgart

Völlig untaugliche Ausbauarbeiten

Durch ein Zeitungsinserat wurde ein junger Mann auf ein ausbaufähiges Dachgeschoss eines fast vollständig modernisierten, 1910 erbauten Hauses im Zentrum einer Kreisstadt bei Stuttgart aufmerksam gemacht. Gebäude, Lage und die Gestaltungsmöglichkeiten waren für ihn ideal. Auch die garantierten Kosten entsprachen seinen Vorstellungen und Möglichkeiten, also entschied er sich für das Objekt. Wie bei zum Ausbau angebotenen Geschossen werden meistens die Verträge gesplittet. Der Gebäudeanteil wird vom Verkäufer im jeweiligen Zustand erworben, anschließend wird mit einem dem Verkäufer nahe stehenden Generalunternehmer ein Werkvertrag für den schlüsselfertigen Ausbau des gekauften Geschosses abgeschlossen. So geschah es auch in diesem Fall.

Die nicht ausgebauten Bodenräume wurden mit der bereits genehmigten Ausbauplanung von einer Planungsfirma des späteren Bauleiters erworben. Dieser hatte die Räume aus der Konkursmasse eines

Abb. 2.210 ■ Südansicht

Bauträgers erhalten, für den er als Projektleiter die Wohnungen in diesem Gebäude betreut hatte.

Glücklich und hoffnungsvoll ging der Käufer an das erworbene Objekt. Seine Vorstellungen wurden von dem vom Verkäufer eingebrachten Generalunternehmer (GU) ohne zusätzliche Kosten vor Vertragsabschluss akzeptiert. Der GU-Vertrag wurde unterzeichnet, und schon kurz danach, lange vor Aufnahme der Arbeiten, kam die erste Zahlungsanforderung. Der Bauherr zahlte natürlich sofort.

Bauherr zahlte sofort

Für eine zusätzlich gewünschte, jedoch nicht genehmigte Dachgaube musste der Käufer eine Nachtragbaugenehmigung einholen, was auch erfolgte. Er beauftragte ein vom Bauleiter vorgeschlagenes Planungsbüro mit der Ausarbeitung des Baugesuches. So kam der Käufer auf eigene Kosten zu den vom GU geschuldeten Werkplänen für seine Wohnung, denn der GU hatte die vertraglich geschuldeten Werkpläne nicht geliefert. Nach Baufreigabe wurde die nächste Zahlung angefordert und leider auch sofort beglichen. Und dann ging es los. Doch auf einmal fielen dem bis dahin in seinem Glück Schwebenden die Schuppen von den Augen.

GU hatte Werkpläne nicht geliefert

Warum? Die Bauarbeiten verliefen äußerst schleppend und laienhaft, nur zwei Arbeiter ohne ausreichende Werkzeuge und Maschinen pfuschten ohne Pläne vor sich hin. Ein Arbeiter sollte angeblich ein ausgebildeter Zimmermann, der zweite ein Bauhelfer sein. Bereits vor Vertragsabschluss waren Balkone für alle Wohnungen in Stahlleichtbauweise angebaut worden. Doch schon bei der Gebrauchsabnahme der fertig gestellten Wohnungen wurde wegen Einsturzgefahr das Betreten der Balkone von der Baurechtsbehörde untersagt. In den sanierten Wohnungen lebende Miteigentümer hatten dem Neuzugang dringend empfohlen, möglichst sofort die Verträge zu stornieren und zwar wegen unerträglichen Pfuschs.

Balkone schon bei Abnahme einsturzgefährdet

In seiner Not wandte er sich an seinen besten Freund. Dieser empfahl ihm einen ihm bekannten Bausachverständigen. Nach Auftragserteilung erfolgte sofort eine erste Objektbesichtigung, danach wurden alle vorliegenden Verträge, Genehmigungen und Pläne sowie der Baustand geprüft. Bei einer zweiten Begehung wurden die ausgeführten Bauleistungen aufgenommen und analysiert. Ergebnis:

- Alle geschuldeten Planungen fehlten.
- Der GU hatte von der Baugenehmigung abweichend gebaut.

- Die Brandschutzauflagen der Baugenehmigung waren nicht erfüllbar.
- Die geschuldeten Aus- und Aufbauten waren wegen der vorhandenen Bausubstanz ohne zusätzliche Maßnahmen am Gemeinschaftseigentum nicht möglich.
- Die Wohnung war nach der vorliegenden Planung nur kriechend zu erreichen.

Wohnung nach Planung nur kriechend erreichbar

Der Sachverständige riet seinem Auftraggeber, sofort einen Fachanwalt für Baurecht einzuschalten, was er auch sofort befolgte. Die örtliche Bestandsaufnahme ergab:

- Die neue Konter- und Dachlattung entspricht weder den Verlegevorschriften des Betondachherstellers noch sind die Dachlatten tragsicher befestigt.
- Die Gratlatten sind aus mehreren Latten zusammengesetzt und nicht ausreichend befestigt.
- Die Unterspannbahnen enden vor aufgehenden und durchdringenden Bauteilen, alle Anschlüsse sind undicht. Wassereinbrüche sind mit Sicherheit zu erwarten.
- Für die neuen Dachgauben und Teile der alten Dachkonstruktion besteht Einsturzgefahr.

Einsturzgefahr für Dachgauben Dachkonstruktion

- Die Emporendeckenbalken und Mittelpfetten reichen für die vorgesehene Nutzung und Belastung nicht aus.
- Der Dachstuhl ist nicht horizontal ausgesteift.
- Die erforderlichen Sparrenverstärkungen neben den Dachflächenfenstern fehlen.
- Die Sparren der östlichen Dachfläche sind nicht ausreichend tragfähig.
- Die Gaubenbackenbekleidungen sind nicht ausreichend befestigt.
- Alle leichten Trennwandbefestigungen sind untauglich.
- Die erforderlichen Luftschallschutzmaßnahmen der unteren Geschossdecke fehlen.
- Die notwendigen Brandschutzmaßnahmen der unteren Geschossdecke fehlen.
- Die Balkonbefestigung reicht nicht aus, der Balkon ist einsturzgefährdet.
- Die bereits auf den Holzböden verlegten Elektroleitungen sind zu entfernen, da alle Bodenbretter erneuert werden müssen.

- Die ordnungsgemäße Ableitung der Waschmaschinen- und Küchenabwässer ist nicht sichergestellt.
- Die vorgesehenen Bäderaustattungen können ohne Raumänderungen nicht eingebaut werden.
- Die erforderliche Kopfhöhe der neuen Geschosstreppe wird nicht erreicht.
- Der Treppenwechsel für die innere Emporentreppe fehlt.
- Die Schornsteinreinigungstüren sind in Aufenthaltsräumen unzulässig und müssen versetzt werden.
- Die Arbeits- und Schutzgerüste entsprechen nicht den Sicherheitsbestimmungen.

alle Bauleistungen waren mit Mängeln behaftet

Alle Bauleistungen waren mit gravierenden bis schwersten Mängeln behaftet, die meisten Bauleistungen waren wertlos. Der Einbau von schallschutzbedingtem Deckeneinschub mit Gewichtsestrich und unter Umständen erforderlichen Beihölzern war nur nach Entfernen aller Bodenbretter möglich mit der Folge, dass alle bereits auf den Bodenbrettern eingebauten Trennwände und Installationen sowie die Bretter entfernt werden müssen.

Fazit: Alle bereits bezahlten Bauleistungen sind überwiegend wertlos und vollständig zu erneuern. Wer ist für diese Meisterleistung verantwortlich? Ausschließlich der Generalunternehmer.

Planungsstand

Alle vom GU zu erbringenden Planungen, ausgenommen genehmigte Entwurfsplanung, fehlen.

Architektenwerk- und Detailplanung	fehlt
Vollständige Tragwerksplanung	fehlt
Planung der Technischen Ausrüstung	fehlt
Schallschutzplanung	fehlt
Wärmeschutzplanung	fehlt
Wärmebedarfsberechnung	fehlt
Energiepass	fehlt
Brandschutzplanung	fehlt

Ausführungspfusch

Der beauftragte Generalunternehmer firmiert als XXX-Finanzierungsvermittlungsgesellschaft mbH. Beschäftigt wird nur die geschäftsfüh-

Abb. 2.211 ■ Balkone

Abb. 2.212 ■ Balkonbefestigung

Abb. 2.213 ■ Untere Wohnungsebene

Abb. 2.214 ■ Obere Wohnungsebene

Abb. 2.215 ■ Gaubenfenstersturzdetail

Abb. 2.216 ■ Gaubenbackenschalungsverbindung

Abb. 2.217 ■ Untere Gaubensparrenauflagerung

Abb. 2.218 ■ Holzstützenverlängerung

Abb. 2.219 ■ Zugsichere Balkenbefestigung

Abb. 2.220 ■ Dachlattenbefestigung

Abb. 2.221 ■ Trennwandbefestigung

rende Alleingesellschafterin. Deren Ehemann, ein Bauingenieur, ist als Projektleiter der Mann für Alles. Für die Baumaßnahme wurde er als verantwortlicher Bauleiter nach LBO benannt. Alle ausgeführten Bauleistungen, ausgenommen die begonnene Elektroinstallation, wurden nach Aussage des betroffenen Bauherrn von zwei Schwarzarbeitern nach Angaben des bauleitenden Ehemannes ausgeführt. Und wie ging es weiter?

Der völlig aufgelöste Bauherr schaltete auf Rat des Sachverständigen einen baurechtserfahrenen Anwalt ein. Dieser empfahl seinem Klienten einen gemeinsamen Baustellentermin mit der Geschäftführerin und ihrem Ehemann. Dieser Termin fand auch kurzfristig statt, jedoch ohne die Geschäftsführerin und den Anwalt. Dem Bauleiter wurden die Beanstandungen erläutert und gezeigt. Er spielte den Pfusch herunter und erklärte, alle Bauleistungen seien nur Provisorien, da der Bauherr ständig neue Wünsche habe. Zurzeit stelle ein Tragwerksplaner die statische Berechnung auf. Wenn dessen Berechnungen und Pläne vorlägen, würden die eigentlichen Arbeiten beginnen. Wenn die Decken und Bauglieder verstärkt werden müssten, würden alle Einbauten wieder entfernt. Die Themen Brand-, Wärme- und Schallschutz beträfen seines Erachtens die Baumaßnahme nicht, da für das Gebäude Bestandsschutz bestehe. Nachdem ihm der Sachverständige dazu erklärte, dass die Umnutzung der bisherigen Bodenräume zu Wohnräumen eine völlig neue Baumaßnahme darstelle, sagte der Bauleiter sofort zu, alle sich daraus ergebenden Folgen zu erfüllen. Dass dieses nur mit Zustimmung der Eigentümergemeinschaft geschehen könne (die Stuckdecken der unteren Wohnung müssten brandschutz- und schallschutzmäßig ertüchtigt werden), wollte ihm nicht einleuchten.

alle Bauleistungen nur Provisorien

Während der Besprechung kam ein Unwetter auf, die Stunde der ersten Regenprobe. Durch alle mit Unterspannbahnen und Platten geschlossenen Öffnungen drang starker Regen ein und durchnässte die Geschossdecke zur unteren Wohnung. Die beiden herbei zitierten Bauarbeiter versuchten laienhaft die Löcher zu schließen. Der Bauleiter stellte sie als Dachdeckermeister und Dachdeckergeselle vor. Auf Befragen der Bauherrn, ob sie bei seiner Generalunternehmerin fest angestellt seien, kam die Antwort des angeblichen Meisters: »*Ich bin selbstständig.*« Allerdings musste er zugeben, keinen Versicherungsschutz zu haben, doch nach Aussage des Bauleiters sollten sie bei seiner Haftpflichtversicherung mit versichert sein. Weitere Fragen des Bauherrn zu seiner Gewerbeanmeldung usw. wurden durch einen ganz schnellen Abgang beantwortet. Doch die Handhabung von Hammer und Material verrieten dem Sachverständigen, dass es sich um keine Baufacharbeiter handelte, wahrscheinlich gehörten sie zu den ›grauen Baupartnern‹.

keine Gewerbeanmeldung

Der Bauleiter sagte zu, dass alle bislang fehlenden Planungen dem Bauherrn bis zum 31.05.2006 vollständig zur Prüfung und Freigabe vorgelegt würden, danach würden die Arbeiten zügig durchgeführt.

Anschließend unterrichteten Bauherr und Gutachter den Anwalt. Sowohl dem Anwalt als auch dem Gutachter war klar, dass weder die Generalunternehmerin noch der dem Anwalt aus anderen fehlgeschlagenen Objekten bekannten Bauleiter das Objekt vertragsgemäß mängelfrei herstellen könnte. Sie rieten dem Bauherrn, den Vertrag zu kündigen, und mit altbauerfahrenem Architekt, Bauleiter und qualifizierten Firmen weiter zu arbeiten. Gegebenenfalls würde sogar die Wandelung des Kaufvertrages nötig, wenn die baurechtlich verfügten Brand- und Schallschutzauflagen nicht durchführbar wären.

Wandelung des Kaufvertrages nötig

Nach Verstreichen der vom Anwalt gesetzten Fristen und Nachfristen wurden dem Bauherrn mit mehr als einmonatiger Verspätung die baureifen Ausführungspläne mit Detailangaben der Geschossdecken, die Tragwerks-, Sanitär- und Heizungsplanung übergeben. Die sofortige Überprüfung der Planunterlagen durch den Sachverständigen fiel vernichtend aus. Warum?

Architektenplanung:

- Die vorgelegten Pläne waren unvollständig.
- Die Pläne wichen von der Baugenehmigung ab.
- Verwertbare Details von Wand- und Deckenaufbauten fehlten.
- Höhenmaße fehlten.
- Baustoffangaben fehlten.

Pläne wichen von Baugenehmigung ab

Tragwerksplanung:

- Lastannahmen und Berechnungen fehlten.
- Konstruktionspläne und erforderliche Detailangaben von Holzverbindungen fehlten.

Lastannahmen und Berechnungen fehlten

Technische Gebäudeausrüstung:

- In die Grundrisse des Architekten waren Leitungstrassen für Ab- und Zuwasser einskizziert.

- Rohrdimensionierungen fehlten.
- Eine verwertbare Planung der Sanitärinstallation fehlte.
- Wärmebedarfs- und hydraulische Rohrnetzberechnungen fehlten.
- Eine verwertbare Heizungsplanung fehlte.
- Eine verwertbare Elektroplanung fehlte.

Bauphysikalische Planungen:

- Energieeinsparungsberechnungen fehlten.
- Schallschutzberechnungen fehlten.

Brandschutzplanung:

- Die erforderliche Brandschutzplanung entsprechend den Festlegungen der Baugenehmigung fehlte.

Der Sachverständige stellte, wie schon nach der ersten Besichtigung, endgültig fest:

- Die Vertragspartner sind weder in der Lage noch willens, den a.a.R.d.T. entsprechende Planungen und Bauleistungen zu erbringen.
- Vor endgültiger Genehmigung der Abweichungen von den rechtskräftigen öffentlich-rechtlichen Genehmigungen und den die Wohnungseigentümergemeinschaft betreffenden Veränderungen des Gemeinschaftseigentums dürfen keine weiteren Bauleistungen durchgeführt werden.

Fazit: Die übergebenen Planungen entsprachen nicht dem Wert des verwendeten Papiers.

Planungen sind das Papier nicht wert

Bei der Konstellation und wirtschaftlichen Situation von Verkäufer und Generalunternehmer ist es jedoch nach Einschätzung des Anwaltes höchst unsicher, ob die bereits bezahlten Gelder zurückgezahlt werden können. Nach mehreren Monaten Baustillstand hat sich nun doch etwas bewegt.

Generalunternehmer und Bauleiter wurde auch von Dritten bestätigt, dass alle bislang erbrachten Planungen und Bauleistungen untauglich und wertlos waren. Daraufhin wurden nach Mitteilung des Bauherrn ein Architekt und Fachingenieure mit den erforderlichen Planungen beauftragt. Die neuen Planer sollen sich an den Feststellungen des Gutachters orientiert haben, allerdings wurde der Gutachter nicht beauftragt, diese Planungen zu überprüfen. Alle bislang ausgeführten Bauleistungen wurden nach Mitteilung des Bauherrn entfernt.Die neue Dachdeckung wurde beseitigt, der Dachstuhl und die

alle bisherigen Bauleistungen wurden entfernt

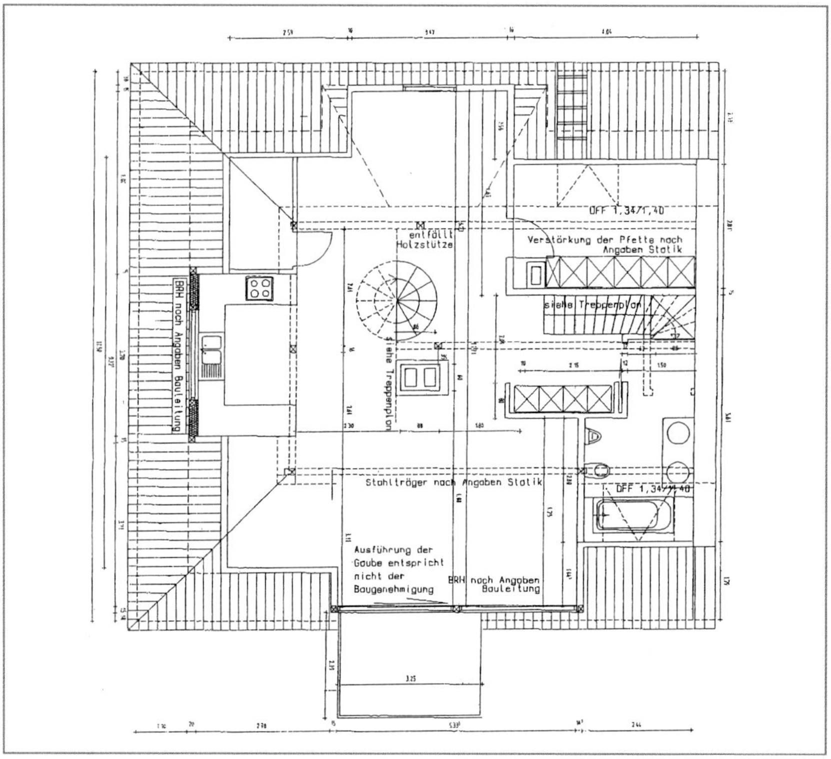

Plan 16 ■ Grundriss

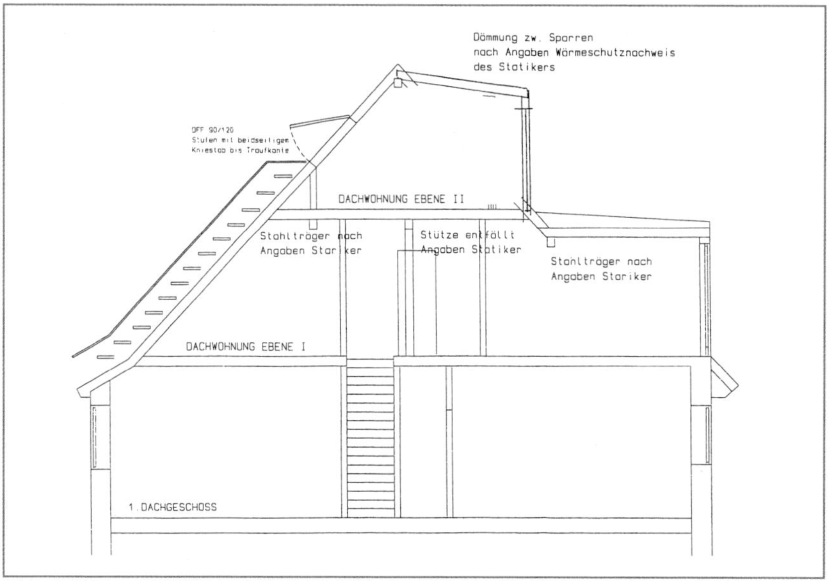

Plan 17 ■ Schnitt

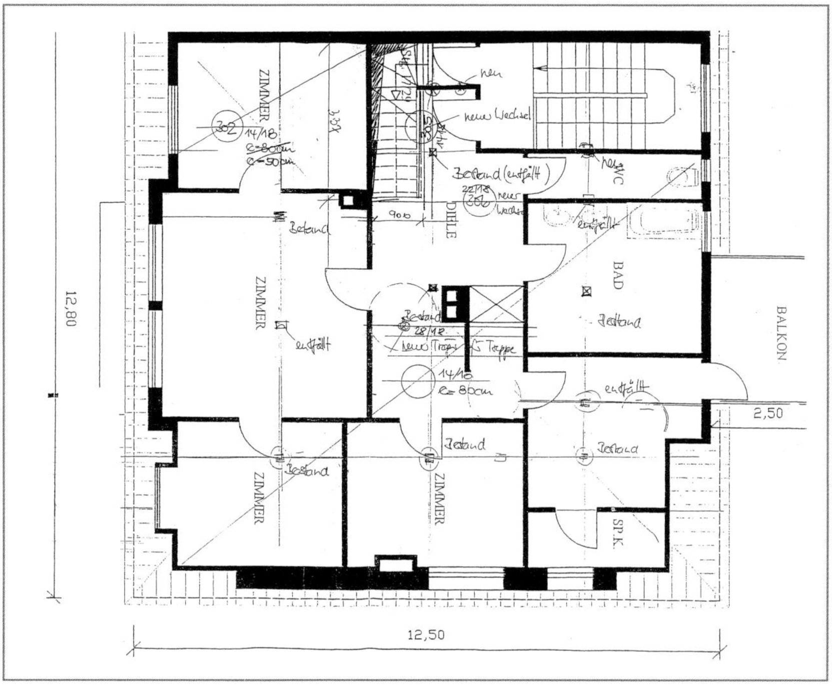

Plan 17 ■ Tragwerksplanung

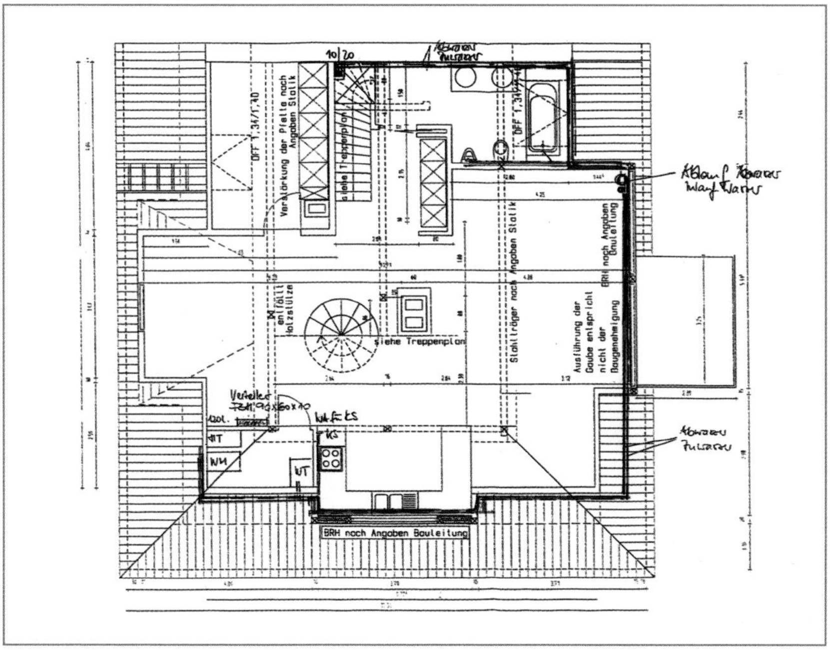

Plan 18 ■ Leitungstrassen

untere Geschossdecke wurden verstärkt, zwei Dachgauben vollständig erneuert, die dritte Gaube verstärkt. Nach Einbau der erforderlichen Schall- und Brandschutzverbesserungsmaßnahmen soll es in der unteren Wohnung aussehen, als habe dort eine Bombe eingeschlagen. Die zuvor vollständig sehr aufwendig renovierte und modernisierte Wohnung wurde durch mehrere Wassereinbrüche und abgefallenen Deckenputz so stark beschädigt, dass eine erneute Vollinstandsetzung erforderlich sein soll, natürlich zu Lasten des betroffenen Bauherrn.

als habe eine Bombe eingeschlagen

erneute Vollinstandsetzung

Die Sache ist noch nicht zu Ende.

2.14 Zehentstadel am Rhein-Main-Donaukanal

Teileinsturz durch bewusste Ausführungsschlamperei

Dieses Gebäude wurde um 1461 als Zehentstadel einer alten Stadt in der Oberpfalz errichtet. Im Laufe seiner langen Geschichte änderten sich Eigentümer und Nutzer.

Nach Abschaffung von ›Gilten‹ und ›Zehent‹ wurde das Gebäude für den Staat entbehrlich. Es wurde verkauft und seitdem von verschiedenen Brauern als Lagerhaus genutzt. 1987 war das Gebäude in einem so desolaten Zustand, dass Einsturzgefahr für das Dach, den Südgiebel und die Dachdeckung bestand. Die zu erwartenden Kosten wurden auf ca. 42.000 € geschätzt. Da es sich um ein besonders hoch-

Einsturzgefahr für das Dach

Abb. 2.222 ■ Gebäudeansichten

wertiges Kulturdenkmal handelte, wurden Fördermittel in Höhe von 22.000 € beantragt und auch bewilligt.

1988 erteilten die damaligen Eigentümer einem örtlichen Bauunternehmen den Auftrag für die Instandsetzung des noch im Original

Abb. 2.223 ■ Giebel- und Dachflächenverformung

Abb. 2.224 ■ Abgerutschte Dachfläche

Abb. 2.225 ▪ Längsverbandverformung

erhaltenen Dachstuhls und Neueindeckung mit Biberschwanzziegeln sowie für die Sanierung der Fassade.

Die Bauleistungen wurden wie folgt abgerechnet:

- Dachdeckung und Dachstuhlsanierung 35.862,44 €
- Fassadensanierung 7.495,74 €
- Spenglerarbeiten 5.557,10 €

Im Frühjahr 1999 rutschten plötzlich nach Ende der Frostperiode große Teilflächen der südlichen Dachhälfte ab und beschädigten eine benachbarte Scheune. Was war passiert? Der Dachstuhl und einige der unteren Deckenbalken brachen durch Überlastung. Die Eigentümer wandten sich an einen örtlichen Baufachmann, der ihnen einen altbauerfahrenen Sachverständigen aus einem anderen Bundesland empfahl. Warum aus einem anderen Bundesland? Wegen der bekannten Verbandelungen zwischen Baugewerbe und sehr vielen Bausachverständigen. Nach erster Objektbesichtigung und Erläuterung der dringend erforderlichen Sicherungsmaßnahmen wurde der Gutachter mit der Ermittlung von Schadensursachen, Schadenshöhe, Verantwortlichkeiten und der Ausarbeitung des Notsicherungskonzeptes beauftragt. Der Sachverständige stellte bei der ersten Besichtigung folgende Schäden fest:

Verbandelungen zwischen Baugewerbe und Bausachverständigen

Dachstuhl

- sehr starke Absenkung und Verschiebung der südlichen und nördlichen Dachflächen

- starke Setzungen und Verformungen der Sprengwerke im 1. DG, besonders an der Südseite
- von den Deckenbalken abgelöste und abgesunkene Sparren
- starke Verformungen der Windverbände
- starke Verformungen mit Brüchen der Koppelpfetten durch Überlastung im 1. und 2. DG
- starke Verformungen mit Brüchen der Kehlbalken im Bereich der Sprengwerke
- Verschiebung der Sprengwerke von Norden nach Süden auf 15 m Länge
- Schrägstellung der mittleren Stützenreihe im 1. DG
- fehlende Verbindungen der südlichen Sparren und Kehlbalken mit teilweise abgebrochen Schwalbenschwanzblättern im 1. und 2. DG
- sehr starke Verformungen der Bodendielen in Längs- und Querrichtung in den oberen Dachgeschossen
- größtenteils fehlende 3. Kehlbalkenlage (Hahnenbalken) im 3. DG
- starke horizontale und vertikale Verschiebung des Firstes
- wellenförmige Verformung der nördlichen und südlichen Dachflächen
- auf das Nachbargebäude abgerutschte Sparren.

Decke über EG

- alle südlichen Deckenbalkenauflager abgefault
- Mittel- und südlicher Zwischenunterzug ohne Unterstützung
- starke Deckendurchbiegung in Längs- und Querrichtung

Dachdeckung

- starke wellenförmige Verformungen der Dachdeckung auf beiden Dachflächen
- Fehlstellen in der südlichen Dachdeckung, verursacht durch abgerutschte Biberschwänze
- abgelöste Biberschwanzdeckung vom Ostgiebel.

Mauerwerk

- obere Außenschale und Mauergesims der südlichen Außenwand auf ca. 15 m Länge eingestürzt
- Ablösung des östlichen Giebels von der Dachkonstruktion

- starke bogenförmige Schrägstellung des Ostgiebels (Altschaden) nach Westen mit Putzablösungen und Rissbildungen an der Westseite des Ostgiebels.

Außenputz

- Risse
- Putzablösungen
- Festigkeitsverluste.

Auszug aus dem Gutachten:

»An der Südseite sind nahezu auf ganzer Länge die Holzbalkenenden der Decke über EG abgefault bzw. abgebrochen. Die erforderlichen Auflagen und Vorhölzer von Sparren und Sprengwerken fehlen. Die Außenschale einschließlich gemauertem Gesims der Südaußenwand ist einschließlich Auffüllung auf ca. 15 m Länge im oberen Bereich eingestürzt. Die Deckenbalken der EG-Decke liegen lediglich auf der Innenschale auf. Durch die fehlenden Auflager und Verbindungen der südlichen Sparren und Sprengwerkfußpunkte hat sich der gesamte Dachstuhl auf einer Länge von ca. 15 m nach Süden verschoben. Die Sparren einschließlich Dachdeckung sind teilweise auf die benachbarte Scheune gerutscht.

Sparren einschließlich Dachdeckung auf benachbarte Scheune gerutscht

Die nördliche Dachfläche hat sich ebenfalls nach Süden verschoben. Die Längsverbände in den unteren Dachgeschossen haben sich besonders an der Südseite gemeinsam mit den Sprengwerken abgesenkt. Die Koppelpfetten sind sowohl an der Süd- als auch Nordseite stellenweise gebrochen.

Die südlichen Sparren werden größtenteils nur von Verbindungen mit den nördlichen Sparren am First und die Dachlattung gehalten. Die Lastabtragung der südlichen Dachfläche erfolgt über die Sparren der Nordseite in die Sprengwerke. Die Lasten aus den südlichen Sprengwerken werden auf die Kehlbalken und Drückriegel des 1. DG auf den südlichen Längsverband und den mittleren Unterzug im 1. DG übertragen. Durch die Verbindungen der Kehlbalken mit den nördlichen Sparren sowie die Auflast der nördlichen Dachdeckung werden die Deckenlasten des 3. und 2. DG abgefangen. Durch die 1988 durchgeführten Abstützungsmaßnahmen der südlichen Sprengwerke 5 und 6 werden die Dachlasten im östlichen Bereich auf einer Länge von ca. 6 m direkt ins Erdgeschoß abgeleitet.

Für den mittleren Bereich des Dachstuhls zwischen den Sprengwerken 2 und 5 besteht auf einer Länge von ca. 15 m akute Einsturzgefahr.«

Zur Abwendung des Einsturzes waren sofort nachstehend aufgeführte Notsicherungsmaßnahmen erforderlich:

- vollständiges Einrüsten des Gebäudes
- vollständiges Abdecken der Dachflächen
- Abstützen und Sichern der Decke über dem EG im südlichen Bereich auf ganzer Länge
- Abstützen und leichtes Anheben der südlichen Sprengwerksbereiche im 1. und 2. DG
- Einbau von Zugbändern zwischen den Sprengwerkfußpunkten im 1. und 2. DG
- Nachobenschieben der abgerutschten Sparren, Wiederherstellen der gelösten Verbindungen mit den Kehlbalken
- Einbau von provisorischen Hahnenbalken im 3. DG
- Einbau von Windrispenbändern auf beiden Dachflächen
- Herstellen einer Notdachdeckung als Witterungsschutz der vorhandenen Holzkonstruktion, Traufwände, Gewölbe und eingelagerten Gegenständen
- Schutz des benachbarten Gebäudes gegen vom schadhaften Gebäude abfließendes Regenwasser.

Was sollten die Notsicherungsmaßnahmen kosten?

Gerüstkosten:	6.000 €
Dachabdeckarbeiten	6.000 €
Zimmerarbeiten:	27.000 €
Notdeckungen:	14.000 €
Spenglerarbeiten:	2.000 €
Unvorhergesehenes:	10.000 €
Bestandsaufnahmen, Gutachten, Tragwerkplanung	30.000 €
	95.000 €
Mehrwertsteuer:	15.200 €
Gesamtkosten:	110.200 €

Nach den Feststellungen des Gutachters war der Schaden auf folgende Ursachen zurückzuführen:

Bauliche Veränderungen im Erdgeschoss

Für das Unterstellen von hohen Fahrzeugen und landwirtschaftlichen Geräten waren 70% der unteren Zwischendecke einschließlich der lastabtragenden Unterzüge und Stützen unsachgemäß entfernt worden. Aussteifungen fehlten. Die unter der oberen Decke verbliebenen Längsunterzüge waren nicht unterstützt. Die Mittelstützen der Dachgeschosse waren nicht ausreichend unterfangen.

Längsunterzüge waren nicht unterstützt

Feuchteschäden

unterlassene Instandhaltung

Wegen unterlassener Instandhaltung konnten durch undichte Dachdeckung und Dachrinnen tragende Holzbalken und Mauern durchfeuchten. Die Vorhölzer an den meisten Fußpunkten von Sparren und liegendem Stuhl waren abgefault oder gebrochen.

Abb. 2.226 Holzschäden

Abb. 2.227 Holzschäden

Pfusch bei den Zimmerarbeiten 1988

Die notwendigen Reparaturen an den schadhaften Deckenbalken, liegenden Stühlen, Schwellen, Sparren usw. waren nicht ausgeführt worden. Im Erdgeschoss wurde lediglich ein völlig untaugliches Joch neben der Westwand als Auflager für einige Holzstreben zur Unterstützung des liegenden Stuhls und der Längsverbände ohne Verbindungen und Sicherungen aufgestellt. Die oberen Streben waren lediglich unter die Obergurthölzer der Längsverbände gestellt. Im ersten Dachgeschoss waren zusätzliche Streben zur Unterstützung der Mittelpfetten neben die liegenden Stuhlstützen auf unbefestigte Kanthölzer gestellt worden. Weitere Fehler:

Abb. 2.228 ▪ Sparrenaufdopplung

Abb. 2.229 ▪ Fehlende Hahnenbalken

Abb. 2.230 ■ Schwalbenschwanzbruch

- Schadhafte Sparrenfußanschlüsse wurden nicht repariert.
- Fehlende Hahnenbalken wurden nicht ersetzt.
- Verformungen aller Sparren wurden durch seitlich angebrachte Bretter ausgeglichen.
- Erforderliche Unterstützungen der Längsunterzüge und Dachstuhlmittelstützen wurden nicht eingebaut.
- Von den Kehlbalken gelöste Sparren wurden nicht zug- und druckfest angeschlossen, sondern auf den Mittelpfetten mit Hölzern oder Brettern unterlegt.

Überlastung des Dachstuhls durch Lasterhöhung

Statt der ursprünglichen Einfachdeckung wurde das Dach neu mit einer Biberschwanzdoppeldeckung eingedeckt. Bei einer Lasterhöhung von 0,25 kN/m^2 ergab sich für die westliche Dachfläche eine Lasterhöhung von ca. 30kN pro Balkenkopf. Die schwer geschädigten Hölzer brachen ab.

Putzschäden

Der Südgiebel war mit einem auf der Baustelle mit gelöschtem Kalk hergestellten Kalkaußenputz bekleidet worden. Die Beschichtung

Abb. 2.231 ■ Unterstützungen aus 1988

Abb. 2.232 ■ Unterstützungen aus 1988

Abb. 2.233 ■ Schiefstellung des Dachstuhls

erfolgte mit einer stark dampfsperrenden und wasserabweisenden Beschichtung auf Dispersionsbasis. Durch die somit unterbundene CO^2-Zufuhr und Putzauffeuchtung verlor das Bindemittel die erforderliche Festigkeit.

Abb. 2.234 ▪ Putzschäden

Wie ging es weiter? Der Gutachter lud Bauherren und Unternehmer zu einer Besprechung ein, in der er seine Feststellungen, Schadensursachen, die notwendigen Sicherungs- und Schadenbeseitigungsmaßnahmen und die von ihm geschätzten Kosten vortrug. Der Bauunternehmer lehnte jede Verantwortung ab und verwies auf die abgelaufene Gewährleistung. Anschließend verließ er sofort die Besprechung. Die Bauherren nahmen Kontakt mit einem örtlichen Architekten auf, der jedoch als Berufsverbandskollege des Unternehmers eine Beteiligung an der Sanierung ablehnte. Ein anderer örtlicher, auf die Instandsetzung von Fachwerkbauten spezialisierter, erfahrener Architekt erhielt den Auftrag für

Bauunternehmer lehnte Verantwortung ab

- ein verformungsgerechtes Bauaufmaß
- die Ausschreibung der Sicherungsmaßnahmen nach den statischen Vorgaben des Sachverständigen und Objektüberwachung.

Dieser Kollege war ehrenamtlich der Kreisheimatpfleger und hatte somit allerbeste Verbindungen zu allen relevanten Behörden. Er schaffte es, vom Freistaat Bayern die Zusage für eine sehr hohe Förderung der Sicherungsmaßnahmen zuzüglich Planungs- und Gutachterkosten zu bekommen, da die beiden Eigentümer inzwischen nahezu mittellos waren. Der Gutachter entwickelte und berechnete die statischen Sicherungsmaßnahmen.

Ein höchst qualifizierter, fachwerkerfahrener Zimmerbetrieb aus der Region führte die Sicherungsmaßnahmen aus. Es gelang ihm, das Dach ohne Abdecken der Dachdeckung zu sichern und wieder anzuheben.

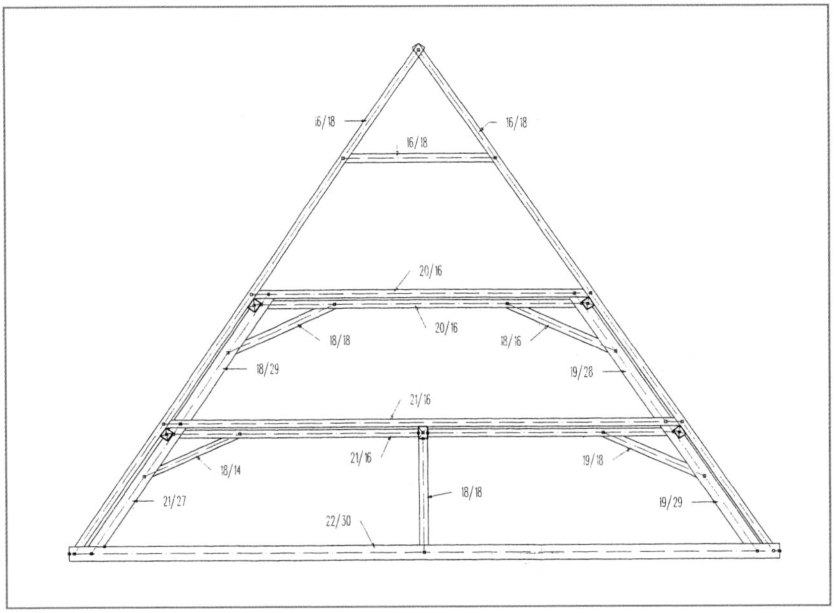

Plan 20 ■ Ebener Binder ohne Verformungen

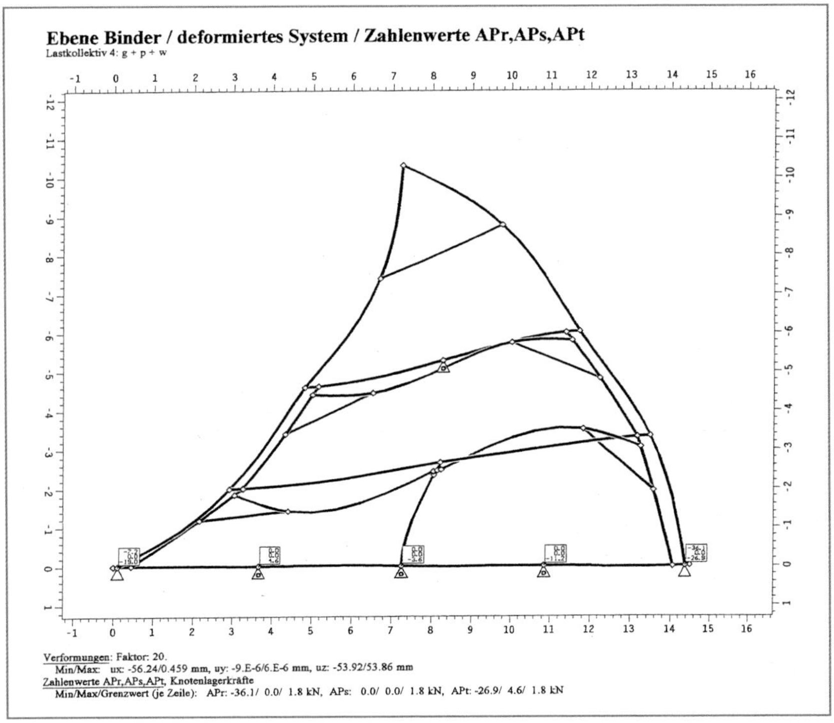

Plan 21 ■ Bindersystem mit Verformungen

Abb. 2.235 ▪ Sicherungsmaßnahme EG

Abb. 2.236 ▪ Sicherungsmaßnahme 2. DG

Abb. 2.237 ▪ Sicherungsmaßnahme 3. DG

Abb. 2.238 ▪ Zugband

Abb. 2.239 ▪ Zugbandanschlussdetail

Was kosteten die Sicherungsmaßnahmen?

Gutachten:	ca. 25.000 €
Zimmerarbeiten:	ca. 26.000 €
Verformungsgerechtes Aufmaß:	ca. 18.000 €
Ausschreibung und Objektüberwachung:	ca. 8.000 €

Nach Abschluss der Sicherungsmaßnahmen waren die Eigentümer mittellos. Sie versuchten das Gebäude der Stadt zu verkaufen, die auch grundsätzliches Interesse daran hatte und noch hat. Vorgesehen ist, das Gebäude vollständig instand zu setzen und ein Informationszentrum mit Kulturfabrik für den Naturpark Altmühltal einzurichten.

Doch mangels Masse konnten diese Pläne bislang nicht realisiert werden. Ein Miteigentümer ist inzwischen verstorben, der zweite ist

Denkmal stirbt vor sich hin

nicht in der Lage, das Gebäude zu erhalten. Das einsturzgesicherte Denkmal von 1461 stirbt langsam vor sich hin. Ein natürlicher Abgang, im Sinne von Freistaat, Denkmalpflege, Kreis und Kommune, oder nicht?

3 Allgemeine Hinweise zur Vermeidung von Pfusch am Bau

Wie kann Pfusch am Bau von Auftraggebern, ob Laien oder mit dem Bauen Vertrauten, und auch ausführenden Firmen rechtzeitig erkannt und verhindert werden? Durch Vorsicht und striktes Einhalten und Anwenden nachfolgender Empfehlungen.

3.1 Empfehlungen für klassische Bauherren

Nur vollständige Planungsaufträge an Architekten und Ingenieure erteilen

Um überhaupt bauen zu können, sind vollständige Pläne erforderlich. Der Architekt plant das Haus nach den Vorstellungen seiner Bauherren. Er ist der Ansprechpartner für seine Bauherren bei allen das Bauobjekt betreffenden Fragen. Er zeichnet alle erforderlichen Pläne, berechnet die Flächen, ermittelt die Baukosten. Er muss seine Bauherren ausführlich beraten und auf notwendige Fachplanungen, Baugrunduntersuchungen etc. hinweisen. Im Rahmen seiner Tätigkeit hat er die notwendigen Koordinierungsaufgaben zu erfüllen. Zu seiner Tätigkeit als Bauleiter muss er die Baustelle überwachen, erkennbare Mängel sofort beseitigen lassen, Abnahmen mit Unternehmern und Bauherren begleiten, Rechnungen prüfen und vor allem ein mangelfreies Bauwerk übergeben.

nur vollständige Planungsaufträge

Ingenieure werden als so genannte Sonderfachleute benötigt. Ingenieure sind keine Erfüllungsgehilfen des Architekten, sondern von Bauherren zu beauftragen. Ingenieure sind erforderlich für die Tragwerksplanung und die Planung der technischen Gebäudeausrüstung mit Wasser, Heizung, Elektrizität. Besonders wichtig sind Ingenieure für die Entwicklung der Energiekonzepte und Planung der bauphysikalischen Konzeption. Ingenieure und Architekten müssen eng zusammenarbeiten, wobei der Architekt die Koordinierungsaufgaben übernehmen muss.

Ingenieure sind keine Erfüllungsgehilfen von Architekten

Vollständige Planungsleistungen sind für die mangelfreie Erstellung von Gebäuden erforderlich. Das Leistungsbild der erforderlichen Planungen ist in der *Honorarordnung für Architekten und Ingenieure (HOAI)* aufgeführt. Grundsätzlich sind alle zu erbringenden Leistungen vertraglich zu vereinbaren.

HOAI

Referenzen von mindestens 5 Jahre alten Objekten einholen

Vor der Entscheidung über die Vergabe von Planungsaufträgen wird das Einholen von Referenzen immer wichtiger. Nicht gerade fertiggestellte Objekte, sondern ca. 5 Jahre alte oder ältere Bauten geben Auskunft über die Ausführungs- und Betreuungsqualitäten der Planer. Innerhalb dieser Zeit stellen sich entweder keine, vielleicht wenige, aber leider auch immer öfter besonders viele und schwere Mängel ein. Für den Bauherrn sind diese Informationen wichtiger, als gerade fertig gestellte Neubauten zu besichtigen. Mängelfreie Bauten zeugen von guten Planern und guten Firmen. Mängelbeseitigungsmaßnahmen kosten viel Nerven und Geld.

Betreuungsqualität der Planer

Versicherungsbestätigungen vor Auftragserteilung einholen

Kein Mensch ist unfehlbar, auch kein Planer. Bauleitende Architekten und Ingenieure müssen ihren Auftraggebern ein mangelfreies Werk übergeben. Bei der heutigen Ausführung ist dies nur schwer möglich. Eine lückenlose Überwachung der Firmen und deren Ausführungen ist unmöglich. Bei Aufsichtsfehlern und darauf zurückzuführenden Mängeln ist der Bauleiter in der Regel versichert. Auch Kostenüberschreitungen sind versicherbar. Nicht die Versicherungspolice, sondern die Deckungszusage der Haftpflichtversicherung für das jeweilige Objekt gibt die dringend erforderliche Sicherheit. Nur so können die versicherten Risiken und der Versicherungsschutz im Vertag geregelt werden.

Deckungszusage der Haftpflichtversicherung

Faire Honorare nach HOAI vereinbaren

Alle Planer müssen nicht nur überleben können, sondern auch Geld verdienen. Freiberufler sind weder durch Arbeitslosen- noch Konkursausfallgelder abgesichert. Sie müssen ihre Sozialversicherungs- und Krankenkassenbeiträge in voller Höhe ohne Arbeitgeberbeiträge entrichten. Dieses ist jedoch nur bei fairen Honorarvereinbarungen möglich. Grundlage für die Architekten- und Ingenieurhonorare ist die *Honorarordnung für Architekten und Ingenieure (HOAI).* Honorare sind nach der HOAI zu vereinbaren, und zwar vor Vertragsabschluss. Die in der HOAI festgelegten Honorarsätze und Leistungsbilder sind gesetzlich geregelt, und Gesetze sind einzuhalten. Bauherren, die ganz massiv die Honorare bis auf ein Minimum drücken, werden in der Regel

Planer müssen Geld verdienen

faire Honorarvereinbarungen

mit unvollständigen, mangelhaften Planungen mit vielen Ausführungsmängeln bis zum Totalverlust belohnt. Strafe muss sein.

Totalverlust als Belohnung

Eindeutige Planungsverträge abschließen

In den Verträgen müssen alle vom Planer zu erbringenden Leistungen vollständig erfasst und vereinbart werden. Dies betrifft vor allem zusätzliche, nicht in den Grundleistungen der HOAI aufgeführte Planungs-, Aufnahme- und Sonderleistungen. Die Honorare, Zahlungsvereinbarungen, Haftungsfragen usw. sind vor Vertragsunterzeichnung zu regeln. Wenn diese Punkte nicht vertraglich vor Leistungsbeginn geregelt sind, steht meistens Ärger vor der Tür.

Deckungszusagen in Verträge aufnehmen

Deckungszusagen mit möglichen Forderungsabtretungsvereinbarungen müssen unbedingt in Planungsverträge mit aufgenommen werden. Dieses hat Auswirkungen auf die Zurückhaltungsmöglichkeiten im Schadensfall. Es ist keinem damit gedient, durch schlecht abgeschlossene Verträge Kopf und Kragen zu riskieren. Freiberufler haften im Gegensatz zu Firmen oder juristischen Personen (eine Gesellschaft ist eine juristische Person) mit ihrem vollen Vermögen. Insolvent gewordene Planer helfen im Schadensfall nicht weiter.

Forderungsabtretungsvereinbarungen

Schriftliche Festlegung aller Planungsaufträge und Planungsschritte

Immer wieder entstehen Streitigkeiten, Kostenüberschreitungen, Terminverzögerungen, Folgemängel und Schäden, weil die Planungsaufträge und Planungsschritte nicht ausreichend schriftlich vereinbart oder dokumentiert wurden. Schriftliche Vereinbarungen oder gegengezeichnete Protokolle, Planfreigaben etc. sind in kaufmännischen Bereichen oder bei Industrieobjekten obligatorisch. Nur im gesamten privaten Baubereich werden noch immer mündliche Vereinbarungen, die später niemand mehr kennt, getroffen. So lange nichts passiert, mag dieses noch gelten, doch wo passiert nichts?

schriftliche Vereinbarungen

Planungsergebnisse schriftlich formulieren lassen

Auch wenn schriftliche Formulierungen als Text zuzüglich zu Zeichnungen oder Skizzen von Planungsergebnissen unüblich sind, können im Streitfall gerade solche Aufzeichnungen ausschlaggebend sein.

Die Planer sind nach der HOAI (§15) zu solchen Erläuterungen verpflichtet.

Alle Pläne sorgfältig auf Inhalt und Vollständigkeit prüfen

Pläne prüfen

Neben den für die Bauausführung erforderlichen Maßen und sonstigen Angaben, werden in die Pläne auch Flächen und Umfänge eingetragen. Zu unterscheiden ist zwischen den tatsächlichen Flächen und den Wohn-, Nutz- und Nebenflächen, die nach der DIN 283 (alt) oder der II. Berechnungsverordnung zu ermitteln sind. Diese Flächen müssen verbindlich in den Flächenberechnungen und Genehmigungsplänen enthalten sein. Diese Flächen sind neben der Kubatur mit die wichtigsten Grundlagen für die Finanzierung, die Besteuerung und auch einen späteren Verkauf. Diese Angaben sind unbedingt zu prüfen.

Baumängel und Schäden durch Pfusch der Planer

Welcher Bauherr ist dazu in der Lage? Die Beauftragung eines Bausachverständigen, alle Pläne vor Freigabe auf Inhalt, Vollständigkeit und mögliche Planungsmängel zu überprüfen, ist gut angelegtes Geld. Leider ist heute bei fast allen Planungen eine solche Überprüfung erforderlich, denn der überwiegende Teil der Baumängel und -schäden ist auf Planungs- bzw. Objektüberwachungsfehler zurückzuführen. Bei den vom Autor bearbeiteten Schadensfällen lag dieser Anteil bei über 95%.

Unklarheiten sofort klären

dreidimensionale Planungen

Unklarheiten dürfen nicht auf die lange Bank geschoben werden. Alle Fragen schriftlich zu formulieren und schriftlich beantworten zu lassen ist der richtige Weg, Unklarheiten zu beseitigen. Da den meisten Baulaien das räumliche Vorstellungsvermögen fehlt, sind dreidimensionale Planungen oder visuelle Gänge durch das geplante Gebäude eine hervorragende Sache. Die heutigen Zeichenprogramme sind dafür ausgestattet.

Alle Empfehlungen und Ratschläge schriftlich bestätigen

wer schreibt der bleibt

Das alte Sprichwort »*Wer schreibt der bleibt*« hat sich immer bewährt. Warum sollen schriftliche Bestätigungen ein Zeichen von Misstrauen sein? Im normalen Geschäftsverkehr ist dieses absolut üblich.

Alle Besprechungen lückenlos protokollieren

Während der Planungs- und Entscheidungsphasen wird viel gesprochen, später aber noch viel mehr vergessen. Gesprächsprotokolle sind eine bewährte, absolut übliche Dokumentationsart, die besonders bei drohenden Auseinandersetzungen zur Vermeidung unnötiger Streitigkeiten hilfreich sein kann.

Verbindliche Kostenberechnungen fordern

Immer wieder wird von erheblichen Baukostenüberschreitungen, besonders bei öffentlichen Bauvorhaben berichtet. Baukostenüberschreitungen können bis zum Ruin der Bauherren führen.

Baukostenüberschreitungen

Die Planer sind nach der HOAI dazu verpflichtet, Kostenschätzungen und -berechnungen zu erstellen. In *§ 15 Leistungsbild für Gebäude, Freianlagen und raumbildende Ausbauten* sind für folgende Leistungsphasen erforderlich:

Kostenberechnungen

- *Lph. 2. Vorplanung: Kostenschätzung nach DIN 276 oder nach dem wohnungsrechtlichen Berechnungsrecht*
- *Lph. 3. Entwurfsplanung: Kostenberechnung nach DIN 276 oder nach dem wohnungsrechtlichen Berechnungsrecht, Kostenkontrolle durch Vergleich der Kostenberechnung mit der Kostenschätzung.*
- *Lph. 7. Mitwirkung bei der Vergabe: Kostenanschlag nach DIN 276 aus Einheits- oder Pauschalpreisen der Angebote, Kostenkontrolle durch Vergleich des Kostenanschlags mit der Kostenberechnung*
- *Lph. 8. Objektüberwachung: Kostenkontrolle durch Überprüfen der Leistungsabrechnung der bauausführenden Unternehmen im Vergleich zu den Vertragspreisen und dem Kostenanschlag.*

Verbindliche Termine vereinbaren

Alle Beteiligten sollten an einer zügigen Maßnahmedurchführung interessiert sein. Deshalb ist es unbedingt ratsam, für beide Parteien verbindliche Terminvereinbarungen auch in die Planungsverträge mit aufzunehmen. Daran haben sich nicht nur die Planer, sondern auch die Bauherren zu halten. Durch oftmals fehlende Entscheidungsfreude der Auftraggeber werden Planungen und Baubeginn unnötig verzögert. Solche Verzögerungen können zu Kostensteigerungen und Schadenersatzforderungen führen.

verbindliche Termine

Nur nach baurechtlich genehmigten Plänen und Berechnungen bauen; die Genehmigungs- und Bauaufsichtsbehörden haften mit

Bei kleineren Wohnungsbaumaßnahmen besteht die Möglichkeit, auf das normale Baugenehmigungsverfahren zu verzichten und nach dem Freistellungs- oder Kenntnisgabeverfahren [22] zu bauen. In diesem Fall haben Bauherr und Planer die alleinige Verantwortung für die Einhaltung des öffentlichen Baurechts und der a.a.R.d.T. Die Baugenehmigungsbehörde überprüft dann weder Pläne noch Berechnungen. Die Bauvorhaben werden auch nicht auf Einhaltung der öffentlich-rechtlichen Baubestimmungen und a.a.R.d.T. vor Ort überprüft. Es gibt sicherlich Bauvorhaben, die ungeprüft errichtet werden können. Die immer mehr zunehmenden Fehler bei Planungs- und Überwachungsleistungen, besonders bei schlüsselfertigen Baumaßnahmen, können bei der Überprüfung durch die Baugenehmigungsbehörde zwar nicht vollständig vermieden, jedoch zum Teil verhindert werden. Wenn dann durch mangelhafte oder oberflächliche Arbeitsweise der Behörden Schäden auftreten, haften die Behörden mit. Dieses kann bei Bauwerksabdichtungen und Entwässerungsanlagen besonders wichtig sein, die beschriebenen Schadensfälle sind dafür ein Beweis.

nur nach baurechtlich genehmigten Plänen bauen

Kenntnisgabe Freistellung; Behörden haften mit

Keine Freistellungen für Tragwerksplanungen akzeptieren

Freistellungserklärungen

Durch Freistellungserklärungen gegenüber der Baurechtsbehörde können Bauherren und Tragwerksplaner auf die Prüfung der Tragwerksplanung durch Prüfingenieure verzichten. Welcher Fachmann stellt dann fest, ob überhaupt eine richtige oder vollständige Tragwerksplanung vorhanden ist? Keiner, und Bauherren sind dazu nicht in der Lage.

Prüfung aller Baubeschreibungen und Leistungsverzeichnisse auf Übereinstimmung mit eigenen Vorstellungen, den a.a.R.d.T., Vollständigkeit und Vertragsbedingungen

Baubeschreibungen und Leistungsbeschreibungen prüfen

Baubeschreibungen sind für den Baulaien nur verständlich, wenn alle geplanten Ausführungsstandards vollständig und allgemein verständlich beschrieben und ggf. mündlich erläutert werden. Besonders bei schlüsselfertigen Objekten sind Baubeschreibungen sehr oft undurchsichtig und schwammig verfasst. Besonders vernachlässigt werden regelmäßig: Grundstücksentwässerung, tragende Bauteile Bauwerksabdichtung, Wärme-, Feuchte- und Schallschutz, alle erdberührten Bauteile und auch später unsichtbare Bereiche. Leistungsverzeichnisse sind oft unvollständig oder für die geplante Maßnahme nicht verwendbar. Viele Architekten benutzen noch immer überalterte eigene »Standard-

undurchsichtig und schwammig verfasste Baubeschreibungen

leistungsverzeichnisse«, die den geltenden Regeln nicht mehr entsprechen. Durch die Einschaltung eines Sachverständigen können Missstände aufgedeckt werden, nicht zur Freude der Verfasser. Freude und Vertrauen können nur bei fehlerfreier Leistung aufkommen, doch daran fehlt es leider in sehr vielen Fällen.

Leistungsverzeichnisse sind unvollständig

Angebote akribisch überprüfen

Angebote werden oft bewusst so unvollständig abgegeben, dass spätere Nachtragsangebote erforderlich werden. Ursächlich dafür sind meistens falsche oder unvollständige Bau- und Leistungsbeschreibungen. Geschäftsbedingungen sind für Baulaien und rechtlich unerfahrene Bauherren nicht übersehbar. Gerade beim schlüsselfertigen Bauen werden Bauherren oft mit unberechtigten Forderungen über den Tisch gezogen, oder es werden Bauausführungen vereinbart, die mit den a.a.R.d.T. oder dem Stand der Technik nicht übereinstimmen.

Angebote sind oft bewusst unvollständig

Keine Planungsänderungen verursachen (Mehrkosten drohen)

Jede geänderte Planung hat Kostenänderungen zur Folge, meistens nach oben. Wenn während der Bauphase geändert wird, können, je nach Abweichen von der genehmigten Planung, vollständige Neuplanungen, Änderungsgenehmigungen, zusätzliche oder neue statische Berechnungen, Änderungen bei der technischen Ausrüstung etc. und Baustillstand auftreten. Bei Pauschalverträgen entfällt bei Planungsänderungen die Vertragsgrundlage, bei Einheitspreisverträgen sind Nachtragsvereinbarungen zu meist höheren Preisen die Folge. Amerikaner planen lange und gründlich, Deutsche wollen bereits nach der ersten Idee das Gebäude beziehen. Der amerikanische Weg ist der bessere.

Mehrkosten durch Planungsänderungen

Vertragsgrundlage entfällt bei Pauschalverträgen durch Planungsänderungen

Rechtliche Beratung vor Vertragsabschlüssen einholen, rechtliche Betreuung vereinbaren

Besonders beim Privatbau sind die Vertragsparteien in der Regel unterschiedlich ausgebildet, auf der einen Seite technische Fachleute, oft auch rechtlich geschult oder unterstützt, auf der anderen Seite technische und rechtlich unerfahrene Laien. Durch die Einschaltung von Rechtsbeiständen von Anfang an werden mit Sicherheit mögliche Übervorteilungen oder unliebsame Folgen aus ungünstigen Verträgen vermieden.

Rechtsberatung gegen Übervorteilung

Bauherrenhaftpflicht- und Bauleistungsversicherungen abschließen

Bauherren haften immer zuerst

Einsturzrisiko versichern

Bauherren sind gegenüber Dritten erst einmal immer die Verursacher von möglichen Schadensereignissen, auch wenn die Schäden nicht von ihnen selbst, sondern von beauftragten Firmen verursacht wurden, Käufer dagegen nicht. Bauherren haften deshalb immer zuerst bei allen von der Baumaßnahme ausgehenden Schadensfällen, später können diese vielleicht an die eigentlichen Schadensverursacher durch Schadenersatzforderungen weitergegeben werden. Bei Abschluss einer Bauherrenhaftpflichtversicherung muss sich der Bauherr damit nicht ohne Rechtsbeistand oder Versicherungsschutz herumschlagen, das macht dann die Versicherung. Bauleistungsversicherungen schützen die eingebauten Leistungen der Unternehmer vor der Abnahme gegen Elementarschäden, Beschädigung und Diebstahl. Bei Umbauten oder Instandsetzungen kann sogar das Einsturzrisiko mit versichert werden. Mit den Prämien für die Bauleistungsversicherung können die ausführenden Firmen belastet werden, wenn diese keine eigenen Versicherungen abgeschlossen haben: Diese Frage muss vor Vertragsabschluss geklärt werden.

Referenzen über Firmen einholen, besonders über Mängel und Mängelbeseitigung

Referenzen

Geplante Baumaßnahmen können vor der Errichtung nicht besichtigt oder überprüft werden. Referenzen geben Auskunft über die Zuverlässigkeit, Ausführungsqualität, Termintreue und auch das Verhalten der Planer und Firmen beim Auftreten und Beseitigen von Mängeln und Schäden. Bei gerade fertig gestellten Bauten können zumindest keine Auskünfte in Verbindung mit Baumängeln erteilt werden. Dieses ist jedoch besonders wichtig, denn Bauten sollen keine kurzlebigen, sondern langlebige Wirtschaftsgüter sein. Schließlich zahlen die meisten Bauherren meist 25 Jahre und länger. Katzen werden auch nicht im Sack gekauft, Bauten leider überwiegend.

Bonitäts-, Liquiditäts- und Versicherungsauskünfte einholen

Auskünfte einholen

Der Pfusch am Bau fordert immer mehr Opfer, leider aber auch die Bauherren selbst. Wegen der meist zu schwachen Kapitaldecke der Baufirmen sind Insolvenzfälle auf der Tagesordnung, besonders bei Mängeln an nicht zugänglichen Bauteilen wie Bauwerksabdichtungen und Entwässerungsleitungen. Treten solche Mängel mit besonders hohen Folgekosten auf, müssen sich viele Firmen in die Insolvenz oder den Konkurs abmelden. Die betroffenen Bauherren sind dann die wirklich Geschädigten. Gegenseitige Absicherungen durch Bankbürgschaften sind möglich und immer öfter erforderlich. Unternehmer lassen sich die Finanzierungsbestätigungen von ihren Auftraggebern vorlegen und verlangen oft auch Forderungsabtretungen gegen die finanzierenden Banken. Durch Erfüllungsbürgschaften der Firmenbanken können Verluste für Bauherren verhindert werden, bei Insolvenz oder Pfusch muss die Bank zahlen. Deckungszusagen der Firmenversicherungen für die jeweiligen Bauvorhaben geben nicht nur den Bauherren oder Käufern, sondern auch den Firmen Sicherheit. Bei öffentlichen oder Industriebauvorhaben oder gewerblichen Wohnungsbauten sind solche gegenseitigen Absicherungen grundsätzlich üblich, beim privaten Wohnungsbau leider noch nicht.

Forderungsabtretungen
Erfüllungsbürgschaften

Aufträge nur an regionale oder örtliche, renommierte Firmen vergeben

Durch den verschärften Wettbewerb am Bau versuchen fast alle Firmen, Aufträge durch besonders billige, meist nicht kostendeckende Angebote zu bekommen. Dass dabei die Qualität auf der Strecke bleibt, geben Firmeninhaber offen zu. Mit eigenem Personal sind die meisten Firmen nicht mehr dazu in der Lage, angenommene Aufträge annähernd kostendeckend auszuführen. Alte Firmen gehen, neue Firmen, manchmal nur alte unter neuem Mantel, kommen, doch woher? Aus allen Ländern Europas und dem Rest der Welt. Die Spreu vom Weizen zu trennen ist selbst Fachleuten nicht mehr möglich.

nicht kostendeckende Angebote

Regional oder örtlich agierende mittelständische Firmen, meist noch im Familienbesitz und unter Eigentümerleitung. geben die beste Gewähr für die Erbringung der vertraglich vereinbarten Leistung in guter Ausführung, wenn eigenes Personal oder zuverlässige, bekannte Partner oder Subunternehmer mit eingesetzt werden. Diese Firmen sind auf ihren guten Ruf angewiesen. Kein seriöser Unternehmer kann es sich leisten, dass auf ihn wegen Pfuschs am Bau mit dem Finger gezeigt wird. Er wird immer versuchen, zufriedene Kunden zu bekommen und zu pflegen. Fliegende Kolonnen oder Firmen aus der Ferne stehen mit Sicherheit bei Baumängeln und Schäden nicht mehr zur Verfügung, der Auftraggeber hat dann mal wieder Pech.

fliegende Kolonnen

Unbekannte oder Subunternehmer aus Billiglohnländern ausschließen

Subunternehmer aus Billiglohnländern

Dieser Rat ist leichter ausgesprochen und geschrieben, als ausgeführt. Die meisten Bauunternehmer sind auf Personal oder Subunternehmer aus Billiglohnländern angewiesen. Auf vielen Baustellen, besonders Großbaustellen, herrscht ein Sprachengewirr wie beim Turmbau zu Babel. Viele Subunternehmer beschäftigen keine ausgebildeten Fachkräfte, sondern alles was Beine hat. Wenn schon Subunternehmer eingesetzt werden müssen, müssen deren qualitative Leistungen besonders sorgfältig überprüft werden, bevor eine Zustimmung gegeben oder ein Vertrag unterschrieben wird. Immer mehr öffentliche oder große Auftraggeber erteilen wegen der Mängelbeseitigungsprobleme großen Baukonzernen keine weiteren Aufträge, denn nach der Leistungserbringung sind die Subunternehmer weg oder pleite. Große Baukonzerne haben kein eigenes gewerbliches Fachpersonal mehr, sie kaufen die Bauleistungen zum billigsten, meist für die Subunternehmer unauskömmlichen Preis ein.

Baukonzerne kaufen Bauleistungen ein

Bei Vergabe an Generalüber- oder -unternehmer Subunternehmer und Objektüberwachung vertraglich festlegen

Bei schlüsselfertigem Bauen mit Generalübernehmer gibt der Auftraggeber alle Leistungen, auch die Planungs- und Überwachungsaufgaben, aus der Hand. Generalübernehmer erbringen in der Regel keine eigenen Leistungen, sondern kaufen diese beim billigsten Bieter ein. Generalunternehmer beschäftigen manchmal noch teilweise eigenes Personal, kaufen aber auch die Bauleistungen bei Billigstanbietern ein. Im Gegensatz zur Vergabe an Generalübernehmer erbringt der Bauherr bei Vergabe an Generalunternehmer die oder einen Teil der Planungsleistungen. Generalunternehmer überwachen das Objekt, der Bauherr gibt auch hier die Kontrolle aus der Hand. Deshalb ist es besonders wichtig, die eingesetzten Subunternehmer namentlich zu kennen, vorher zu überprüfen und im Vertrag festzulegen. Bei Vergabe an Generalüber- oder -unternehmer sollte man niemals die Objektüberwachung aus der Hand geben.

Objektüberwachung mehr aus der Hand geben

Pauschalverträge nur bei Vollständigkeit des gesamten Leistungsumfanges und nach Vergleichsberechnungen abschließen

Pauschalverträge bieten dem Auftraggeber Sicherheiten, jedoch nur, wenn alle Planungsleistungen und Objekt- und Leistungsbeschreibungen vollständig sind und Vertragsgrundlage werden. Vor der Vergabe sollte durch Vergleichsberechnungen unbedingt überprüft werden, ob eine Pauschalvergabe die erhofften Vorteile, nämlich eine Komplettleistung zum Festpreis zu erhalten, auch wirklich bringt. Viele Bauunternehmer nutzen jede Abweichung von der vertraglich vereinbarten Pauschalleistung, z.B. bei Planungsänderungen, zu ihren Gunsten aus. Die abgeschlossenen Verträge werden in vielen Fällen wegen Wegfall der Geschäftsgrundlage gekündigt oder durch Nachträge zu meistens weit höheren Einheitspreisen, als bei der Grundkalkulation angesetzt, aufgestockt.

Wegfall der Geschäftsgrundlage

Bauüberwachung nicht aus der Hand geben, Bauüberwachung ggf. vom Planer trennen (vier Augen sehen mehr, doppelte Haftung)

4-Augen-Prinzip

Das wichtigste Glied in der Baukette ist und bleibt der Objektüberwacher (Bauleiter). Bauleiter müssen absolut zuverlässig und erfahren sein und wirklich alle Tricks am Bau kennen. Letztlich hängt vom Bauleiter ab, ob die vereinbarte Leistung in der vereinbarten Qualität, zum vereinbarten Preis und zum vereinbarten Termin mängelfrei abgeliefert wird. Der Bauleiter muss nicht nur die Bauausführung überwachen, sondern er muss alle Pläne auf Richtigkeit und Vollständigkeit überprüfen. Er muss sich nicht nur gegenüber den Firmen, sondern auch bei mangelhaften oder unvollständigen Planungen gegenüber den Planern durchsetzen. Auch bei widersinnigen Anweisungen der Auftraggeber hat er auf die Folgen hinzuweisen und sogar die Bauordnungsbehörde einzuschalten, wenn durch solche Anweisungen die Sicherheit am Bau oder die Einhaltung der a.a.R.d.T. gefährdet sind. Interessenkollisionen können auftreten, wenn Planer unvollständige oder mangelhafte Planungen verwenden und dann selbst oder mit eigenen Mitarbeitern die Bauüberwachung durchführen. Bewährt hat sich die Trennung von Planung und Objektüberwachung. Für den Auftraggeber ergibt sich ein gewaltiger Vorteil: Beide, Planer und Bauleiter, haften für Fehlleistungen und Unterlassungen.

Trennung von Planung und Objektüberwachung hat sich bewährt

Baustelle täglich überwachen lassen

Früher war es grundsätzlich üblich, heute ist es zwingend erforderlich, die Baustellen mindestens täglich einmal oder mehrmals zu

Baustellen müssen täglich oder mehrmals täglich überwacht werden

überwachen. Bei den von Bauherren und Bauträgern geforderten viel zu kurzen Bauzeiten und dem Preisdruck können die vereinbarten Qualitäten nur abgeliefert werden, wenn durch eine ständige Kontrolle und Überwachungsdruck die Unternehmer keine Möglichkeiten zum Pfusch erhalten. Zulässige Toleranzen sind sowohl im Rohbau als auch im Ausbau einzuhalten. Besonders im Innenausbau, aber auch bei Bauwerksabdichtungen, Außenputzen etc. sind Trocknungs-, Verarbeitungs- und Standzeiten einzuhalten, bevor mit weiteren Arbeitsgängen begonnen werden kann. Besonders sorgfältig zu überwachen sind alle Bauwerksabdichtungen, Entwässerungen, Wärme- und Schalldämmungen. Ohne tägliche Kontrolle mit ausreichenden Zeiten ist dieses nicht möglich.

Vollständiges Tagebuch führen

Bautagebuch

Das Bautagebuch ist vom Bauleiter lückenlos zu führen. Aufzunehmen sind: Datum, Wetter, Belegschaft und Arbeitsgänge der einzelnen Firmen, alle Anweisungen, Besprechungen, Behördenforderungen, Änderungen, Abnahmen und der Leistungsstand. Bautagebucheinträge sollten immer täglich dem Auftraggeber übermittelt werden, so ist dieser stets informiert. Gerade bei Streitigkeiten ist das Bautagebuch eine wichtige Urkunde beim Nachvollziehen des Bauablaufes usw. Da auch bei Tagebüchern manchmal getrickst wird, kann ein eigenes Gegenbuch manchmal sehr hilfreich sein.

Lückenlose Fotodokumentation führen

Fotos und Filme als Dokumentationen

Mit Fotos oder Filmen können der jeweilige Baustand, die Lage von Leitungen für Wasser, Abwasser und Strom etc. dauerhaft dokumentiert werden. Gerade beim Aufhängen von Bildern, Befestigen von Möbeln und späteren Reparaturen etc. sind diese Informationen besonders wichtig. Ein Foto zu wenig kann bei Streitigkeiten zu Problemen führen, ein Foto zu viel nicht. Fotos oder Film-/Videoaufnahmen sind die besten Beweismittel bei Mängeln, Ablaufstörungen und auch bei der Ursachenforschung von Bauschäden. Außerdem sind solche Dokumentationen eine gute Erinnerung an das persönliche »Einmal im Leben«.

Alle Leistungen, auch Teilleistungen, gemeinsam mit dem Bauleiter abnehmen

Die wichtigste Handlung des Bauherrn (Besteller) ist die Abnahme.

Bei der Abnahme übernimmt der Besteller die Leistung, sei es vorbehaltlos oder unter Vorbehalt. Vorbehalte sind z.B. Mängeleinreden, Geltend machen von Konventionalstrafen aus Verzug, Gegenforderungen etc. Vorbehalte müssen bei der Abnahmeverhandlung vorgetragen und in das Abnahmeprotokoll wörtlich aufgenommen werden. Die Abnahme bedeutet für den Besteller die Beweislastumkehr. Vor der Abnahme hat der Lieferant die vertragsgemäße, mängelfreie Leistung zu beweisen, nach der Abnahme liegt die Beweislast für nicht vertragsgemäße und mangelhafte Leistungen beim Besteller. Nach der Abnahme ist die Schlusszahlung fällig. Bauherren sind meistens technisch und juristisch nicht soweit ausgebildet, um Bauabnahmen oder Teilabnahmen ohne Unterstützung durchzuführen. Für die technische Beratung muss entweder der eigene Bauleiter oder ein Sachverständiger, für die juristische Beratung ein Rechtsbeistand Hilfe leisten. Viele Bauunternehmer, aber auch manche Planer, nutzen die Unkenntnis der Besteller schamlos aus und vertuschen alle nicht sichtbaren Mängel, obwohl alle Vertragsabweichungen wie Planungs- und Ausführungsmängel, auch verdeckte, bei der Abnahme offenbart werden müssen. Um dieses zumindest teilweise zu verhindern, sind auch Abnahmen fertiggestellter Teilleistungen unbedingt erforderlich. Früher regelten das die Handwerker untereinander und mit dem Bauleiter. Doch die Zeiten haben sich leider geändert, zumal Bauleiter ohne besondere Vollmacht nicht abnahmeberechtigt sind.

Abnahme ist die wichtigste Handlung

Beweislast

Schönreden von Mängeln zurückweisen

Bauunternehmer, alle Handwerker, aber auch Architekten und abhängige Bauleiter versuchen immer, gerügte Mängel herunterzureden oder zu beschönigen. Oft werden geringe Minderungsbeträge angeboten und von den Bestellern angenommen, besonders dann, wenn die Kasse leer ist. Baulaien können weder ins Bauwerk eingeflossene Planungsmängel, verdeckte Mängel oder alle für den Fachmann offensichtlichen Mängel erkennen. Tapeten, Fliesen und Farben decken den Pfusch zu. Alles Sichtbare ist meistens auch in Ordnung, doch der Teufel lauert im Verborgenen, so auch die meisten Mängel. Gerügte Mängel sind zu protokollieren. Fachleute sollen ggf. später klären, ob Mängeleinreden berechtigt sind oder nicht.

Der Teufel lauert im Verborgenen

Achtung: Mit vereinbarten Minderungen wird unter Umständen jede diesen Punkt betreffende Nachbesserungspflicht aufgehoben. Der Besteller muss mit dem Pfusch leben.

Bei Mängeln Abnahmen verweigern

Abnahme bei gravierenden Mängeln für das ganze Haus verweigern

Bei mangelhaften Bauleistungen muss die Abnahme für das mangelhafte Bauteil, bei gravierenden Mängeln wie z.B. Grundstücksentwässerung, Bauwerksabdichtung, Wärme-, Feuchte-, Schall- und Brandschutz etc. muss die Abnahme für das gesamte Bauwerk verweigert werden. Gleiches gilt für Abweichungen von baurechtlich genehmigten Plänen und Auflagen bis zur Übergabe einer unwiderruflichen Baugenehmigung. In einem solchen Fall muss der Mängelverursacher diese Nachgenehmigung auf seine Kosten besorgen. Auch bei Abweichung von vertraglich vereinbarten Ausführungen sollte vorsorglich die Abnahme verweigert werden, einigen kann man sich danach noch immer. Baukostenüberschreitungen ohne eigenes Verschulden des Bauherrn oder Insolvenzen von beauftragten Firmen stellen einen gravierenden wirtschaftlichen Mangel dar. Für diesen ist unter Umständen der Architekt verantwortlich. Wenn z.B. keine vollständigen oder aktuellen Pläne bei der Abnahme vorliegen, ist das ein Grund dafür, die Abnahme der Architektenleistung zu verweigern.

Bei Abnahmen Bausachverständige einschalten

Bei konventionell errichteten Bauten überprüft der Bauleiter während der gesamten Bauzeit die einzelnen Bauleistungen und stellt Mängel hoffentlich sofort ab. Die Schlussabnahme findet dann meistens als gemeinsame Objektbegehung statt, in der eventuell noch letzte Mängel festgestellt und dokumentiert werden. Auf eine förmliche Abnahme mit Abnahmeprotokoll wird oft verzichtet, meistens wird das Haus dem Bauherrn nur übergeben, und zwar ohne eine ausdrückliche Abnahme. Wenn der Bauherr die Verträge auf Grundlage der VOB abgeschlossen hat, gilt nach VOB/B § 12 das Objekt 6 Tage nach Benutzung als abgenommen. Ebenfalls gelten nicht förmlich abgenommene Leistungen 12 Tage nach Meldung der Fertigstellung oder Übergabe der Schlussrechnung durch die Firmen als abgenommen, wenn nichts anderes vereinbart wurde (fiktive Abnahme). Grundsätzlich muss deshalb bei auf Grundlage der VOB abgeschlossenen Verträgen für alle Gewerke

fiktive Abnahme nach VOB

die förmliche Abnahme vertraglich vereinbart werden. Das Werkvertragsrecht nach BGB (§§ 631 ff) kennt die fiktive Abnahme nicht, es gibt nur die förmliche Abnahme. Wenn trotz einer vom Unternehmer gesetzten angemessenen Frist die förmliche Abnahme nicht erfolgt ist, gilt das Werk als abgenommen, wenn der Besteller zur Abnahme verpflichtet ist.

förmliche Abnahme

Bei schlüsselfertigen Bauten, die nach Werksvertragsrecht errichtet wurden, sind Bauunternehmer und auch Architekten und deren Bauleiter immer bestrebt, die Bauabnahmen in kürzester Zeit durchzuziehen. Notwendige Überprüfungen von z.B. inneren Abdichtungen in Spritzwasserbereichen von Bädern usw. werden in den seltensten Fällen durchgeführt, warum auch? Der Bauherr ist ja Laie und hat keine Ahnung vom Bau. In solchen Fällen dauern Bauabnahmen erfahrungsgemäß zwischen wenigen Minuten bis maximal einer Stunde, dann gibt es die Flasche Sekt, Blumen für die Dame und die Schlüssel.

Blumen und Sekt für die Dame

Schlüssel gibt es bei schlüsselfertigen Objekten meistens aber nur nach bestätigter Zahlung der zur Abnahme und Übergabe fälligen Rate. Mängeleinreden und Zurückbehaltungsrechte in dreifacher Höhe der Mängelbeseitigungskosten werden meist nicht akzeptiert. Es ist besser, vor der Abnahmebegehung den Unternehmer auf alle bekannten Mängel hinzuweisen und ggf. eine Sicherheitsleistung bis zur vollständigen Mängelbeseitigung zu fordern, wenn der Unternehmer die gerügten Mängel nicht bis zur Abnahme beseitigen kann oder will. Wenn der Unternehmer weiß, dass möglicherweise die Abnahme und auch dringend benötigte Zahlungen verweigert werden, wird er bemüht sein, seine Kunden zufrieden zu stellen.

Zahlungsverweigerungsrecht

Durch Unterstützung von Bausachverständigen bei Bauabnahmen haben unerfahrene Bauherren eine Möglichkeit, alle Leistungen auf Übereinstimmung mit den vertraglichen Vereinbarungen, den Regeln der Technik und den Bauauflagen bei der Abnahmeverhandlung zu überprüfen. Von Sachverständigen vorgetragene Beanstandungen oder gar der Rat, die Abnahme des Bauvorhabens zu verweigern, werden von den Unternehmern und Architekten meistens sehr ernst genommen, denn neben möglichem Ärger und vielleicht drohenden Prozessen kommt kein Geld aufs Konto. Wenn Sachverständige allerdings nur zur Abnahme kommen, nicht jedoch schon vorher die Verträge, Planungen und das Objekt kennen, kommen sie meistens zu spät.

Bausachverständige bei Bauabnahmen einschalten

3.2 Empfehlungen für Käufer

Käufer kaufen entweder komplette schlüsselfertige Gebäude incl. Grundstück oder Teileigentum an Eigentumsanlagen beim Bauträger. Der Bauträger baut immer auf eigene Rechnung.

Angebote, Pläne und Baubeschreibungen durch neutrale Fachleute vor Vertragsabschluss prüfen lassen

Hochglanzprospekte und Bilder

falsche Flächenangaben für bewusste Täuschung

Fachleute mit der Überprüfung der Unterlagen beauftragen

Bei Bauträgerobjekten wird das Objekt fertig oder teilweise fertiggestellt gekauft. Bauträger sind bestrebt, die Ware möglichst billig einzukaufen und so teuer wie möglich wieder zu verkaufen. Die Kaufinteressenten erhalten meistens farbige Hochglanzprospekte mit sehr oft nicht ausreichenden Beschreibungen, unvermassten Plänen, aber wunderschönen Bildern von eingerichteten Räumen, Bädern und Ansichten mit Gartenanlagen. Konkrete Pläne und Beschreibungen für alle Bauteile gibt es in sehr vielen Fällen bewusst nicht. Besonders bei den Flächenangaben werden immer öfter nicht die Wohn- oder Nutzflächen nach II. Berechnungsverordnung oder DIN 283 (alt) eingetragen, sondern die Fußbodenflächen. Kaufinteressenten werden somit gerade bei den Flächenangaben bewusst getäuscht. Alle unsichtbaren Bauteile werden meistens nur vage und unvollständig beschrieben, alle sichtbaren Gegenstände wie z.B. Steckdosen, Fliesen, Sanitäreinrichtungen und -ausstattungen werden dagegen exakt aufgelistet. Den Kaufinteressenten wird bewusst etwas vorgegaukelt, was dann in der Praxis leider ganz anders aussieht. Sehr viele Kaufinteressenten lassen sich gerne von solchen Bildern und als besonders hochwertig beschrieben Ausführungen blenden. Wenn dann der Kaufvertrag unterschrieben ist und mit dem Bau begonnen wurde, tritt oft ganz plötzlich die Ernüchterung ein, der Ärger beginnt. Zum eigenen Schutz vor unseriösen Geschäften – Immobilien sind ja nicht gerade billig – müssen Fachleute mit der Überprüfung aller Unterlagen beauftragt werden. Testieren diese das geprüfte Objekt als gut und das Gegenteil tritt ein, haften die beauftragten Prüfer für ihre Versäumnisse.

Verträge juristisch überprüfen lassen

Immobilienkaufverträge sind sehr oft so schwammig und unverständlich aufgesetzt, dass eine vorherige Überprüfung durch einen Fachanwalt unabdingbar geworden ist. Wer wirklich glaubt, dass alle Notare neutral sind und die Interessen aller Vertragspartner gleichwertig berücksichtigen, erlebt manchmal schon bei ersten Mängel betreffenden Auseinandersetzungen ein blaues Wunder. Die Teilungserklärungen, Kaufverträge und Verwalterbestellungen für die ersten fünf Jahre werden immer vorab vom Bauträger und seinem Hausanwalt oder Notar (oft sogar in Personalunion) formuliert. Oft haben diese Juristen auch die allgemeinen Geschäftsbedingungen und juristischen Passagen der Objektbeschreibungen mit formuliert, und zwar im ausschließlichen Interesse des Bauträgers. Nicht juristisch ausgebildete Kaufinteressenten können diese Finten nicht erkennen, da sind Juristen gefragt.

juristische Überprüfung erforderlich

Keine mündlichen Vereinbarungen treffen, Vereinbarungen nur mit schriftlich Bevollmächtigten treffen

Obwohl in allen Verträgen Nebenabreden ausgeschlossen werden, glauben viele Erwerber noch immer an die Wirksamkeit von Versprechungen und mündlichen Vereinbarungen. Zugesagt wird viel, besonders von nicht bevollmächtigen Verkäufern oder Bauleitern. Gehalten werden solche Versprechungen oder Vereinbarungen meistens nicht, die Enttäuschung ist groß, der Krach beginnt. Grundsätzlich sind nur schriftliche Vereinbarungen mit den Geschäftsführern oder bevollmächtigten Vertretern der Bauträger verbindlich und justiziabel. Diese müssen in den Kaufverträgen benannt sein. Wer dieses nicht beachtet, hat leider selbst Schuld, wenn solche Situationen eintreten.

Versprechungen sind wertlos

Alle Planungen und Berechnungen auf Inhalt und Vollständigkeit durch Sachverständige überprüfen lassen

Bei kleineren Objekten wird verstärkt nur nach Entwurfsplänen im Maßstab 1:100 gebaut, Ausführungs- und Detailpläne sind zu teuer. Tragwerks- und auch Werkplanungen werden verstärkt von Fertigteilwerken kostenlos mitgeliefert. Planungen der Heizungs-, Sanitär-, Elektro- und Klimaanlagen sollen von den beauftragten Firmen geliefert werden, doch meistens gibt es vor Vertragsabschluss keine solchen Planungen. Entwässerungspläne fehlen, wenn nicht vor Planungsbeginn entsprechende Planungsaufträge erteilt wurden. Die Wärmeschutznachweise sind schon wegen der unzureichenden Gesetzesgrundlagen unvollständig. Schallschutzberechnungen fehlen regelmäßig. Kein Baulaie weiß, welche Unterlagen erforderlich sind. Deshalb müs-

Pläne fehlen meistens vor Vertragsabschluss

unabhängige Fachleute beauftragen

sen heute verstärkt vom Bauträger unabhängige Fachleute mit der Überprüfung der gesamten Planung vor Vertragsabschluss beauftragt werden, wenn spätere Überraschungen vermieden werden sollen. Auch der Erwerber hat Anspruch darauf, dass für sein Eigen- oder Teileigentum alle erforderlichen Planungen vollständig und fehlerfrei vorliegen, und zwar vor Baubeginn.

Fehlende oder unvollständige Planungen monieren

fehlende Pläne monieren; Verträge nicht unterschreiben

Durch die vor Vertragsabschluss durchgeführten Überprüfungen der Pläne und Berechnungen können fehlende oder fehlerhafte Planungen und Berechnungen moniert und die Vorlage dieser Unterlagen vor Baubeginn vertraglich geregelt werden. Weigert sich der Bauträger, auf diese berechtigten Forderungen einzugehen, kann dies ein mögliches Indiz dafür sein, dass keine vollständigen Planungen vorgesehen sind. Der Bauträger möchte dann auch nicht alle Karten auf den Tisch legen. In einem solchen Fall sollte kein Kaufvertrag abgeschlossen werden.

Baugenehmigungen vorlegen lassen und überprüfen

Baugenehmigungen überprüfen

Bauträgerobjekte müssen baurechtlich unwiderruflich genehmigt sein, auch kleine. In den Genehmigungen sind alle öffentlich-rechtlichen Auflagen aufgeführt. Dieses ist besonders für Grundstücksentwässerungsanlagen und Bauwerksabdichtungen von besonderer Bedeutung. Erwerber haben grundsätzlich Anspruch auf Einsicht in die Bauakten, sei es beim Bauträger oder bei der Genehmigungsbehörde. Wenn sich der Bauträger hier verschließt, ist Vorsicht geboten. Dann sollte ggf. vom Kauf abgesehen werden.

Keine Bauten ohne Baugenehmigung akzeptieren

Baugenehmigungen kosten Geld. Bauträger sind bemüht, alle vermeintlich unnötigen Kosten zu vermeiden, auch Genehmigungsgebühren. Soweit wie möglich werden Bauten im Kenntnisgabeverfahren errichtet.

Niemand prüft den Bau

Niemand prüft die Pläne, Berechnungen und den Bau auf Übereinstimmung mit den öffentlich-rechtlichen Baubestimmungen, dem Nachbarschaftsrecht, den a.a.R.d.T. und Einhaltung bei der Ausführung. Alles wird dem Architekten bei unvollständigem Planungsauftrag übertragen. Dann wird ein Generalunternehmer beauftragt und niemand überprüft den Bau. Wenn von den Banken Schlussabnahmescheine vor der Auszahlung der Schlussrate verlangt werden, treten große Probleme auf, denn Schlussabnahmescheine werden bei Bauten ohne Baugenehmigung nicht ausgestellt. Ein Kaufvertrag sollte in solchem Fall nicht abgeschlossen werden, bevor diese Frage geklärt ist.

Schlussabnahmescheine für Banken

Tragwerksplanung ohne Prüfung durch Prüfingenieur ablehnen

Für alle tragenden Bauteile werden statische Nachweise benötigt. Rohbauten werden nicht nach den Architektenplänen, sondern nach den Schal- und Bewehrungsplänen der Tragwerksplaner gebaut. Schalpläne kosten auch Geld, deshalb wird von Bauträgern immer öfter auf solche verzichtet. In die Architektenpläne M 1:100 werden die Positionsnummern aus der Statik eingetragen, und danach soll dann gebaut werden. Durch Freistellungserklärungen können Bauträger von der Prüfung der Tragwerksplanung durch Prüfingenieure befreit werden. Gegenüber der Baurechtsbehörde ist zu erklären, dass eine vollständige Tragwerksplanung vorliegt, der Tragwerksplaner eine mindestens fünfjährige Erfahrung besitzt und haftpflichtversichert ist.

Freistellungserklärung

Prüfingenieure stellen bei der Prüfung alle fehlerhaften oder unvollständigen Tragwerksplanungen fest, überprüfen die Wärme- und Schallschutznachweise. Erst bei vollständigen, fehlerfreien Unterlagen wird die Baufreigabe erteilt. Wenn die Bauüberwachung durch das Baurechtsamt mit beauftragt wird, dürfen Stahlbetondecken erst nach Bewehrungsabnahme und Freigabe durch den Prüfingenieur betoniert werden. Bei der heutigen Planungs- und Bauqualität darf auf solche Prüfungen nicht verzichtet werden. Sollte der Bauträger die Notwendigkeit herunterspielen, ist die Abnahme des Bauobjektes zu verweigern. Dann muss nachträglich überprüft werden, ob die Standsicherheit gewährleistet ist, und das ist teuer, besonders bei nachträglich erforderlichen Änderungen oder Verstärkungen von tragenden Bauteilen oder Gründungen bei falschen Berechnungen.

Prüfingenieure müssen die Tragswerkplanung überprüfen

Baugrundgutachten vorlegen lassen und prüfen (Grundwassergefahr)

Überschwemmte Untergeschossräume und nasse Kellerwände sind für alle Beteiligten immer wieder wenig Grund zur Freude. Davon ausgenommen sind Juristen und Sachverständige sowie Trocknungsunternehmen. Zur Beurteilung der erforderlichen Gründungs- und Abdichtungsmaßnahmen sind genaue Kenntnisse von Baugrund und

Baugrundgutachten

Grundwasserverhältnissen zwingend erforderlich. Bei größeren und großen Bauvorhaben sind Baugrunduntersuchungen obligatorisch, bei kleinen Bauten die Ausnahme. Die meisten Abdichtungsfehler und Folgeschäden sind für erdberührte Bauteile auf fehlende Baugrunduntersuchungen und dadurch entstandene Planungsfehler zurückzuführen. Gleiches gilt für Setzungsschäden an Gebäuden. Wenn der Bauträger keine Baugrundgutachten vorlegen kann, kann eine Bauwerksabnahme nur unter Vorbehalt erfolgen oder ist sogar bei schwierigen Situationen abzulehnen, denn mögliche Planungsfehler haben sich dann im Bau verwirklicht.

Abdichtungsfehler durch fehlende Baugrundgutachten

Schallschutz- und Wärmeschutznachweise anfordern und prüfen lassen

Schallschutznachweise sind bei Geschossbauvorhaben, Wärmeschutznachweise bei allen Baumaßnahmen erforderlich. Die stark zunehmenden Feuchteschäden und Schimmelpilzbildungen in Neubauten sind sicherlich oft auf den ungenügenden Wärmeschutz von Bauten zurückzuführen. Schallschutznachweise werden meist nur durch Auflistung der Wand- und Deckenaufbauten geführt. Diese Auflistungen geben jedoch keine klare Aussage über Schallnebenwege, Schall-längsleitung bei leichten Wänden und Decken oder bei Altbauten. Wenn Bauten fertiggestellt sind und der Schallschutz nicht stimmt, sind Änderungen entweder nur zu erheblichen Kosten und möglichen Flächenverlusten oder gar nicht mehr möglich. Zusätzlich stehen jahrelange Prozesse mit unbefriedigendem Ausgang bevor, auch ein erheblicher Wertverlust. *»Vorbeugen ist besser als Heilen«* sagt ein altes Sprichwort.

Schallnebenwege und Schalllängsleitung

Vollständige Handwerkerliste anfordern, Handwerker vertraglich festlegen

Handwerkerliste

Wichtig ist vor Vertragsabschluss zu wissen, wer am Bau beteiligt wird oder ist. Die zu erwartende Ausführungsqualität kann durch Überprüfen der beauftragten oder vorgesehen Firmen erkannt werden. Renommierte Firmen liefern überwiegend gute Qualitäten ab, andere dagegen nicht immer. Zuverlässigkeit, Ausführungsqualitäten und vor allem Mängelanfälligkeit der von diesen Firmen bereits fertiggestellten Objekte können leicht erfragt werden. Auch ist es wichtig zu wissen, ob Mängel anstandslos oder erst nach langwierigen Auseinandersetzungen beseitigt werden. Wenn Bauträger diese Auskünfte verweigern oder die angegebenen Firmen in den Verträgen nicht aufführen wollen, ist Vorsicht geboten.

Gewährleistungsabtretungen vereinbaren (Insolvenzgefahr von Bauträgern)

Gewährleistungsabtretungen geben Sicherheit

Bauträger sind durch ihre Stellung stark gefährdet. Bauleistungen werden einge- und weiter verkauft, die volle Haftung liegt jedoch beim Bauträger. Wenn wegen Mängeln Zahlungen verweigert werden, kann dieses immer öfter zur Zahlungsunfähigkeit des Bauträgers führen. Gute Bauträger treten vorsorglich ihre Gewährleistungsansprüche gegen die an den Bauvorhaben beteiligten Planer und ausführenden Firmen an die Käufer ab. Bei Insolvenz oder Untätigkeit des Bauträgers können Ansprüche besser durchgesetzt werden, besonders bei ausreichend versicherten Bauleitern.

Nur der Makler- und Bauträger-Verordnung (MaBV) entsprechende Zahlungsvereinbarungen gegen Erfüllungsbürgschaft abschließen

Zahlungen nur nach Makler- und Bauträger-Verordnung

Makler und Bauträger dürfen Kundenzahlungen nur gegen Sicherheit nach dem festgelegten Zahlungsplan entgegennehmen. Bei Vorliegen von Mängeln dürfen die angeforderten Raten verweigert werden, da erst nach vertragsgemäßer Leistung (mangelfrei) Zahlungen angefordert werden dürfen. Viele Bauträger umgehen diese gesetzliche Regelung durch manchmal geschönte Bautenstandsbestätigungen ihrer Bauleiter oder Architekten. Ohne Erfüllungsbürgschaft einer Bank ist im Insolvenzfall die Fertigstellung des Objektes fraglich, die bezahlten Raten sind jedoch meistens verloren.

Teilzahlungen nur nach Mängelfreiheitsbestätigung durch neutralen Sachverständigen leisten

Bei Bautenstandsanzeigen wird getrickst

Viele Bauträger tricksen oft bei den Bautenstandsanzeigen ihrer Architekten und Bauleiter. Auch diese geben verständlicherweise eigene Planungs- oder Aufsichtsmängel ebenso wenig zu, wie mangelhafte oder nicht abgeschlossene Teilleistungen bekannt. Da kann nur die Kontrolle durch einen eigenen unabhängigen Sachverständigen helfen, der mit dem Bauträger keine Geschäftsbeziehungen unterhält oder unterhielt.

Bauleistungen ständig durch eigenen Fachmann überprüfen und dokumentieren lassen

Eigene Qualitätsüberwachung durchführen lassen

Viele Bauträger versuchen durch zusätzliche baubegleitende Qualitätskontrollen die Ausführungsqualitäten zu verbessern. Aber statt die Kontrolleure zu fördern, werden diese immer öfter sowohl von Planern, Firmen und auch oft von Mitarbeitern der Bauträger bekämpft oder sogar weg gemobbt, aber warum? Versierte, unabhängige baubegleitende Qualitätskontrolleure stellen alle Planungs- und Ausführungsmängel fest und geben diese auch sofort bekannt. Das kann Pfuschern nicht gelegen sein. Viele Prüforganisationen arbeiten schon lange mit ihren Kunden zusammen. Dass dabei auch zur Klimapflege manches übersehen oder schön geredet wird, besonders bei später verdeckten Bauteilen, liegt auf der Hand. Jede Unterbrechung des Planungs- oder Bauablaufes erzeugt Ärger und Kosten. Die Überprüfung durch eigene Kontrolleure des Käufers muss vertraglich geregelt werden, sonst hat der Bauträger durch sein Hausrecht die Möglichkeit, den Prüfer vom Bau zu weisen.

Bauwerksabdichtungen, Schall- Wärme- und Brandschutz an Bauleistung prüfen lassen

Teilleistungen während der Bauzeit überprüfen lassen

Die meisten Mängel treten an später nicht einsehbaren Bauteilen auf, nämlich unter der Erde, unter Fußböden, in und hinter Wandbekleidungen und Putzen, in Dächern, kurz in den Bereichen, die bei der üblichen Abnahme nicht mehr zerstörungsfrei überprüft werden können. Bei Einfamilien-, Doppel- oder Reihenhäusern betreffen Mängel an diesen Bauteilen die einzelnen Eigentümer, anders ist es bei Geschossbauten mit mehreren Eigentumseinheiten. Alle diese Bereiche gehören bei diesen Objekten zum späteren Gemeinschaftseigentum. Die Abnahme des Gemeinschaftseigentums erfolgt in der Regel durch einen Vertreter des Bauträgers, 2-3 Mitglieder der Wohnungseigentümergemeinschaft und den Architekten oder Bauleiter. Oft wird auch schon im Kaufvertrag festgelegt, das ein vom Bauträger bestimmter und bezahlter öffentlich bestellter und vereidigter Sachverständiger das Gemeinschaftseigentum abnimmt, und dessen Gutachten verbindlich ist (rechtlich unzulässig). Das alte Spiel beginnt. Nach deren Feststellungen sind bei der Abnahme die unsichtbaren Bauteile mängelfrei, bzw. sind keine Mängel bekannt. Nicht bekannte Mängel können auch nicht gerügt werden, also werden die nicht einsehbaren Bauteile abgenommen. Zur Vermeidung von späteren Auseinandersetzungen müssen die Bauteile zwingend vor und nach der Ausführung durch unabhängige Fachleute überprüft werden.

Protokolle amtlicher Abnahmen und der Dichtheitsprüfung der Grundleitungen und der Luftdichtheit des Gebäudes (Blower Door Prüfung) vorlegen lassen, bei fehlenden Protokollen oder Zertifikaten Abnahmen unbedingt verweigern

Protokoll amtlicher Abnahmen, Dichtheitsprüfungen

Bei amtlichen Abnahmen und der Überprüfung der Grundstücksentwässerungsleitungen werden von den Bauüberwachern Abnahmescheine oder Zertifikate ausgestellt. Bei vorhandenen Mängeln werden bis zur Mängelbeseitigung die Abnahmen verweigert. In den meisten örtlichen Entwässerungsatzungen der Gemeinden ist festgelegt, dass Grundleitungen vor Verfüllen der Rohrgräben durch die Gemeinde auf Dichtheit und Lage zu prüfen sind. Da die wenigsten Bauunternehmer oder Bauträger die Überprüfung anfordern, werden Grundleitungen in den wenigsten Fällen amtlich überprüft. Wenn später nach Übergabe des Bauvorhabens Undichtheiten an den Abwassergrundleitungen und Grundwasserschäden auftreten, haften die Betreiber, nicht die Erbauer. Grundwasserschadenbeseitigungskosten sind in der Regel sehr hoch, undichte Grundleitungen nachträglich abzudichten ist sehr aufwendig und teuer. Deshalb darf bei fehlenden amtlichen Abnahmen und fehlenden amtlichen Freigaben der Grundstücksentwässerungsanlage keine vorbehaltslose Bauwerksabnahme erfolgen. Mit den Bauträgern muss im Kaufvertrag vereinbart werden, dass vor Betonieren der Bodenplatten diese amtlichen Abnahmebestätigungen und Freigaben auf jeden Fall einzuholen und unaufgefordert vorzulegen sind. Nach der Energieeinsparverordnung (EnEV)[23] ist nun festgelegt, dass die äußeren Gebäudewand-, Decken-, und Dachflächen auf Luftdichtheit zu prüfen sind. Wegen der hohen Kosten sträuben sich viele Bauträger und ausführenden Firmen, diese Prüfungen durchführen zu lassen. Bei undichten Gebäuden erhöhen sich die Heizkosten um ein Vielfaches. Die muss aber später der Käufer bezahlen, nicht der Bauträger. Die Luftdichtheitsprotokolle müssen also Vertragsbestandteil sein.

Betreiber haften bei Grundwasserschäden

Bei undichten Häusern zahlen die Käufer, nicht die Bauträger die Heizkosten

Alle Abnahmen nur in Begleitung eines eigenen Sachverständigen und auch ggf. Anwalts durchführen. Angebote des Bauträgers, einen Sachverständigen zu bestellen und zu bezahlen, ablehnen
Hier gelten die Empfehlungen auf **S. 230 und 231** uneingeschränkt.

Bei Mängeln nicht zahlen

Mängelbeseitigungskosten und Druckzuschlag

Nach geltendem Recht haben Erwerber und Bauherren das Recht, entweder die mangelhafte Leistung zurückzugeben, einer Mängelbeseitigung zuzustimmen, oder eine Minderung zu vereinbaren. Auf jeden Fall besteht das Recht, den dreifachen Betrag der zu erwartenden Mängelbeseitigungskosten einzubehalten. Also auf gar keinen Fall zahlen, sondern einen Sachverständigen und/oder einen Anwalt einschalten.

3.3 Empfehlungen für den Bauträger

Vollständige Planungsaufträge erteilen

Bauträger bekommen oft Probleme, sie sind daran oft nicht unschuldig

Bauträger sitzen zwischen den Stühlen, sie müssen ihren Kunden die vereinbarte Qualität zum vertraglich vereinbarten Festpreis zum zugesagten Fertigstellungstermin übergeben. Ist keine Beschaffenheit ausdrücklich vertraglich vereinbart, sind Leistungen nach den a.a.R.d.T. auszuführen. Bauträger müssen sich aber immer mehr mit den Handwerkern und Planern wegen des Pfuschs am Bau herumstreiten. Wenn die Käufer Zahlungen, aus welchem Grund auch immer, verweigern, drohen Probleme. Wenn Handwerker bei wegen mangelhafter Leistungen zurecht verweigerten Zahlungen nicht mehr kommen, entstehen auch Probleme. Oft sind die Bauträger an diesen Miseren nicht unschuldig, besonders wenn sie alle erforderlichen Planungen auf ein Minimum zurückfahren, nur die billigsten Planer zu Hungerhonoraren beauftragen und dann noch Generalunternehmer zum Pauschalpreis, natürlich auch oft noch unauskömmlich, einschließlich Bauüberwachung mit der Objekterstellung beauftragen. In solchen Fällen haben die Bauträger selbst Schuld, wenn Probleme auftreten. Bei vollständig erteilten Planungsaufträgen für alle Fachbereiche liegen zwar manchmal die Honorare über den kalkulierten Kosten, doch ist mit Sicherheit die Ausführungsqualität erheblich besser, besonders dann, wenn die Planungen vor Freigabe zur Ausschreibung vollständig sind und überprüft wurden. Die Bauüberwachung aus der Hand zu geben ist der größte Fehler, den man machen kann, schon allein wegen der

Haftung des Bauleiters. Bei Einsatz eines haus- oder firmeneigenen Bauleiters mag zwar Honorar eingespart werden können, doch was ist mit der Haftung? Die bleibt im vollen Umfang beim Bauträger.

Vollständige Baugenehmigungen einholen

Bei kleineren Bauvorhaben ist es sicherlich verlockend, die Kosten und den Zeitaufwand für das Baugenehmigungsverfahren einzusparen. Die gesamte Verantwortung für alle von der Behörde durchzuführenden Prüfungen und Überwachungen liegt dann beim Bauträger und/oder seinem Architekten. Eigene Untersuchungen haben bestätigt, dass gerade bei ohne Baugenehmigung errichteten Bauvorhaben die Mängelhäufigkeit um ein Vielfaches höher liegt als bei baurechtlich genehmigten Bauten.

Mängelhäufigkeit bei baurechtlich genehmigten Bauten oft geringer

Nur erfahrene Planer und Firmen beauftragen

Jeder Planer fängt mal an und braucht Aufträge. Im Gegensatz zu früher haben heute die meisten jungen Architekten und Ingenieure keine abgeschlossene Berufsausbildung in einem Bauhaupt- oder Nebenberuf. Wegen der angespannten Auftragslage werden junge Absolventen nicht eingestellt, und wenn, dann als freie Mitarbeiter zu Hungerlöhnen, bei Stararchitekten auch oft nur für die Ehre. Erfahrungen kann man nur durch lange Anleitungen oder durch eigene Fehler machen. Wenn dann solche Fehler ins Bauwerk einfließen, ist es zu spät. Es gibt jedoch genügend erfahrene Planer, die sich zwar zur Ruhe gesetzt haben, jedoch gegen geringe Honorare Planungen junger Kollegen auf Vollständigkeit und Fehlerfreiheit überprüfen. Somit ist allen geholfen. Bei der heutigen Bauqualität und Philosophie vieler Firmen ist es zwingend erforderlich, nur allerbeste renommierte Firmen, am besten aus der näheren Umgebung, zu beauftragen. Deren Erfahrungen mit dem regionalen Baugeschehen, Behörden und am selben Objekt beauftragten Kollegen sind für eine erfolgreiche Baudurchführung sehr hilfreich, auch für Bauträger und Bauleiter. Es ist und war schon immer gut, seine Pappenheimer zu kennen.

Erfahrungen sind alles

Alle Planungsleistungen und Berechnungen vollständig vergeben

Welche Planungsleistungen sind erforderlich? Alle, die zur mangelfreien Errichtung eines Bauwerkes benötigt werden. Sicherlich muss bei einfachen Bauten nicht jedes allgemein übliche Detail geplant und zeichnerisch dargestellt werden, doch reicht es auch nicht aus, den ausführenden Firmen die Ausführung allein zu überlassen. Zwingend erforderlich sind alle Ausführungspläne von Grundrissen, Schnitten, Ansichten im Maßstab 1:50 und größer, alle Details für mit Wasser und Feuchte berührte Bauteile, den Wärme- , Schall- und Brandschutz betreffende Bereiche, und natürlich alle für Installationen erforderlichen Leitungstrassen und Durchbrüche. Statische Berechnungen müssen vollständig sein, für alle Bauteile und nicht nur für Decken und Unterzüge. Die meisten Setzungsschäden entstehen wegen nicht vollständiger Nachweise aller Fundamente. Tragwerksplaner müssen alle Schal- und Konstruktionspläne mit notwendigen Details und Schnitten in den üblichen Maßstäben zeichnen, in der Regel M 1:50 bis 1:5.

erforderliche Planungen

Scheinbar in Vergessenheit geraten sind oft die Pläne für die Technische Ausrüstung (Elektro-, Sanitär-, Heizungs- und Lüftungsanlagen, Verteilerbelegungen, Strangschemen, Hydrauliksysteme). Schon zum Entwurfsstadium müssen spätestens beim Bauantrag die Grundstücksentwässerungspläne vorliegen, und zwar vom Fachplaner, nicht nur vom Architekten. Die bauphysikalischen Anforderungen sind heute so hoch, dass nicht speziell dafür ausgebildete Architekten und Tragwerksplaner damit überfordert sind. Vollständige, nicht nur den gesetzlichen Forderungen genügende Berechnungen von Wärme- und Schallschutz sind sehr aufwendig und kosten auch Geld, dafür sind drohende Schadenersatzansprüche wegen Mängeln oder Mietminderungen weitgehend ausgeschlossen. Wer Prozesse verhindern möchte, lässt vollständig und gut planen, wer nicht, zahlt dafür Anwälte, Sachverständige und Gerichte. Minderungen und Imageschäden verbleiben dann auch noch beim Bauträger.

Planung der Technischen Ausrüstung

Bauphysik ist besonders wichtig

Alle Pläne vor Baubeginn auf Inhalt und Mangelfreiheit prüfen

Pläne prüfen

Pläne müssen vollständig sein. In Architektenplänen übliche Hinweise »nach Angabe der Bauleitung« können nicht ausreichen, wenn der Planer keine Bauleitungsaufgaben übernimmt. Ohne rechtzeitige Fachplanungen gibt es z.B. auch keine Angaben für Schlitze und Durchbrüche. Der Planungslaie kann auch beim besten Willen keine Planungsmängel oder Unvollständigkeiten in den Plänen feststellen, dafür gibt es Fachleute.

Faire Honorare und Vergabepreise vereinbaren

Während Kaufleute ihre Waren zu am Markt durchsetzbaren Preisen ohne Begrenzung nach oben verkaufen können, sind die Planer an die HOAI gebunden. Die Honorare der Planer sind seit mehr als acht Jahren nicht mehr novelliert worden, werden aber zurzeit von allen Auftraggebern ganz massiv nach unten gedrückt. Die HOAI scheint jedoch immer öfter für Bauträger, aber auch für öffentliche Auftraggeber nicht mehr zu gelten. Die Gebührenordnung ist zum Bettvorleger verkommen. Die Bundesregierung überlegt deshalb, die HOAI in vorliegender Form abzuschaffen. Wen wundert es, wenn deshalb viele Planer ihre Pläne von Kollegen aus allen Teilen der Welt zeichnen lassen, mit allen Fehlern und Unvollständigkeiten, um am Markt bestehen zu können. Globalisierung ist sicherlich nötig und gut, nicht jedoch in allen Fällen.

HOAI- Bettvorleger oder nicht?

Alle Bau- und Leistungsbeschreibungen vollständig und verständlich verfassen

Die Prospekten und Kaufverträgen zugrunde liegenden Baubeschreibungen sind in der Regel unvollständig, oft nicht übereinstimmend mit den Regeln der Technik, und leider auch sehr oft bewusst falsch. Weder Baulaien noch Juristen können die Beschreibungen ohne sachverständige Prüfung beurteilen. Gerichte bewerten, was vereinbart wurde, egal ob mit den a.a.R.d.T oder dem Stand der Technik vereinbar oder nicht. Der Laie bleibt immer auf der Stecke. Warum gibt es gerade bei Baubeschreibungen von nicht einsehbaren Bauteilen keine Offenheit und Vollständigkeit? Bauträger könnten sich manchen Ärger und viele Prozesse ersparen, wenn mehr Fairness und Ehrlichkeit gerade bei den Baubeschreibungen Anwendung fände. Vorwürfe des bewussten Betruges gehörten dann der Vergangenheit an. Auch ist es Unsitte geworden, Bauleistungen bewusst unvollständig zu beschreiben oder Massen entweder falsch oder gar nicht zu ermitteln. Zum Zeitpunkt der Angebotsabgabe liegen dann auch keine vollständigen Pläne vor, so dass die Bieter das volle Risiko tragen müssen. Wen wundert es, dass sowohl die Baukosten explodieren als auch der Pfusch am Bau zunimmt und die Gerichte durch jahrelange Bauprozesse überlastet sind. Viele Insolvenzverfahren sind auf diese Bauträgerpraxis und Unsitten zurückzuführen.

Durch vollständige Bau- und Leistungsbeschreibungen entstehen Kostenexplosionen und Pfusch am Bau

Bauleistungen täglich überwachen lassen

Bauleistungen müssen entsprechend dem Baufortschritt überwacht werden, und zwar mindestens täglich. Bei der heutigen Zusammensetzung der Baustellenbelegschaften mit meist geringen Qualifikationen der Arbeiter und zusätzlichen Verständigungsschwierigkeiten bleiben Mängel nicht aus. An Abdichtungen, Grundleitungen und Dränagen treten die meisten Baumängel und Folgeschäden auf. Bei ständiger Überwachung und Teilabnahmen gerade dieser besonders sensiblen Bereiche werden Mängel und Folgeschäden mit Sicherheit stark reduziert. Jeder am Bau Beteiligte weiß das, doch warum wird nichts unternommen? Nicht entdeckter Pfusch ist immer billiger als eine korrekte Ausführung. Mehr als 95 % aller verdeckten Baumängel bleiben unentdeckt. Scheinbar sind Pfusch und Prozesse gewollt.

Nicht entdeckter Pfusch ist immer billiger als eine korrekte Bauausführung

Übliche Ausreden, eine vollständige Bauüberwachung könne bei den heutigen Honoraren und Kosten nicht mehr erfolgen, sind absolut unzutreffend. Spätesten beim Mangelprozess erfahren solche Bauträger, Planer und Bauleiter, welche Überwachungsaufgaben zu erbringen sind. Viele bauen noch immer auf ihren Versicherungsschutz, aber wie lange noch?

Lückenloses Bautagebuch mit Fotodokumentationen führen

Bautagebuch

»Wer schreibt, der bleibt«, dieses Sprichwort hat seine Gültigkeit nie verloren. Bauleiter sind nach HOAI, § 15.8 zur Führung des Bautagebuches verpflichtet. Dass bei den heutigen Möglichkeiten alle Baufortschritte, Mängel, Installationen etc. auch visuell dokumentiert werden, dient Allen. Gerade bei Streitigkeiten ist ein vollständig geführtes Tagebuch mit allen notwendigen Bildern ein gutes Mittel, Prozesse zu vermeiden oder zu gewinnen. Bautagebücher müssen den Auftraggebern immer sofort vom Bauleiter übermittelt werden, allein schon zur aktuellen Information.

Alle Bau-, auch Teilleistungen abnehmen

Bau- und Teilabnahme

Bauträger und deren Bauleiter werden bei Bauabnahmen durch versierte Kunden oder solche mit Sachverständigenunterstützung immer wieder in Verlegenheit gebracht oder auch als Pfusch Akzeptierende vorgeführt, wenn bei Abnahmen Mängel aufgedeckt werden. Gerade bei verdeckten Bauteilen wie Bauwerksabdichtungen oder sonstigen nicht erkennbaren Bauteilen sind unterlassene Teil- oder Leistungsabnahmen beim Vorliegen von Mängeln für Bauträger und Bauleiter, aber auch für die Subunternehmer, verhängnisvoll. Die Qualitätskontrolle muss am Bau die gleiche Bedeutung bekommen, wie sie in der Industrie schon jeher obligatorisch ist. Und das kann nur durch Kontrolle und Abnahmen oder Abnahmeverweigerungen erreicht werden, allerdings nicht erst durch die Käufer, sondern durch eigene Institutionen. Baubegleitende Qualitätskontrollen sind hier besonders hilfreich, wenn die Kontrolleure nicht als Spione und Denunzianten, sondern als hilfreiche Partner von Anfang an mitwirken und willkommen sind.

Qualitätskontrolle muss obligatorisch sein

Bei GU-Vergabe Bauüberwachung nicht aus der Hand geben

Vertrauen ist gut, Kontrolle ist besser. Wer bei Beauftragung von Bauleistungen seine Kontrollmöglichkeiten aus der Hand gibt, hat selbst Schuld, wenn Mängel auftreten. Es ist durchaus menschlich, dass für Laien nicht erkennbare Mängel verschwiegen werden. Der Besteller soll doch mal bei verdeckten Bauteilen suchen.

Keine Bauüberwachung aus der Hand geben

Doch es gibt auch bestens informierte Besteller, die bei täglichen Baustellenbesuchen alle Mängel dokumentiert haben und diese nach der üblichen Erklärung des Bauträgers oder Bauleiters, es gäbe keine verdeckten Mängel, in umfangreichen Fotodokumentationen vorlegen und die Abnahme wegen arglistiger Täuschung verweigern.

Gewährleistungsansprüche mit an Käufer abtreten

Finanzielle Engpässe sind niemals vermeidbar, besonders nicht im Bauträgergeschäft. Bauträger und Käufer müssen vertauensvoll als Partner zusammenarbeiten. Dem Käufer sofort Gewährleistungs- und auch eventuell Erfüllungsansprüche gegen die am Objekt beteiligten Planer und Ausführenden abzutreten, schafft Vertrauen und hilft vor allem bei Krisen den Käufern weiter. Planer und auch Bauleiter sind in der Regel haftpflichtversichert, und das kann weiterhelfen, wenn die Pleite droht.

Gewährleistungs- und Erfüllungsansprüche sofort an Käufer abtreten

Bei Mängeln sofort vollständige Mängelbeseitigung schonungslos betreiben

Es ist Unsitte geworden, Mängel schön zu reden oder als unberechtigt zurückzuweisen. Auch einige Veröffentlichungen oder Sachverständigengutachten haben dazu beigetragen. Sicherlich wird oft die Mängel-

Keine Mängel schönrechnen, sondern beseitigen

Schwäbische Hypothek

einrede dazu benutzt, Finanzierungslücken (»schwäbische Hypothek«) zu schließen. Es ist dem eigenen Image dienlicher, das berechtigte Verlangen auf mängelfreie Leistung zu unterstützen und ggf. unberechtigte Mängel durch wirklich unabhängige Fachleute zu erläutern und wenn nötig zurückweisen zu lassen, als sich grundsätzlich zu verweigern.

Mangelhafte Leistungen nicht abnehmen und/oder übergeben

Die Abnahme mangelhafter Leistungen und Weitergabe dieser Leistungen an die Käufer ist seit Generationen bei vielen Bauträgern leider üblich. Bauträger sind für den Pfusch am Bau nur dann verantwortlich, wenn sie durch unterlassene Planung und Überwachung mit dazu beigetragen haben. Es muss grundsätzlich obligatorisch werden, mangelhafte Leistungen zurückzuweisen und den Käufern nur ein mangelfreies Werk zu übergeben. Das ist sicherlich nicht einfach, meistens auch fast unmöglich. Wenn der Kunde den Willen seines Bauträgers zur mangelfreien Bauausführung spürt, gibt es sicherlich auch vernünftige Lösungen, bei nicht beseitigbaren leichten Mängeln einen Konsens zu finden. Der Kunde hat heute das Recht, die Annahme eines mangelhaften Werkes zu verweigern und sein Geld zurückzuverlangen, zuzüglich Schadenersatz. Dann ist es einfacher und billiger, dem Käufer ggf. für einige Zeit einen Urlaub zu spendieren oder ihn ins Hotel zu schicken, bis das Werk übergabefähig ist, als mit ihm zu prozessieren.

Spendierter Urlaub bei Mängeln ist billiger als ein Prozess

3.4 Empfehlungen für die ausführenden Firmen

Ausführende Firmen stehen vor immer größeren Problemen. Einerseits sind sie dazu verpflichtet, die vereinbarte Leistung zu vereinbartem Preis und Termin abzuliefern. Andererseits müssen wegen konkreter Vorgaben und Planungen Leistungen mangelfrei nach dem jeweiligen Stand der Technik erbracht werden. Aus Gründen, die überwiegend nicht von den Firmen, sondern von Politik und gesellschaftlicher Entwicklung bestimmt sind, können Firmen nicht mehr ausreichend ausgebildetes Fachpersonal bekommen, welches in der Lage dazu ist, gewinnbringend oder kostendeckend die Leistungen mangelfrei zum vereinbarten Termin zu erbringen. Durch den Preiskampf am Bau werden Preise immer weiter nach unten gedrückt und Firmen somit in den Ruin getrieben.

Politik und ausgebildetes Fachpersonal

Preiskampf am Bau

Durch berechtigte oder unberechtigte Mängeleinreden werden vereinbarte Zahlungen hinausgeschoben oder gar verweigert. Wie sollen Firmen dann noch in der Lage dazu sein, Bauleistungen zu erbringen und zu überleben?

Durch Mängeleinreden Zahlungstermine verschieben

Nachstehend aufgeführte Vorschläge können und sollen dazu beitragen, den Pfusch am Bau zu verhindern, die Kunden zufrieden zu stellen, das Überleben der Firmen zu sichern und auch zukünftig Arbeitsplätze zu erhalten und anzubieten.

Angebotsabgabe

Verbindliche Angebote können nur abgegeben werden, wenn alle auszuführenden Leistungen vollständig beschrieben sind und Leistungsbeschreibungen mit vollständigen Plänen übereinstimmen. Angebotsabgaben auf Grundlage schwammiger Leistungsbeschreibungen oder fehlender bzw. unvollständiger Pläne sollten unterbleiben.

Keine Angebotsabgabe bei schwammigen oder fehlenden Unterlagen

Angebotspreise

Der Unternehmer lebt nicht vom Umsatz, er lebt vom Gewinn. Nur mit auskömmlichen und auch gewinnbringenden Preisen kann ein Unternehmen überleben. Niemand ist so reich, dass er auf Dauer sein Vermögen verschenken kann.

Der Unternehmer lebt vom Gewinn

Vertragsverhandlungen

Vor Abschluss von Verträgen sind alle Unterlagen, besonders die Leistungsbeschreibungen und Massenangaben, auf Übereinstimmung mit den Plänen und dem Stand der Technik zu überprüfen. Bei fehlenden Plänen und/oder Unstimmigkeiten dürfen keine Verträge, besonders keine Pauschalverträge abgeschlossen werden.

Verträge sind zu verhandeln

Zahlungstermine

Verbindliche Zahlungstermine sind unabdingbar, diese müssen vor Vertragsabschluss verbindlich vereinbart werden. Die Absicherung der berechtigten Forderungen durch Bankbürgschaft ist heute notwendiger denn je.

Zahlungstermine

Baubeginn

Baubeginn erst nach vollständigen Genehmigungen

Mit den Arbeiten darf erst begonnen werden, wenn alle Planungen vollständig sind, alle notwendigen Genehmigungen erteilt und die verbindlichen Weisungsbefugnisse geklärt sind. Bauleiter sind in der Regel nicht weisungsbefugt, es sei denn, sie haben ausdrückliche Vertretungsvollmachten. Diese Vollmachten müssen vorher geklärt und ausgehändigt werden.

Vorleistungen

Vorleistungen prüfen

Alle Vorleistungen Dritter – auch Planungen – müssen auf Vollständigkeit und Mangelfreiheit überprüft werden, bei unvollständigen oder mangelhaften Vorleistungen müssen sofort Bedenken und die Behinderung der Leistung angemeldet werden. Auch wenn Planer, Bauleitung oder Auftraggeber sauer sind – es geht um Geld.

Abnahmen

Abnahme

Teilabnahmen bzw. Abnahmen der Leistungen sind rechtzeitig zu beantragen und durchzuführen. Sichergestellt werden muss, dass der Abnehmende auch abnahmeberechtigt ist. Nach der Abnahme beginnen Beweislastumkehr und Gewährleistung. Rechnungen sind nach der Abnahme zahlungsfähig.

Aufmaß – Abrechnung

nur gemeinsames Aufmaß

Sofern keine Pauschalpreise vereinbart sind, müssen die Leistungen gemeinsam mit einem zeichnungsberechtigten Vertreter aufgemessen und die Aufmaße von allen Parteien unterschrieben werden. Dadurch werden spätere Unstimmigkeiten bei der Abrechnung vermieden.

Sauberkeit am Arbeitsplatz

Sauberkeit fördert das Image

Es gibt noch viele Firmen und besonders viele Mitarbeiter, die Sauberkeit am Arbeitsplatz als unnötiges Übel sehen. Besonders die Handwerker am Bau halten sich für das Sauberhalten des Arbeitsplatzes, das Aufräumen und das Beseitigen von Schmutz, vor allem bei Renovierungsarbeiten, für zu fein. Sauberkeit am Arbeitsplatz fördert das Image der Firma und stellt grundsätzlich die Kunden, besonders bei Arbeiten im Innern, zufrieden. Dass bei Renovierungs- oder Instandsetzungsmaßnahmen im Privatbereich die Reinigungsarbeiten meistens auf Nachweis abgerechnet und gut bezahlt werden, sollte nicht außer Acht gelassen werden.

Pünktlichkeit

Pünktlichkeit ist eine Zier, doch es geht auch ohne ihr? Diese Meinung scheint heute noch im Handwerk weitgehend verbreitet zu sein, denn das Nichteinhalten vereinbarter Arbeitstermine ist leider noch immer weit verbreitet. Wenn von vornherein Auftraggeber bis zur Weißglut gereizt werden sollen, muss diese Praxis beigehalten werden. Der Erfolg stellt sich mit Sicherheit ganz von allein ein, denn irgendwann bekommen solche Firmen keine Aufträge mehr.

Pünktlichkeit ist ein absolutes Muss

Mängelbeseitigung

Jeder Mangel kratzt am Image der Firma und die Beseitigung von Mängeln kostet Geld, meistens ist schon bei einem Mangel der Gewinn weg. Gerügte Mängel müssen auf Berechtigung überprüft und, wenn sie berechtigt sind, sofort beseitigt werden. Unberechtigte Mängel sollten mit entsprechenden Belegen zurückgewiesen werden. Langes Streiten ist meist unnötig und beschädigt nicht nur den Ruf der Firma, sondern kostet in der Regel ein Vielfaches der tatsächlichen Mängelbeseitigungskosten, nämlich Kosten für Anwälte, Sachverständige und die Gerichtskosten.

Berechtigte Mängel sofort beseitigen

Schulung der Mitarbeiter

Gut geschulte Mitarbeiter sind das Kapital jeder Firma, auch wenn Schulungen teuer sind und gut geschulte Mitarbeiter oftmals abgeworben werden. Durch gut geschulte, verantwortungsbewusste Mitarbeiter kann dem Pfusch am Bau entgegengetreten werden. Eine gute Leistung zahlt sich aus.

Gut geschulte Mitarbeiter sind das Kapital aller Firmen

Eigenüberwachung

Jeder Mitarbeiter muss überwacht werden, auch die besten Mitarbeiter. Bevor dem Auftraggeber eine Leistung übergeben wird, müssen die Leistungen überprüft werden. So können von Anfang an Reklamationen vermieden werden.

Eigenüberwachung ist unabdingbar

3.5 Empfehlungen für Denkmalpfleger, Baurechtsbehörden und Planer

Konservatoren meist bautechnische Laien

Die Arbeit an denkmalgeschützten Gebäuden gestaltet sich aus der Sicht der Planer, der Bauausführenden, aber auch vieler Bauherren oft problematisch bei der Zusammenarbeit mit den Denkmalschutzbehörden. Die meisten Konservatoren in der Baudenkmalpflege sind bautechnische Laien, da sie als Historiker in baufremden Sparten ausgebildet wurden. Leider führt dies bei der Auseinandersetzung mit den anderen am Bau Beteiligten bisweilen zu unschönen Machtspielen zwischen den Betroffenen, um evtl. fehlendes Fachwissen zu kaschieren, (wobei auf der Gegenseite natürlich oft auch die Einsicht in kulturhistorische Belange begrenzt ist).

Auseinandersetzungen betreffen den Betroffenen, nicht die Behörde

Unzählige, oft unnötige und auch unsinnige, dafür aber kostspielige Untersuchungen werden von den Bauwilligen verlangt. Bei Verweigerung dieser Forderungen wird bei privaten Bauherren immer mit der Versagung der Baugenehmigung gedroht, bei öffentlichen dagegen weniger, da Streitigkeiten zwischen Ämtern eher gerne vermieden werden. Wenn allerdings über die Mehrkosten durch solche Untersuchungen, Bestandsaufnahmen, zusätzliche Erhaltungs- oder Restaurierungsmaßnahmen sowie Verzögerungen und Einschränkungen verhandelt wird, bleibt der private Bauherr überwiegend auf diesen Folgen und Kosten sitzen. Obwohl die Gelder für Denkmalpflege sehr begrenzt sind, werden leider oft immer noch solche Kosten erhöhende Forderungen gestellt. Und welcher Entscheidungsträger der Baurechtsbehörden ist gewillt, sich den Forderungen der Denkmalpflege zu widersetzen? Keiner, denn die Auseinandersetzungen betreffen den Betroffenen, nicht die Behörde. Eigene Entscheidungen werden somit vermieden. Durch solches Verhalten werden unzählige Gebäude unwiederbringlich zerstört, manche Eigentümer in den Ruin getrieben. Ist das die Aufgabe von Denkmalschutz- und Baurechtsbehörden? Darf es sein, dass Eigentümer von denkmalgeschützten Gebäuden, Gemeindevertreter und sehr viele in der Denkmalpflege tätige Planer nicht die Aufgabe des Denkmalschützer, jedoch deren Auftreten ständig zu Recht kritisieren? Nein!

Die Denkmalschutzbehörden müssen endlich erkennen, dass alte Gebäude für deren Eigentümer keine Museen, sondern Wirtschaftgüter sind. Die Wirtschaftlichkeit solcher Immobilien, sowohl bei

Bau- als auch Unterhaltungskosten ist deshalb immer für die Eigentümer vorrangig zu beurteilen. Die Erhaltung solcher Gebäude ist für die Eigentümer nur möglich, wenn die Kosten durch den Ertrag gedeckt werden können. Alle Kosten vermehrenden Auflagen wie z.B. restauratorische Untersuchungen, Altersbestimmungen, verformungsgerechte Bestandsaufnahmen etc. müssen deshalb immer unter wirtschaftlichen Aspekten für die Gebäudeeigentümer geprüft werden. Wenn solche Forderungen gestellt werden, müssen die Denkmalschutzbehörden auch für diese Kosten aufkommen. Steuerlichen Erleichterungen wirken sich nur für Besserverdienende, nicht aber für die überwiegende Zahl der Eigentümer denkmalgeschützter Gebäude aus.

Denkmalpfleger sind Fachberater von Baurechtsbehörden und den betroffenen Gebäudeeigentümern, so sollten sie auch auftreten. Fundierte Beratungen werden immer willkommen sein, Drohungen dagegen nicht. Gespräche und Verhandlungen müssen immer in gleicher Augenhöhe geführt werden, denn alle Partner sind gleich berechtigt.

Baurechtsbehörden sind verantwortlich für alle Baugenehmigungen mit den darin enthaltenen Auflagen. Diese müssen von den eigenen Bauverständigen auf Übereinstimmung mit den Regeln der Technik und des Landesbaurechts überprüft werden. Baurechtsbehörden müssen deshalb die Interessen der Bauantragssteller, auch die Entwicklungsinteressen der Kommunen mit den jeweiligen Bauvorhaben auf Gebäudesicherheit und – verträglichkeit überprüfen. Baurechtsbehörden können und müssen in manchen Situationen überzogene Forderungen der Denkmalpflege zurückweisen, wenn die Sicherheit von Bewohnern und Gebäuden gefährdet sind. Auch denkmalgeschützte Gebäude müssen dauerhaft bewohn- und nutzbar sein. Nutzungseinschränkende Auflagen wie z.B. untersagte Balkone oder Dachloggien sind für Vermietungen hinderlich. Die bislang oft angewandte Vogel Strauß Methode und das sich hinter Paragraphenverstecken schaden nicht nur dem betroffenen Antragsteller, sondern oft auch der jeweiligen Kommune, die sich sicherlich gern mit Stadtbild verschönernden Gebäuden von Bürgern darstellt. Leerstehende Gebäude dagegen entwickeln sich schnell zum Schandfleck.

denkmalgeschützte Gebäude müssen dauerhaft nutzbar sein

Seit Jahrzehnten wurden und werden noch immer weder Architekten noch Ingenieure an Hoch- und Fachhochschulen für das Bauen im Bestand, Gebäuderenovierung und -modernisierung ausgebildet. Seit Jahrhunderten geltende Bauregeln und Techniken sind für die heutige Zeit angeblich unzeitgemäß und gerieten in Vergessenheit. Die heutigen technischen Baubestimmungen sind nur auf neue Bauvorhaben ausgerichtet und für Altbauten meist nicht anwendbar. Durch für Altbauten oft unrealistische oder sogar unsinnige Vorschriften wie z.B. die Energieeinsparungsverordnung usw. werden unzählige Gebäude, auch besonders wertvolle Zeitzeugen der Baugeschichte unwiederbringlich beschädigt oder zerstört. Politiker und Gesetzgebung sind scheinbar unwillig und unfähig dieses zu erkennen. Dabei zeigen die Zahlen in der Bauwirtschaft, dass die Neubauzeiten vorbei und Erhalt, Instandsetzung und Modernisierung des vorhandenen Baubestandes und der Ortszentren vorrangig sind. Alte Gebäude kann man aber nicht ohne vollständige Zerstörung auf Neubaustandards trimmen. Die Ausbildungsziele von Architekten und mit Hochbauten befassten Ingenieuren müssen unbedingt vom Neubau zu Gebäudeerhalt und -modernisierungen geändert werden, doch für diese Aufgaben fehlen erfahrene Lehrkräfte. Bauen in Bestand wird weder von den Architekten- noch den Ingenieurkammern bisher in ausreichendem Maße als Zukunftsaufgabe gesehen, da wenig spektakulär. Die meisten Baufachzeitschriften berichten noch immer fast ausschließlich über Neubauten, wie soll so der Nachwuchs auf seine zukünftige Aufgabe eingestimmt werden? Es gibt viel zu tun, doch muss dafür noch sehr viel getan werden, bei der Ausbildung von Architekten und Ingenieuren, aber besonders bei den Publikationen in renommierten Fachzeitschriften.

seit Jahrhunderten geltende Bauregeln und Techniken

alte Gebäude nicht auf Neubaustandards trimmen

Auch Bauindustrie und Handwerk haben noch immer nicht begriffen, dass die Zukunft des Baugeschehens nicht in Einkaufszentren auf der Wiese oder Büropalästen an der Peripherie der Städte liegt, sondern in Erhalt und behutsamer Erneuerung alter Ortskerne und Gebäude.

hervorragende Materialien für Gebäudeinstandsetzung

Die Baustoffindustrie hat inzwischen hervorragende Materialien und Technologien speziell für die Gebäudeinstandsetzung und Modernisierung entwickelt. Leider werden die Planer nach Ansicht des Autors zu wenig über diese Erzeugnisse und deren Anwendung informiert. Dagegen sind industriell hergestellte Halbfertigstoffe wie Fensterprofile, Deckenbekleidungen, Stuckimitationen aus Kunststoffen allerdings billig herstellbar, doch meistens bauwerksunverträglich bis bauwerksschädlich.

Eine interessenfreie, unabhängige, übergreifende Zusammenarbeit aller Baustoff- und Bauelementehersteller, Planer und Bauforscher, wie z.B. in der WTA (Wissenschaftlich technische Arbeitsgemeinschaft für Bauwerkserhaltung und Denkmalpflege), muss grundsätzlich für die gesamte Baustoffindustrie angestrebt werden. So könnten viele durch falschen Baustoff- und Bauelementeeinsatz verursachte Schäden an alten Gebäuden vermieden werden. Es reicht nicht aus, dieses allein den Planern und Bauherren zu überlassen. Besonders die nicht für das Bauen ausgebildeten Mitarbeiter von Denkmalschutz und Bauverwaltung müssen bautechnisch geschult und ständig aktuell weitergebildet werden.

3.6 Fazit

Was für Neubauten gilt, muss auch für Gebäudeinstandsetzung und -modernisierungen gelten. Niemand hat etwas zu verschenken, auch die ausführenden Firmen nicht. Wenn nichts verdient wird, kann keine Firma überleben. Alle Gewährleistungsvereinbarungen sind dann Makulatur.

Die Auftraggeber müssen dieses beherzigen und nicht nur den billigsten Bieter beauftragen. Pfusch am Bau ist für die Betroffenen ein Fluch, für Sachverständige und Anwälte ein Segen. Die Betroffenen müssen zusätzlich zahlen, die anderen verdienen.

Pfusch am Bau ist kein Kavaliersdelikt, welches durch Minderungen oder nur geringe Schadenersatzbeträge geahndet werden kann. Wenn dann noch in möglichen Prozessen der Richter einen Sachverständigen fragt, ›ob diese mangelhafte Ausführung üblich ist‹, und der Sachverständige dies leider bejaht, hat der geschädigte Bauherr, Bauträger oder Käufer keine Chance, seine Forderungen durchzusetzen und zahlt noch obendrein die gesamten Kosten.

Darauf bauen leider gerade bei Bauinstandsetzungs- und Modernisierungsmaßnahmen sehr viele Bauträger und auch ausführende Firmen. Grundsätzlich müssen Pfuscher dazu gezwungen werden, den Vertragsgegenstand vertragsgerecht und mängelfrei abzuliefern, unabhängig von den Kosten der Mängelbeseitigung.

Der Gesichtspunkt der Unverhältnismäßigkeit darf gerade bei Baumängeln nicht mehr die Richtschnur für Pfuscher und Gerichte sein. Die Schädiger müssen zum vollen Schadenersatz verurteilt werden. Es darf nicht sein, dass die Geschädigten auch noch die Betrogenen sind und auf dem Pfusch sitzen bleiben, die Pfuscher dagegen als Sieger den Gerichtssaal verlassen. Besonders die unteren Gerichte wenden noch immer nicht die Leitsätze der höchstrichterlichen Rechtsprechung an. Ob das die Rechtsprechung möchte, ist fraglich.

Umdenken auch bei Denkmalpflegern nötig

Ein Umdenken ist aber auch bei vielen Denkmalpflegern dringend nötig. Denkmalgeschützte Gebäude, besonders private, sind keine Museen, sondern Wirtschaftsgüter. Richtig ist es Kulturgüter möglichst im jeweiligen Originalzustand zu erhalten, doch kann man das einem privaten Eigentümer zumuten? Gebäude können nur durch sinnvolle Nutzung mit zumindest kostendeckenden Erträgen instand gehalten und somit auch erhalten werden. Schon immer wurden historische Gebäude mit den jeweils aktuellen Technologien repariert, umgebaut oder erweitert. Kein normal Denkender wäre damals auf die Idee gekommen, Gebäudeerhaltungs- oder Reparaturmaßnahmen mit den veralteten Technologien der Bauzeit auszuführen. Warum müssen heute nach den Vorstellungen vieler Denkmalpfleger die Räder der Zeit zurück gedreht werden? Wer hat das Recht dazu, anderen durch solche besonders kostspieligen Forderungen in die Tasche zu greifen? Fremde Gelder zu verprassen ist einfach und macht auch sicherlich Spaß, doch wer gibt jemandem das Recht, fremde, besonders Steuergelder durch oft unnötige und überflüssige, teilweise rein subjektive Forderungen zu verschleudern?

Literaturverzeichnis

[1] Baden-Württemberg, Landesdenkmalamt (Hrsg.); Eckstein, Günter: Empfehlungen für Baudokumentationen. Bauaufnahme – Bauuntersuchung. (Arbeitshefte des Landesdenkmalamtes Baden-Württemberg; 7). ISBN 3-8062-1475-1. Stuttgart: Theiss, 1999.

[2] Wissenschaftlich-Technische Arbeitsgemeinschaft für Bauwerkserhaltung und Denkmalpflege e.V. (WTA); Edelsbergstraße 8, D-80686 München www.WTA.de

[3] Rationalisierungskuratorium der deutschen Wirtschaft e.V. (RKW); Düsseldorfer Straße 40, D-65760 Eschborn www.RKW.de

[4] Deutscher Beton-Verein e.V.; Bahnhofsstraße 61, D-65185 Wiesbaden

[5] Bundesarbeitskreis Altbausanierung e.V. (BAKA); Elisabethweg 10, D-13187 Berlin www.altbauerneuerung.de

[6] Probstei Johannesberg. gGmbH.; D-36041 Fulda – Johannesberg www.propstei-johannesberg.de

[7] Deutscher Naturwerksteinverband e.V. (DNV); Sanderstr. 4, D-97070 Würzburg www.natursteinverband.de

[8] Informationsdienst Holz des Holzabsatzfonds, Godesberger Allee 142 – 148, D-53175 Bonn www.infoholz.de

[9] Bundesverband der Deutschen Ziegelindustrie e.V. Bauberatung; Kochstraße 66, D-10969 Berlin www.ziegel.de

[10] Deutsche Bauchemie e.V.; Karlstraße 21, D-60329 Frankfurt am Main www.deutsche-bauchemie.de

[11] Bundesverband Farbe und Sachwertschutz e.V. (BFS); Hahnstraße 70, D-60528 Frankfurt am Main www.farbe-bfs.de

[12] Fraunhofer-Institut für Bauphysik (IBP); Nobelstraße 12, D-70569 Stuttgart www.ibp.fraunhofer.de

[13] Sonderforschungsprogramm 315; Universität Karlsruhe (TH); Kaiserstraße 12, D-76131 Karlsruhe www.uni-karlsruhe.de

[14] Schwing, Erwin W.A: Tragfähigkeitsanalyse und Zuverlässigkeit von alten Bauwerken am Beispiel von Natursteinstützmauern. WTA JOURNAL (2004), Nr.3, S.243-256

[15] Bundesministerium für Raumordnung, Bauwesen und Städtebau -BMBau- (Hrsg.): Zweiter Bericht über Schäden an Gebäuden (Ergänzt: Bericht über Schäden an Gebäuden, Bonn 29.05.1984.). Bonn: Selbstverlag 1988.

[16] Bundesministerium für Raumordnung, Bauwesen und Städtebau -BMBau- (Hrsg.): Dritter Bericht über Schäden an Gebäuden. Bonn: Selbstverlag 1995.

[17] VOB Verdingungsordnung für Bauleistungen. Gesamtausgabe 2000. Berlin: Beuth, 2000. ISBN 3-410-61131-2

[18] Bürgerliches Gesetzbuch mit zugehörigen Gesetzen und EG-Richtlinien. Textausgabe mit Verweisungen und Sachverzeichnis. 106., neubearb. Auflage. München: C.H.Beck, 2003.
ISBN 3-406-49532-X

[19] Vergabe- und Vertragsordnung für Bauleistungen Teil A und B (VOB) / Verordnung über die Honorare für Leistungen der Architekten und der Ingenieure (HOAI). 23., neu bearb. Auflage. München: Deutscher Taschenbuch Verlag, 2006 (dtv Beck Texte; 5596).
ISBN 3-423-05596-0.

[20] DIN 18 202, Norm, *2005-10 Toleranzen im Hochbau – Bauwerke*

[21] EnEV,Verordnung, 2004-12-02 Verordnung über energiesparenden Wärmeschutz und energiesparende Anlagentechnik bei Gebäuden (Energieeinsparverordnung – EnEV)

[22] Ansorge, Dieter: Bauwerksabdichtung gegen von außen und innen angreifende Feuchte. 3.,durchges.Aufl. (Pfusch am Bau; 1).
ISBN 3-8167-6880-6. Stuttgart: Fraunhofer IRB Verlag, 2005

[23] Ansorge, Dieter: Dachdeckungs-, Dachabdichtungs- und Klempnerarbeiten. 2. Aufl. (Pfusch am Bau; 2) ISBN 3-8167-6840-7. Stuttgart: Fraunhofer IRB Verlag, 2005.

[24] Ansorge, Dieter: Wärmeschutz-, Feuchteschutz,- Salzschäden. (Pfusch am Bau; 4). ISBN 3-8167-7010-X. Stuttgart: Fraunhofer IRB Verlag, 2006

[25] Ansorge, Dieter: Mängel ohne Ende – Doppelhaushälfte B. (Pfusch am Bau, Sonderband). ISBN 3-8167-6607-2. Stuttgart: Fraunhofer IRB Verlag, 2004

Stichwortverzeichnis

I-L

M, N

O-Q

R

S

Pfusch am Bau

Von Dieter Ansorge

Band 1: Bauwerksabdichtung gegen von außen und innen angreifende Feuchte

3., durchges. Auflage 2005, 253 Seiten, 188 Abb.
ISBN 3-8167-6880-6

Aus dem Inhalt: • Welche Abdichtungsart ist die Richtige? • DIN 18195 • Fertigteilwände • Verpressungen • Bahnenabdichtungen • Bewegungsfugen • Nachträgliche Abdichtungen bei Altbauten oder Nutzungsänderung von Kellern • Abdichtungen gegen nicht drückendes / drückendes Wasser.

Band 2: Dachdeckungs-, Dachabdichtungs- und Klempnerarbeiten

2., überarb. u. erw. Auflage 2005, 256 Seiten,
180 Fotos, Detailzeichn., Tabellen
ISBN 3-8167-6840-7

Aus dem Inhalt: • Grundlagen – Planung von Dachdeckungen, Dachabdichtungen und Klempnerarbeiten • Dachziegel und Dachsteine • Natursteindeckungen • Faserzementplatten • Dachdeckungen mit Holzschindeln und Brettern • Metalldeckungen • Durchlüftung • Gewährleistung und Haftung.

Band 3: Bäder – Planung, Ausführung, Nutzung

2005, 243 Seiten, 226 Abb., 11 Tab., 23 Pläne
ISBN 3-8167-6711-7

Aus dem Inhalt: • Definition Bad • Geschichtliche Entwicklung • Anforderungen an Bäder • Pfusch durch Planungs- und Ausführungsfehler • Abdichtungen von Bädern und Nassräumen • Planung von Fliesen- und Natursteinbelägen • Kritische Anmerkungen zu Einrichtungsvorschlägen von Sanitärherstellern.

Band 4: Wärmeschutz-, Feuchteschutz-, Salzschäden

2006, 312 Seiten, 315 Abbildungen, 6 Tabellen
ISBN 3-8167-7010-X

Aus dem Inhalt: • Wärmeschutz von Dächern • Wärmeschutz der Außenwände • Wärmeschutz von Decken und Bodenplatten • Feuchteschutz von Dächern • Feuchteschutz von Wänden • Feuchteschutz von Böden • Freistehende Mauern und sonstige Außenbauteile • Verhinderung von Salzschäden.

Band 5: Gebäudeinstandsetzung und -modernisierung

2006, 260 Seiten, zahlr., meist farb. Abb., Tab.
ISBN 3-8167-7172-6

Aus dem Inhalt: • Bestandsaufnahme • Zustands- und Schadensanalyse • Restauratorische Bestandsaufnahme und Hausforschung • Bauwerksdiagnose • Planungsbesonderheiten bei der Sanierung • Bauphysik im Altbau • Brandschutz im Bestand • Modernisierung der technischen Gebäudeausrüstung • Typische Planungs- und Ausführungsfehler bei der Sanierung • Gewährleistung und Haftung in der Altbausanierung • Fallbeispiele • Allgemeine Empfehlungen zur Vermeidung von Pfusch am Bau.

Gesamtausgabe Band 1 – Band 5

2006, jeder Band mit zahlr. durchgehend farb. Abbildungen, Tabellen, Kartoniert
ISBN 3-8167-7195-5

Mängel ohne Ende – Doppelhaushälfte B

Pfusch am Bau, Sonderband
Dieter Ansorge
2004, 131 S., 129, meist farb. Abb., Kartoniert
ISBN 3-8167-6607-2

Dieses Buch wendet sich besonders an alle Bauherren und solche, die sich mit dem Bau oder Erwerb eines Hauses oder einer Wohnung beschäftigen. Es weist Bauherren und Käufer auf die Tücken und den Pfusch am Bau vor dem großen Reinfall hin. Für Bauträger, Planer und Handwerker soll es ein Leitfaden sein für das erfolgreiche Gelingen einer Baumaßnahme und die Verhinderung des Ganges in die Insolvenz.

Fraunhofer IRB Verlag | Postfach 80 04 69 | 70504 Stuttgart | Tel. 0711/970-2500 | Fax -2508 / -2507 |
E-Mail: irb@irb.fraunhofer.de | www.baufachinformation.de

Bauphysik und Denkmalpflege
Helmut Künzel
2006, ca. 150 S.,
110 Abb., Grafiken,
Gebunden
ISBN 3-8167-7144-0
Fraunhofer IRB Verlag

Alles über Feuchtigkeit und angrenzende bauphysikalische Probleme in der Denkmalpflege und Altbausanierung in Theorie und Praxis, von feuchten Mauern und ihren Ursachen über die Problematik der Salze, die bauphysikalischen Eigenschaften und Probleme von Fachwerkkonstruktionen, historische Putztechniken und moderne Putzsysteme bis zur Temperierung und Beheizung von Kirchen und anderen historischen Bauten.

Bauen und Umbauen mit dem Architekten
Von der Planung bis zur Fertigstellung
Peter Burk,
Günther Weizenhöfer
2005, 176 S., zahlr.
Grafiken und Fotos,
Kartoniert
ISBN 3-8167-6603-X
Fraunhofer IRB Verlag

Die Zusammenarbeit mit dem Architekten ist eine Vertrauensfrage. Um den richtigen Partner zu finden und mit ihm produktiv zusammenarbeiten zu können, sollte der Bauherr wichtige Fakten des Planungs- und Bauablaufs, der Vertragsgestaltung und Honorierung kennen. Das Buch zeigt auf, wie Architekten arbeiten, was ein Architektenvertrag beinhalten sollte, welche Leistungen der Architekt erbringt, wie ein Bauwerk abgenommen wird, welche Gewährleistungen der Architekt einräumt und wofür er haftet.

Schimmel, Fogging und weitere Innenraumprobleme – Können wir in Zukunft noch »gesund« wohnen und arbeiten?
Heinz-Jörn Moriske
2006, ca. 180 S.,
52 farb. Abb., 20 Tab.,
Gebunden
ISBN 3-8167-7169-6
Fraunhofer IRB Verlag

Der Autor beschreibt, welchen Einfluss das Gebäude auf die Raumluftqualität und die Entstehung wohnhygienischer Schadensfälle hat, inwieweit der Nutzer dazu beiträgt und wie Schadstoffbelastungen vermieden werden können. Ein kompaktes Nachschlagewerk zu wichtigen Fragen des »gesunden« Wohnens mit hilfreichen Tipps für den Planer und Raumnutzer.

Leitfaden Thermografie im Bauwesen
Theorie, Anwendungsgebiete, praktische Umsetzung
Nabil A. Fouad, Torsten Richter
2006, 127 S.,
207 farb. Abb., 49 Tab.,
Kartoniert
ISBN 3-8167-7071-1 |
Fraunhofer IRB Verlag

Die passive Thermografie stellt eine zerstörungsfreie und schnell einsetzbare Mess- und Untersuchungsmethode zur Lokalisation von wärmetechnischen Mängeln und Bauschäden dar. Die Autoren zeigen anhand einer Vielzahl von Praxisbeispielen die vielfältigen Möglichkeiten und Einsatzgebiete der Infrarot-Thermografie, aber auch ihre Anwendungsgrenzen auf. In einem Kurzleitfaden geben sie hilfreiche Hinweise für eine erfolgreiche Thermogrammerstellung.
